深入浅出Java虚拟机

JVM原理与实战

李博◎著

JAVA VIRTUAL MACHINE

JVM Principle and Practice

北京大学出版社
PEKING UNIVERSITY PRESS

内 容 提 要

本书主要以Java虚拟机的基本特性及运行原理为中心，深入浅出地分析JVM的组成结构和底层实现，介绍了很多性能调优的方案和工具的使用方法。最后还扩展介绍了JMM内存模型的实现原理和Java编译器的优化机制，让读者不仅可以学习JVM的核心技术知识，还能夯实JVM调优及代码优化的技术功底。

全书共分12章，第1章：讲解Java语言的发展历程及JVM的进化发展史；第2章：讲解Open JDK和Oracle JDK的区别和使用方式；第3章：介绍JVM内部核心功能的组件及OOM异常体系、内存结构等；第4~8章：深入讲解Java类加载器及GC内存管理等相关知识；第9章：介绍常用JVM性能和内存的调优工具及调优方案；第10章：讲解使用Arthas分析工具诊断JVM所出现的问题和异常；第11章：涉及Java体系中编译器的介绍说明，以及各种编译器的优化原理和案例介绍；第12章：扩展讲解了JMM内存模型的实现原理及代码优化的案例分析。

本书适合已具有一定Java编程基础的开发人员、项目经理、架构师及性能调优工程师参考阅读，同时，本书还可以作为广大职业院校、计算机培训班相关专业的教学参考用书。

图书在版编目(CIP)数据

深入浅出Java虚拟机 : JVM原理与实战 / 李博著. — 北京 : 北京大学出版社，2023.6
ISBN 978-7-301-33775-2

Ⅰ. ①深… Ⅱ. ①李… Ⅲ. ①JAVA语言—程序设计Ⅳ. ①TP312.8

中国国家版本馆CIP数据核字(2023)第035841号

书　　名 深入浅出Java虚拟机：JVM原理与实战
SHENRUQIANCHU Java XUNIJI: JVM YUANLI YU SHIZHAN
著作责任者 李博 著
责 任 编 辑 王继伟　吴秀川
标 准 书 号 ISBN 978-7-301-33775-2
出 版 发 行 北京大学出版社
地　　址 北京市海淀区成府路205号　100871
网　　址 http://www. pup. cn　　新浪微博：@ 北京大学出版社
电 子 信 箱 pup7@ pup. cn
电　　话 邮购部 010-62752015　发行部 010-62750672　编辑部 010-62570390
印 刷 者 北京鑫海金澳胶印有限公司
经 销 者 新华书店
787毫米×1092毫米　16开本　14.5印张　330千字
2023年6月第1版　2023年6月第1次印刷
印　　数 1-3000册
定　　价 69.00 元

为什么要写这本书

常言道，武学之道应循序渐进，对于计算机编程而言也是一样。作为一名开发者，能够不断夯实以及修炼自己的编程“内功”，是一件非常重要的事情。对Java领域而言，掌握JVM基本原理和运作机制属于Java开发者最基本的内功心法。

虽然目前市面上已经有了一些关于JVM的书籍，但大多数都是或深或浅，一些是知识学习门槛过高，另外一些却是管中窥豹，所以很难能够找到一本特别适合提高JVM基础功底的书籍。正因为如此，笔者便产生创作本书的想法，希望可以帮助到广大的Java编程爱好者。

补充一下，掌握JVM的运行原理，未必能直接帮助开发者快速提高编码能力和逻辑思维能力，却可以快速引导读者去优化JVM的性能和吞吐能力，以及解决大多数JVM问题事故，如系统服务宕机或者进入假死状态，或者出现了内存溢出等问题。

本书结构

本书的特点是“大道至简，大巧若拙”，主要就是追求易读易懂，但是其内涵精髓其实非常精妙。还希望各位读者细细品味，并且多读几遍，所谓温故而知新，可以更加透彻地学习及加深对知识和原理的理解。

本书总体分为4部分，共12章节，按照从浅入深的顺序进行讲解。

第一部分：初识JVM的世界。

- Java语言的起源：主要介绍了Java和JVM的发展历程和未来方向。
- 初次接触JVM：主要介绍了Oracle JDK和Open JDK的学习和使用方式。
- 迈向JVM第一步：主要介绍了JVM的总体结构，以及相关基本介绍。

第二部分：了解JVM的特性。

- 开始认识类加载系统：主要介绍了类加载系统的主要特性及其运作原理。
- 进入虚拟机核心世界：此章节算是本书的最核心部分，对整个JVM最核心也是最重要的部分做了详细的介绍和说明，主要包含GC回收系统和运行时数据区等核心内容。
- 永远线程安全的区域：主要介绍了虚拟机栈的执行机制和运行原理，以及组成部分。

第三部分：深入JVM的原理。

- 虚拟机字节码指令集：主要介绍了虚拟机执行的字节码的指令集和执行机制，以及运作方式等实现方式，此外还包含了实际的案例分析。
- JVM运作原理深入分析：介绍了GC回收机制的深层原理和执行机制的细节特点，还包含了Class字节码文件的操作维护的实现。
- JVM分析工具大全：主要介绍用JVM分析工具去分析JVM的运行状态。
- Arthas分析JVM问题定位：主要介绍了如何使用JVM分析工具分析系统频发的问题场景。

第四部分：JVM的调整。

- 程序的编译和代码优化：主要介绍了代码优化机制，包含逃逸分析和编译器优化等机制原理。
- Java内存模型和线程运作原理：主要介绍了JMM模型及线程相关的锁机制原理。

本书适用读者

本书适合已具有一定Java编程基础的开发人员、项目经理、架构师及性能调优工程师。

资源下载

本书附赠全书案例源代码，读者可以扫描右侧二维码关注“博雅读书社”微信公众号，输入本书 77 页的资源下载码，即可获得本书的下载学习资源。

勘误和支持

由于作者水平有限，编写时间仓促，书中难免会出现一些错误或者不准确的地方，恳请读者批评指正，让作者与大家一起，在技术之路上互勉共进。作者的邮箱是liboware@gmail.com， 期待能够得到读者的真挚反馈。

致谢

感谢所在单位领导的支持与厚爱，因为有了你们的鼓励、帮助和引导，使我在技术道路上更有信心，我才能顺利完成本书的写作。

目录

Contents

第 1 章 Java 语言的起源

本章主要介绍 Java 发展历程及语言特性，同时还会介绍 Java 虚拟机的进化发展史，以及其未来的发展方向和技术领域的扩展延伸。作为一个专业的开发人员或者编程爱好者，要想学好某一领域的技术知识或者编程语言，笔者认为首先应该从它的背景、发展史开始去了解、认识甚至挖掘探索。

虽然本章内容未必会对读者的编程功底和技术知识有直接的帮助，但为了更好地掌握这门编程语言，就让我们一同去探索它的历史吧。

注意：本章内容主要以 Java 的发展历程及体系结构为主，目的是帮助大家更好地认识和了解 Java 的历史。如果读者对本章内容已经非常熟悉或者没有兴趣，那么可以直接跳过进行下一章的学习。

本章涉及的主要知识点如下：

- **Java 的发展史及其独特的特性。**
- **Java 生态的体系结构，如 Java 虚拟机、类加载系统、Class 字节码等。**
- **网络移动性的含义，以及 Java 体系对网络移动性的支持。**
- **Java 虚拟机的进化发展史和不同版本。**

1.1 Java发展的艰辛历程

自1995年至今，Java语言已经在编程领域内经历了数十年的发展和升华。Java作为一门长期霸占编程领域排行榜前三名的语言，被创造出来之时似乎并没有想到会有今日的辉煌，它可能只是比别人早走了一步。但我们重温历史，再仔细地分析一下，Java编程语言为什么能够从无数的编程语言当中脱颖而出，并不是有意而为之的，甚至高斯林创造它也根本不是为了解决我们今天所遇到的问题！可以说是“有意栽花花不发，无心插柳柳成荫”，但它发挥的价值却远比当初的预期更加深远。接下来，就让我们穿越回去翻开历史的篇章，看一下Java发展过程中的各个版本及里程碑节点的运行轨迹。

1990年到1991年初，“Java语言之父”詹姆斯·高斯林带领他的开发团队进行了一项名为“绿色工程（Green Project）”的项目。该项目最初主要面向智能家电领域，如智能电话、智能电视和智能微波炉等，其使用的程序便是Java的前身：Oak，但是当时其发展并不太尽如人意。

1995年Oak更名为Java，“Java”这个名称来源于印尼的爪哇岛，又因为爪哇岛凭借雀巢咖啡出名，所以Java的logo也就是咖啡杯的形状。同年，Sun公司正式推出了Java语言的第一个版本（Java 1.0），但是它当时还并不成熟，如果要实现更加强大的功能和服务，还需要扩展更多的体系和底层库。

1996年初，继首个Java官方版本推出之后，官方又正式推出了有史以来首个Java虚拟机（Java Virtual Machine，JVM），并且命名为Sun Classic vm。此外，Java结构体系中划分了两个部分：JRE（Java程序运行环境）和JDK（Java编程开发应用工具箱），其中JRE又包含了基础类库的应用技术API、基础核心技术应用程序API、扩展技术应用API，以及用户图形化界面的API和JVM 5个部分，但此时它还并不完整。

1997年JDK 1.1发布，其扩展增加的技术点主要有系统支持Jar包的加载及解析功能，同时还有打包功能；Java数据库连接JDBC（Java Databate Connetivity）机制；JavaBeans功能体系、RMI（远程方法调用）等。JDK 1.1与初代JDK相比，最大进步就是拥有了非常强大的编译器：JIT编译器（即时编译器）。JIT编译器非常智能化，其会动态地计算和采集方法的调用信息，把经常调用的热点方法指令提前编译完成后，保存在JVM内存内，这样就会形成优化体系，等待再次执行此段程序时，就不再进行编译处理，大大提高了性能。

1998年12月初，官方发布了第二个意义重大的JDK版本，也就是著名的JDK 1.2，其工程代号为“运动场”，JDK 1.2包含3个JDK方向，即 Java SE（标准版）、Java EE（企业级）和Java 2 ME（移动端）。

1999年HotSpot虚拟机诞生，其由Sun公司旗下的Longview Technologies公司开发。

2000年JDK 1.3正式发布，其工程代号为“红隼”。JDK 1.3引入了新版的虚拟机，即1999年发布的HotSpot虚拟机，以及RMI、JDDI和JPDA等扩展库。

2002年2月，JDK 1.4发布，同时它也是JCP组织建立的第一个官方性质的版本，其项目代号为“灰背隼”（Merlin）。JDK 1.4有各大巨头加盟（如Compaq、Fukitsu、SAS、Symbian、IBM等），其有正则表达式、断言机制、异常Chain机制、NIO、日志应用接口、XML等功能，属于较为成熟的版本。此外，JDK 1.4版本还有两个修订版本，分别是在2002年9月发布的“草蜢”版本（JDK 1.4.1）和2003年6月发布的“螳螂”版本（JDK 1.4.2）。

2004年9月30日，JDK 1.5发布，人们经常称之为Java 5或者Java SE 5，其工程代号为“老虎”。从这个版本开始，官方逐渐将JDK版本号改为5.0、6.0或7.0这种命名规范。JDK 1.5新增功能包含拆装箱、动态可变参数（variable parameter）、动态注解（dynamic annotation）、遍历循环（for-each）、枚举（enum）、泛型（generic type）等，此外它还升级和优化了JMM（JVM Memory Model-JVM内存模型）体系。

2006年JDK 6正式发布，其工程代号为“野马”，提供初步动态语言的支持、微型动态语言的支持、脚本语言的支持、WebService的支持、JDBC 4.0的支持等功能，此外还提供了Java编译器的API。JDK 6在虚拟机层面上，提供了锁同步机制的优化、编译器性能的优化及垃圾回收算法的优化等。同年，Sun公司将Java源码进行开源，开源的版本称为Open JDK。

继IBM公司并购失利之后，在2009年4月，Oracle（甲骨文）公司终于成功以总市值74亿美元对Sun公司进行了并购，至此Java的商标正式属于Oracle公司。但是，Java语言并非由Sun公司或Oracle公司直接进行管理，而是由它们旗下的JCP组织进行管理。

JDK 7是一个很重要的版本，其工程代号为“海豚”，正式版是在2011年7月发布的。原本规划中有很多业界翘首期盼的项目，如Coin工程计划（Java语法细节优化）、动态语言特性、G1回收器、Lambda功能的支持（行为参数化、闭包特性和Lambda表达式等）、函数化接口（Function Interface）、Jigsaq项目、对Java虚拟机JVM层面的模块化支持等。但在Oracle收购Sun公司后，为了不延迟JDK 7正式版的发行，砍掉了Lambda、Jigsaw和Coin项目。

最终，原计划在JDK 7中包含的主要更新：全新的G1回收器、对非Java编程生态的扩展、可并行的类加载结构等，推迟到JDK 8版本的开发计划中。

2014年3月JDK 8推出，其补充了许多原本计划在JDK 7中新升级的功能：对Lambda表达式支持；因DateFormat及Date功能的缺点和漏洞，出现了新的管理日期及时间的API；改变了方法区的实现机制，去除了之前的永久代（Permanent Generation），取而代之的是元空间（Metaspace）；使用Nashorn引擎取代Rhino引擎，成为Java中嵌入式的JavaScript引擎。

2017年JDK 9发布，其专门优化了Jigsaw项目，还对很多工具组件进行了升级，包括：JHSDB、JLink、JShell等，并重新规划了JVM的日志体系等。此外，官方规定了以6个版本为间隔单位，作为长期支持LTS（Long-Term Support）版本的约定，也就是说继JDK 11之后JDK 17也会属于LTS版本。

2018年3月JDK 10发布，内部重构和统一源仓库、统一垃圾回收器接口、统一即时编译器接口。

2018年10月JDK 11发布，其加入了革命性的ZGC回收器。Oracle将JDK 11分为Open JDK 11和Oracle JDK 11两个版本，其功能基本一样，差别在于前者对使用开发没有限制，只有半年更新支持，而后者需要商业收费。

2019年3月JDK 12版本发布，其支持很多新的特性，包括switch关键字可以支持Lambda表达式、加强版ZGC回收器（Shenandoah GC）、Java微测试套件等。

2019年9月JDK 13版本发布，基于之前JDK 10到12的版本中实现的JVM进程之间进行共享核心类（启动类加载器所加载的类，以及一些应用级别的类加载器加载的类）的归档化机制，此版本中实现了动态化归档机制，实现Java程序执行结束后进行动态归档功能。同时还增强了ZGC的动态化释放堆空间内存机制，比如，当一些内存空间较长时间没有被程序所使用时，ZGC可以自动化将这些内存资源交还给底层操作系统，从而不会造成资源浪费。还重写了SocketAPI的实现，新增的NioSocketImpl类可以代替原有的SocketAPI实现类，但是原有的SocketAPI实现类仍然有效。

2020年3月，官方正式发布JDK的第14个版本，它包含G1回收器的底层改造（NUMA架构模型中的嗅探感知内存区域的分配，还可以适配其他操作系统，如MacOS和Windows等）；剔除了标记-清除回收器（CMS）；基于Event Flow的JFR处理方式的调整和包装工具箱等，更多特性可以参考官网信息。

至此，Java语言的发展历程已经基本介绍完，希望读者在未来的学习中不要只停留在技术层面上，对它未来的发展方向也应该多多关注，这样才会在Java的世界里走得更远，飞得更高。

1.2 Java散发的独特魅力

了解完了Java语言的发展史之后，读者可能会觉得Java语言走向成功的道路真是崎岖曲折。本章重点介绍Java语言的基本特点。

1. Java编程语言最引人注目的特性便是跨平台性，它是指服务系统不会伴随软硬件架构体系的变化而发生不可用的状态，也就是说在不同的环境下都可以正常运行。

JVM的设计思想和原则很天然地就实现了跨平台性，而Java源代码通过Java编译器处理后得到了Class字节码，Class字节码又是实现跨平台性的基石，同时也是能够被各种环境下的JVM所识别的媒介标准。JVM的执行引擎能够达到操作系统级别的屏障能力，从而最终实现跨平台性。

2. 面向对象。面向对象是软件科学里一个伟大的成果，该特性大大地提升了软件领域里解决问题的能力，是软件发展过程中的一个重大里程碑。面向对象的设计思想是指以对象元组作为基本单元，其结构主要通过属性集合及方法集合组成，其方法代表对象自身所拥有的行为及服务能力等，而属性则代表着对象内部所具有的数据状态和数据信息等，面向对象的设计思想大大地降低了人类解决问题的困难和复杂度，如Java便是经典的面向对象的编程语言。如果采用面向对象的设计思想，我们就可以很简单地进行方法的复用和扩展。

3. 分布式。Java语言之所以可以实现分布式技术，是因为它使用网络层面的API技术接口，可以实现互联网层面的技术开发。Java SE中有专项与网络方面相关的API接口且有很多网络编程类库，主要以Socket编程为主，其中包含3种IO模型（BIO、NIO和AIO）。

在实现网络技术编程中衍生出了众多技术方案，如Java原生体系的RMI（远程方法调用技术）、SOAP技术和WebService技术，以及目前特别火热的RPC技术体系，它们都是分布式开发体系中的Java技术栈。

4. 安全性。Java在安全性层面中有很多技术沉淀，如在加解密体系和安全管理器等层面上实现了较为强大的功能，这些特点促使Java可以完成很多安全领域中的业务。对此笔者进行了总结，主要有以下6点特性。

（1）Java屏蔽了开发者直接使用指针，如申请和释放内存等，这样可以减少很多由于开发者的失误和漏洞造成的系统内存的错误操作。

（2）Java的安全性在于Java的基本结构单元是对象，所以对象内部的属性的数据类型及对象的数据类型都具有安全性。

（3）在编译层面，当编译器在对Java源码进行编译时，会根据Java指令的语义和词法做出安全层面的分析和检测。

（4）在装载或调用（不属于方法分派）层面，在执行Class字节码时，Classloader类加载器会进行加载，加载后，经过校验阶段方可运行。

（5）在资源访问的层面，Java语言具有安全管理器和访问控制器的功能组件，它们保证了被访问资源的权限和安全。

（6）内存地址的安全性层面，如果在编译后的Class字节码中进行引用，那么只有在执行时通过Java解释器才能确定其真实存储地址，对此开发者也无法得知真实的运行地址，降低了内存数据被篡改及被攻击的风险。

5. 支持多线程，Java语言的多线程技术体系较为全面和成熟，其拥有内置的线程池及异步线程层面上的技术API，此外很多第三方厂商也贡献了很多工业级的框架和工具组件，从而支持更加强大的功能。

此外，其本身还具有JMM体系，可以屏蔽系统差异性问题。对于多线程情况下出现的线程安全问题，它也拥有同步机制及Happen-Before原则进行控制。

6. 动态性，主要是基于多态角度，Java语言可以将真正对象的实现延迟到运行阶段，从而可以实现程序的动态化和多样化运行，主要表现在以下两个方面。

（1）加载时的织入性（LTW，Load Time Weaving）：Java应用程序可通过类加载器动态地加载到JVM中，当然也可以从其他渠道加载，如数据库、网络、文件服务器等；还可以将新代码动态地加入一个正在运行的程序中，并且立即刷新生效。

（2）运行时的可见性：在程序运行过程中，可以简单、直观地查询运行时的信息。

1.3 网络时代带来的挑战

本节承接1.2节中的内容，介绍Java体系对网络移动性的支持及实现。这也是Java语言为什么在目前发展得这么迅猛和大受欢迎的重要因素之一。

1.3.1 什么是网络移动性

随着网络的迅猛发展，B/S软件架构模式逐渐变成了网络服务的主流方向，B/S模式大致包括客户端（Client）与服务端（Server），两端分别部署在不同的IDC或者服务器上，并且通过网络协议传输数据信息。服务端主要负责接收服务器端的请求，然后收集并计算相关所需的资源返回给服务器端；客户端主要负责将从服务器上返回的数据信息进行相应处理后返回给用户。此外，客户端未来会操作一部分计算工作，从而减轻服务端CPU的负担。随着复杂度及数量级的增加，层次结构越来越复杂，分布式处理应运而生。

分布式的软件模型主要具有两大特征，分别是操作分布服务和数据分布服务。

（1）操作分布服务：指程序指令可以在不同服务节点下实现数据或者事件的处理操作的服务。

（2）数据分布服务：指分别存放在不同网络节点下不同的服务节点上的数据资源，可以通过统一资源定位符互相访问。

此外，分布式处理模型结合了网络与处理器的发展优势，将多个进程分布在多个处理器上运行，并且允许这些进程之间进行通信及共享数据，但这样的处理模式也大大增加了管理的成本和复杂度。

注意：分布式处理模型不代表实现了网络移动性，它为实现网络移动性奠定了基础。网络移动性面向的更多是程序或者软件的统一化和标准化的发展。

1.3.2 网络时代的软件模式

经历了大型计算机到分布式计算模型的过渡，软件模式也向着网络移动性的方向不断发展。科技生产力的日益提升，网络带宽及硬件成本的不断降低，促使了计算机软件模型化的升级，使得通过网络的传输即可实现代码或者软件在另外一个服务器上运行，即软件本身也允许通过网络进行传输，这样不同的服务器之间就可以形成逻辑的统一体。

网络时代的软件模式到底是什么？在旧的模式下，要去接收和处理其他服务请求过来的数据，一般情况下必须拥有对方许可的软件或者程序才能处理，这保证了程序的安全性，但是因为软件程序与数据本身属于两个独立的个体，这将导致出现软件功能不一致、版本不同步等客观问题；而在网络移动性的模式下，软件程序与数据合并成为“内容信息”，这就意味着，软件与数据配套传输，终端用户无须再去考虑软件程序与数据的适配和兼容，以及软件版本的维护和更新了。

举个最简单的例子，HTML页面展示就属于网络移动性模型下的一个成功案例，代码程序与数据两者完全融合，当更新数据的同时程序本身（HTM代码）也会一同被更新。此外，目前发展得特别好的“容器化”技术也是一个非常典型的案例，伴随着项目交付的“一等公民”从原来的程序包加数据库转变为镜像加编排的模式，这种全新的方向使得系统的运作变得更加智能化和简单化。

1.3.3 Java体系对网络移动性的支持

Java体系对网络移动性的支持是基于分布式处理模型的，能够把软件利用网络技术传送到服务器上，大大降低了分布式管理模式的复杂度。因此，网络移动性将成为计算模式发展历史上的关键里程碑。允许代码与数据一同传送，就可以让网络中各个节点的服务器拥有的代码保持一致。

网络移动性、平台无关性和安全性，三者相辅相成，因为平台无关性（跨平台性）会使在网络上传输软件或者程序变得更加简洁高效。此外，Class字节码数据的安全性对网络传输的场景提供了安全可靠的服务能力（主要依靠安全管理器等组件）。

此外，Java对网络移动性的支持，还体现在网络传送程序的时间管理方面。如果将程序包传输到其他服务器上执行，那么在下载程序包的时候也可能会存在网络方面的问题。而在Java体系的支持下，能够将Class文件拆分成多个二进制碎片数据流，同时通过Java的动态链接和动态扩展功能，实现不需要等所有的程序数据流下载完成就可以提前进入工作状态。此外，Class文件格式非常紧凑和严密，所以网络传输数据时所占用的资源非常少。

通过自定义类加载器方式下载和读取Class字节码文件，从而执行相关的Class文件的程序，这也属于Java体系对网络移动性的支持。但是，这种方式对网络安全而言会存在风险和隐患，目前主要依靠安全管理器和控制器建立网络移动代码的安全策略。以上就是关于Java体系对网络移动性的支持的介绍。未来Java主要的焦点仍然是网络，相信JVM及Class文件、JavaSE API等组件都将更广泛地支持网络移动性。

综上所述，Java语言体系对动态化网络和可移动性的主要支持范围大致可以分为：动态体系下的平台无关性与安全性、动态链接、动态扩展及紧凑格式的Class文件、AR文件、不采用按需下载等。

注意：本节内容主要介绍了Java体系对网络移动性的支持，以及在分布式模型的背景下，Java是如何不断发展和优化自身，从而与网络移动性的体系产生了紧密的联系。本节内容主要以扩展为主，读者不需要过于纠结原理和概念，了解即可。

1.4 Java生态的体系结构

本节介绍Java技术生态中的结构组成部分。从宏观角度来看，Java的体系结构主要包括4个独立的部分：

（1）类装载系统。

（2）Class字节码文件。

（3）Java应用程序接口。

（4）JVM。

通过上述4个组件的相互配合，组成了Java程序从0到1的运行流程。Java程序的源代码要通过编译器进行编译，才能生成对应的Class字节码，之后通过类装载器对其进行加载处理，生成一个JVM的运行时数据模型，最后调用Java应用程序接口，从而实现对资源的访问。

1.4.1 类装载系统

类装载系统是JVM技术中非常重要的一个环节，可以将其理解为一个能将可授信的“数据信息”引入JVM内部的桥梁和网关，如图1.1所示。

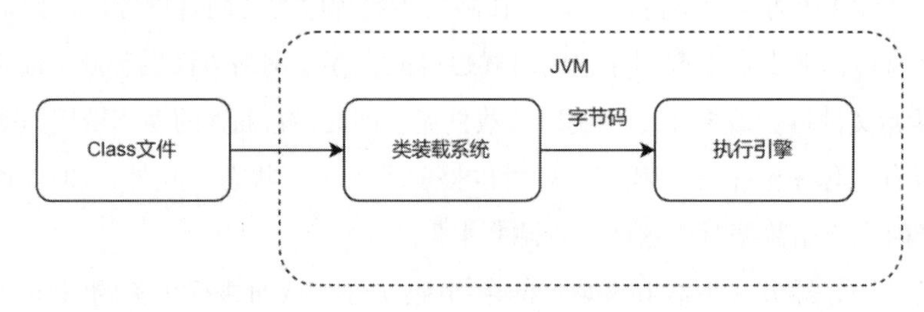

图1.1 类装载系统的桥梁作用

同时类装载系统也对JVM的安全性和网络移动性的发展起着很大的作用，它负责JVM的安全保障，第一道安全防线是JVM的类的加载阶段，毕竟字节码都是由类加载器来装入JVM中的，其中也包括未授信的代码，其安全控制主要有3点。

（1）保护Java系统内部核心的运作机制不会被外界的恶意代码所控制或侵入干扰，可以实现舱壁的隔离机制。因此，类加载系统能够通过不同的类加载器加载可信代码和不信任代码，进而保障可信包的安全性。

（2）保护Java系统中已验证的类库，以避免开发人员覆盖核心类库，从而篡改整体核心库的功能实现，主要体现在双亲委托模型。

（3）开发者可以对Class字节码进行加密，同时在类加载阶段对其进行解密，从而实现定制化对代码的保护和控制。

类加载器作为类加载系统的实际执行者，主要有两种类型：启动型加载器（属于JVM实现的一部分）和Java实现的类加载器（扩展型加载器、系统型加载器和自定义加载器等），后文会针对这几种类加载器进行详细的介绍和分析。以上类加载器默认采用双亲委托模型的方式，防止同一个类被多个类加载器加载多次，以及防止核心类库被其他类加载器进行覆盖或重写。

类加载器本身采用命名空间的隔离机制，不同的类加载器会采用不同的命名空间进行隔离，不同的命名空间内部的类无法相互访问，除非用户采用显式调用的方式进行访问。

最后，类加载器对网络移动性的支持，主要依靠自定义类加载器来装载不同来源的Class字节码。例如，可以通过网络传输下载其他服务器上的Class字节码文件，并将其加载到JVM内部。

类加载器装载Class字节码的总体过程分为3个阶段：加载（读取）阶段、链接阶段和初始化阶段，如图1.2所示。

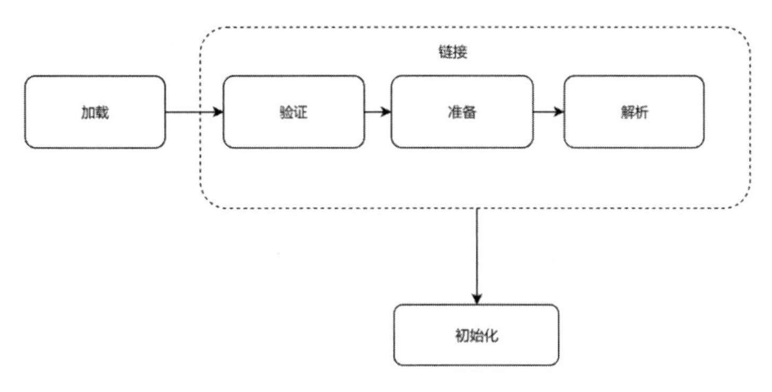

图1.2　类加载阶段

1.4.2　Class 字节码文件

通过上面内容的学习，我们了解Java体系有一项十分关键的特点是跨平台性，这说明只要完成编译任务，Java代码就能够在其他平台上顺畅执行。而跨平台的运行标准就是Class字节码文件，Class字节码是提供平台无关性的基础模型，使我们无须考虑如何兼容异构系统，它只须被JVM所识别即可。

此外，Class字节码文件对网络移动性也有很大作用。首先，它的文件结构被设计得非常紧凑和严密，从网络传输角度而言，所占资源特别少。所以，从其他服务器下载Class字节码时，延迟的时间会很少。其次，在加载Class文件时，如果存在动态链接或者动态扩展的代码实现，那么此部分代码可以让解析阶段（Resolve）延后执行，这就允许程序可以在运行时下载相关的Class文件并装载，大大提升了运行的效率并缩短用户的延迟等待时间。

1.4.3　Java 应用程序接口

什么是Java应用程序接口呢？在日常程序开发中，我们用到的最多的类库是Java SE的API（此处暂时不考虑基于Java EE和基于JavaME 一类的API），API实际上是平台已经编写好、能够直接提供开发调用的类库，称为应用程序接口。其本身支持平台无关性和安全性。

运行Java应用程序时，JVM首先通过启动型类加载器加载所有Java SE的核心API库及本地方法库，它们共同组成了JVM的核心程序，与此同时会加载应用程序所需的Class类。

从安全性角度而言，API还支持通过安全管理器（Security Manager）和访问控制器（Access Controller）对方法和资源进行安全控制。

平台无关性主要通过门面模式和策略模式的原理来实现，所以针对每种系统平台都明确地实现了JVM和Java API。例如，由于Java API已经调用了Native方法，因此客户程序就不需再调用底层的本地方法，而是直接通过Java API进行调用，从而实现底层处理的平台无关性，执行统一的标准接口。

1.4.4 认识 Java 虚拟机（JVM）

Java体系中最重要的“中枢大脑”就是JVM，同时它也是本书中的重点核心。JVM如同一台计算机，拥有自己的协议和标准，其他厂商无论采用哪种方案实现虚拟机，都不能脱离它的标准。其规范的核心目的就是要兼容不同系统架构，使它们的表现形式基本相同。无论是装载Class文件的统一化，还是执行指令的标准化，都是屏蔽差异化实现跨平台性的手段。

当之前所有的环节都完成了统一化和标准化后，即可执行Java程序，通过Java解释器和Java编译器（JIT编译器和AOT编译器）的方式对字节码指令进行执行。虚拟机内部结构非常的复杂，后续会对其结构和相关特性做详细的介绍。

1.4.5 Java 体系的得与失

上文重点介绍的是Java体系的优点，本节将重点介绍Java的不足之处。

（1）执行性能和速度不足，这是由于追求Java语言的动态性和跨平台性，以及允许在程序运行时动态加载或者动态扩展导致的。JVM在执行方法的过程中包含编译源代码、解释字节码、执行机器指令等过程，执行过程较为复杂，因此与C或者C++相比速度会下降很多。目前这个差距已经在慢慢缩小，随着JIT编译器和AOT编译器等的引入，其在有限的范围内已经不断地接近C++的执行速度。

（2）Java因支持分布式系统，从而导致复杂度变高。相对一个单体系统而言，分布式系统无论在功能管理还是数据的安全性与一致性方面，都存在复杂化和不稳定的趋势，如何避免及解决这些问题，将是Java未来发展的一个重要课题。

（3）Java不支持底层操作及系统内存的灵活控制，因为这些都交由JVM进行统一化管理了。虽然这样会使得开发者只需要关注开发的功能或者业务场景，但这也同时丧失了对底层数据和内存的控制。

当然Java还有其他的缺点，但总体而言，以上这3点属于较为典型的问题，故予以列出。

1.5 JVM的进化发展史

本节对Java领域的技术广度进行扩展，重点介绍Java虚拟机（JVM）的进化发展史。

1.5.1 虚拟机之祖：Sun Classic 和 Exact VM

虚拟机之祖Sun Classic是历史上第一个JVM，是JVM发展历史的开端之作。虽然其采用的技术在如今而言已经过时了，但是它的地位无可撼动。

Classic VM在1996年1月发布，它只能通过解释指令方式执行Class字节码，如果需要JIT编译器，只能通过外部挂载，直到JDK 1.1发布内部才增加了JIT（即时编译）。此外Classic VM的核心类库也不是很完整，执行指令的性能和速度与C或者C++的差距也很大。

正是由于Classic VM存在着如此多的问题，因此Sun研发团队在Solaris系统平台上又推出了一个优化版的虚拟机器，名为Exact VM。尽管Exact VM在跨平台性方面还存在诸多局限性，不过它的执行效果和性能都已经大幅改善了，如两级即时编译器体系及解释器加编译者的混合执行模式。需注意Exact VM的对象定位方式采用的是句柄池的引用方式，而不是直接定位。但是，还没等到Exact VM开疆拓土，更加优秀的虚拟机诞生了，那就是HotSpot VM。

在JDK 1.3之前Classic VM都是默认JVM，在JDK 1.4发布后，虚拟机之祖Classic VM正式宣布“退役”。

1.5.2 HotSpot VM

JVM历史上最重要一个里程碑就是HotSpot VM的诞生，其于1999年由Sun公司旗下的Longview Technologies公司开发完成。Sun/Oracle JDK与Open JDK中采用的虚拟机都是HotSpot VM（热点代码探测技术），它是目前为止市面上使用率最高的JVM。

HotSpot VM是在之前的JVM基础上又引入的新技术之一，它是JIT编译器统计热点方法技术的雏形，可以实现栈上分配（OSR，On Stack Replacement）直接编译生成机器码，并进行智能化分析，从而在响应时间和性能之间达到最佳的平衡状态。

1.5.3 移动端标准：Sun Mobile Embedded VM

之前介绍的虚拟机主要面向服务器和桌面级，除此之外，Sun公司对移动端领域也进行了扩展。

移动端发展的虚拟机主要有以下5种。

（1）KVM：主要以简单化、轻量级和可移植性为重心，但执行效率较低，一般用于计算能力较低的场景。

（2）CDC/CLDC：主要是Java ME体系的核心虚拟机。

（3）Squawk VM：一款大多数功能由Java代码实现的嵌入式虚拟机。

（4）JavaInJava：一款试图希望用Java代码实现的元循环Java虚拟机。

（5）Maxine VM：一款与JavaIn Java相似的虚拟机，都是采用Java代码实现主体功能的，与JavaIn Java相比多了很多强大的功能，如GC回收器和JIT编译器等。

1.5.4 诸子百家：BEA JRockit

除了Sun公司外，其他公司和组织也开发了属于自己的JVM，其中BEA公司的JRockit就比较成功。因为JRockit主要关注运行速度，所以内部不存在解释器，只存在编译器，最大化地提升了代码执行的速度。此外，其对JVM中的垃圾回收机制和JMC（JVM的运行状态管理工具）的实现也非常优秀，一直处于JVM领域的前列。

1.5.5 百家争鸣：IBM J9

相比BEA的JRockit，IBM公司也开发了很多类型的JVM，其中最知名的就是J9，其侧重点和JRockit大相径庭，而与HotSpot VM的设计方向一样，主要面向服务端到桌面级领域，其目的主要是结合IBM自身的生态环境和运行平台使用。

1.5.6 旷古烁今：Azul VM

Azul VM是在HotSpot VM基础上进行二次开发并优化所产生的高性能JVM，其性能比上述介绍的其他虚拟机要更加强大。从内存控制和资源管理的角度而言，Azul VM非常优秀，笔者认为该虚拟机非常适合那些有着大数据量计算和处理的服务项目。

1.5.7 其他鲜为人知的 VM

除了前面介绍的虚拟机之外，市面上还有很多不为人所知的虚拟机，它们虽然不是很出名，但同样也是技术探究的结晶，如JamVM、CacaoVM、SableVM、Jelatine JVM、Nano VM、Moxie JVM、Jikes RVM等。如果读者有兴趣，可以在网上搜索相关资料。

注意：对于本章内容中包含的一些底层组件或是较为复杂的概念，后续章节中会对其进行详细的介绍和说明，本阶段读者只需要了解即可。

1.6 小结

学完本章后，必须了解和掌握的知识点如下：

1. 什么是网络移动性?
2. Java体系对网络移动性的支持主要体现在哪些方面?
3. Java语言的特点都有哪些?
4. Java生态体系结构主要由哪些组件构成? 类装载系统里主要包含哪些内容?
5. 类装载系统与Class字节码、Java虚拟机之间是如何协作的?
6. Java生态中有哪些不足之处。

第 2 章 初次接触 JVM

本章首先重点讲述在系统环境下，如何独立构建安装 Oracle JDK 或者 Open JDK 后的工作环境，其中包括读者所在开发环境需要的基本配置标准，以及下载和安装 JDK 的详细步骤；之后介绍 Oracle JDK 的总体组成部分及各个部分的特性；最后带领读者认识 Oracle JDK 和 Open JDK 的区别和联系。读完本章之后，读者会对 JDK 有一个全新的了解和认识。

注意：本章内容主要集中于搭建环境和配置调整，不会涉及太多原理性的知识介绍和相关的问题讨论。读者如果存在某些疑问或者不一致的情况，那可能是由于系统兼容性问题或者是安装配置的部分细节没有处理好。

本章涉及的主要知识点如下：

- 通过 Oracle JDK 搭建运行环境，包含其下载来源及安装使用方式。
- 针对相关 JDK 所需的环境和配置进行说明和建议。
- Oracle JDK 的组成部分和工作运行机制。
- 下载 Open JDK 源码包并介绍各个版本，进行编译运行实战。
- Oracle JDK 和 Open JDK 的区别和联系。

2.1 通过Oracle JDK搭建运行环境

本节主要介绍Oracle JDK的下载及安装方式。众所周知，Oracle JDK属于JDK商业化的发行版，同样也是个人开发者或者一般中小型企业的不二之选。现在市面上使用最多的就是Oracle JDK，所以本章对其进行具体介绍。

2.1.1 Oracle JDK 概述

在搭建安装Oracle JDK环境之前，首先介绍Oracle JDK是什么。其实在Oracle官网上下载的JDK就是Oracle JDK，这主要是因为Oracle收购了Sun公司，之前称其为Sun JDK，而被收购之后命名才改为Oracle JDK。

相比Open JDK，Oracle JDK除开源版本之外，还有商业版本，Oracle JDK的商业版本需要通过许可授信才可以使用。商业版本中含有一些Open JDK中没有的闭源功能，例如JRockit虚拟机中独有的内存分析技术JFR。相信在未来这些功能也会慢慢转向开源化，毕竟技术本身也会不断提升，水位线也会持续升高。

2.1.2 安装环境的要求

工欲善其事，必先利其器，合理的计算机配置对运行Java程序而言是至关重要的。安装Oracle JDK的系统指标并不是特别苛刻，只要系统的内存不是特别小且硬盘空间足以支撑Oracle JDK安装即可。建议磁盘至少保留1GB的空间，且系统内存也至少有1GB的配置。

以JDK 1.8版本为例，其支持的操作系统版本如图2.1和图2.2所示，它们分别为JDK的安装包列表（图2.1）和JRE的安装包列表（图2.2）。

Java SE Development Kit 8u291

This software is licensed under the Oracle Technology Network License Agreement for Oracle Java SE

Product / File Description	File Size	Download
Linux ARM 64 RPM Package	59.1 MB	jdk-8u291-linux-aarch64.rpm
Linux ARM 64 Compressed Archive	70.79 MB	jdk-8u291-linux-aarch64.tar.gz
Linux ARM 32 Hard Float ABI	73.5 MB	jdk-8u291-linux-arm32-vfp-hflt.tar.gz
Linux x86 RPM Package	109.05 MB	jdk-8u291-linux-i586.rpm
Linux x86 Compressed Archive	137.92 MB	jdk-8u291-linux-i586.tar.gz
Linux x64 RPM Package	108.78 MB	jdk-8u291-linux-x64.rpm
Linux x64 Compressed Archive	138.22 MB	jdk-8u291-linux-x64.tar.gz
macOS x64	207.42 MB	jdk-8u291-macosx-x64.dmg
Solaris SPARC 64-bit (SVR4 package)	133.69 MB	jdk-8u291-solaris-sparcv9.tar.Z
Solaris SPARC 64-bit	94.74 MB	jdk-8u291-solaris-sparcv9.tar.gz
Solaris x64 (SVR4 package)	134.48 MB	jdk-8u291-solaris-x64.tar.Z
Solaris x64	92.56 MB	jdk-8u291-solaris-x64.tar.gz
Windows x86	155.67 MB	jdk-8u291-windows-i586.exe
Windows x64	168.67 MB	jdk-8u291-windows-x64.exe

图2.1　JDK1.8所支持的操作系统安装包列表

Java SE Runtime Environment 8u291

This software is licensed under the Oracle Technology Network License Agreement for Oracle Java SE

Product / File Description	File Size	Download
Linux x86 RPM Package	58.43 MB	jre-8u291-linux-i586.rpm
Linux x86 Compressed Archive	87.43 MB	jre-8u291-linux-i586.tar.gz
Linux x64 RPM Package	58.03 MB	jre-8u291-linux-x64.rpm
Linux x64 Compressed Archive	87.61 MB	jre-8u291-linux-x64.tar.gz
macOS x64 Installer	81.71 MB	jre-8u291-macosx-x64.dmg
macOS x64 Compressed Archive	75.46 MB	jre-8u291-macosx-x64.tar.gz
Solaris SPARC 64-bit	52.73 MB	jre-8u291-solaris-sparcv9.tar.gz
Solaris x64 Compressed Archive	50.62 MB	jre-8u291-solaris-x64.tar.gz
Windows x86 Online	1.98 MB	jre-8u291-windows-i586-iftw.ex
Windows x86 Offline	70.3 MB	jre-8u291-windows-i586.exe
Windows x86	69.08 MB	jre-8u291-windows-i586.tar.gz
Windows x64	80.7 MB	jre-8u291-windows-x64.exe

图2.2　JRE1.8所支持的操作系统安装包列表

考虑到Oracle JDK版本的不同，操作系统要求也略微有所区别。就Oracle JDK官方（Long-Term Support，LTS）版本而言，国内使用率较高的版本主要集中在JDK 8到JDK 11中。此外，从图2.1和图2.2可以看出来，JDK 1.8（Java SE Development Kit 8u291）和JRE 1.8（Java SE Runtime Environment 8u291）对目前市面上主流的操作系统及处理器内核都有良好的兼容性。至于JDK和JRE（Java运行环境）的关系及两者的定位，后续章节会详细介绍，现在主要以JDK的角度进行讲述。

Oracle JDK所兼容的4类操作系统如下：

（1）Linux操作系统，兼容x86和x64版本（同时兼容ARM处理器架构）。

（2）MacOS操作系统（俗称苹果操作系统），目前只兼容64位。

（3）Solaris操作系统，目前支持的发行版仅支持64位。

（4）Windows操作系统，目前支持32位和64位。

建议读者最好在以上4种操作系统中去下载安装Oracle JDK，并且如果条件支持，最好选用64位的操作系统，目前只有少部分Oracle JDK版本支持32位操作系统，且预计未来Oracle JDK主要支持的版本就是64位操作系统。

注意：根据统计，目前使用率最高的是JDK 1.8，它也是人们较为熟知的JDK版本，Oracle官方也表示继JDK 1.8之后，将JDK 11也作为长期技术支持的JDK版本，同时也作为目前所有Java平台的默认长期修复更新的版本，直到2023年9月。

2.1.3 下载和安装 JDK

本节主要以Oracle JDK 8版本为例，介绍JDK的下载与安装方法。通过Oracle官方网站（https://www.oracle.com/index.html）进行下载，也就是Oracle官方网站的首页，可千万不要访问其他第三方的钓鱼网站，如图2.3所示。

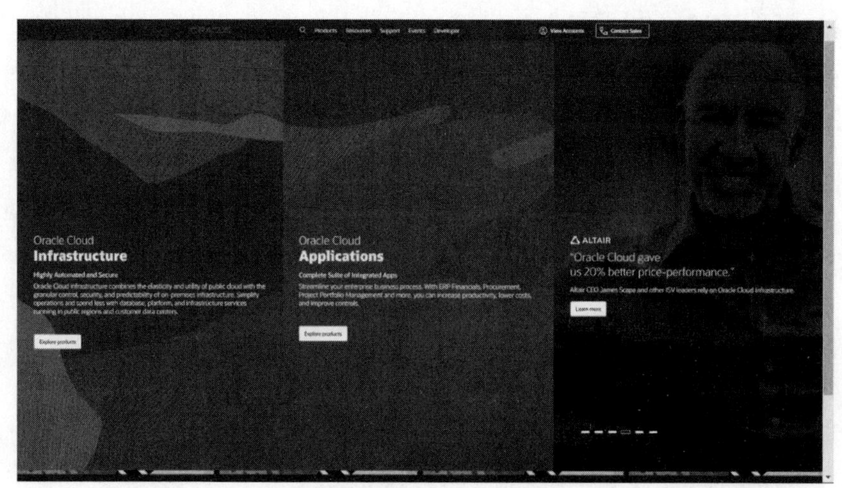

图2.3　Oracle官方网站首页

访问到首页，选择首页上方菜单栏的Products，选择二级菜单中的Java选项，跳转到下载Java的页面，单击右上角Download Java按钮，如图2.4所示。

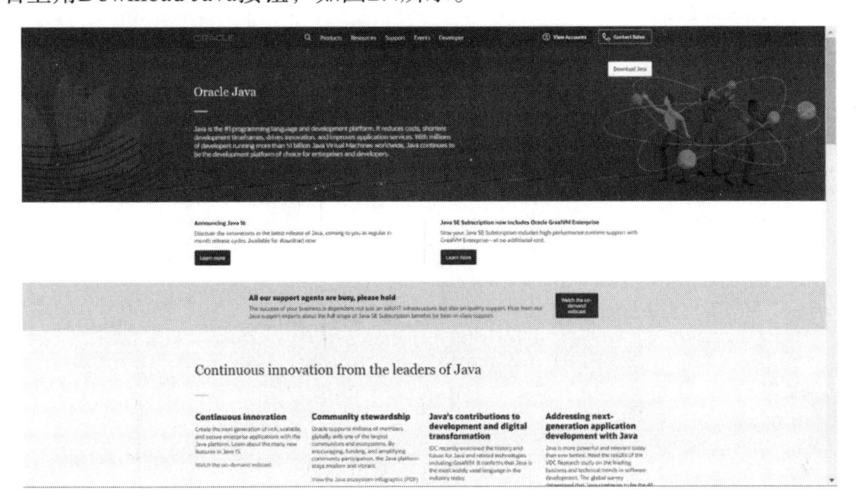

图2.4　Oracle网站下载页面

跳转到各个版本JDK和JRE的下载页面，根据需求选择适合自己的JDK版本即可，选择Java SE 8下面的Oracle JDK下方JDK Download选项，如图2.5所示。

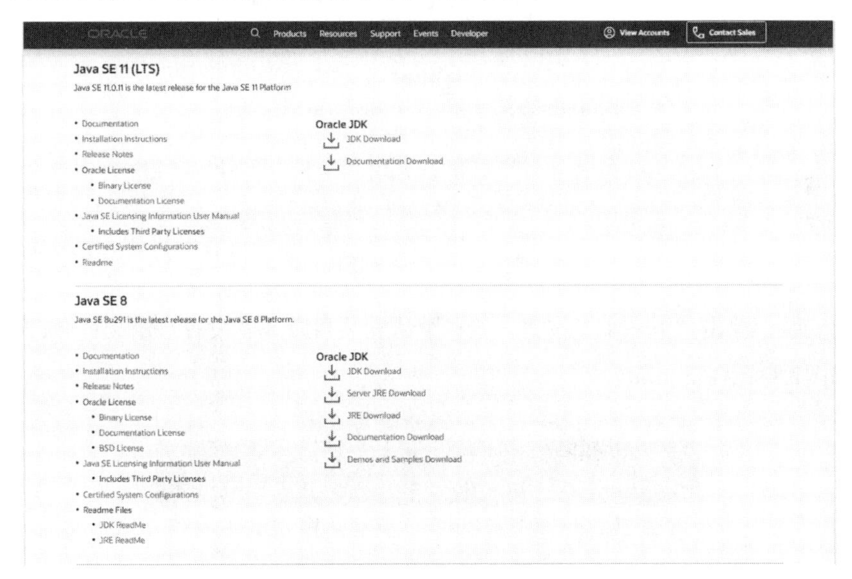

图2.5　JDK及JRE下载列表

最后选择符合自己开发环境的安装包即可。这里以Windows-64Bit操作系统为例，选择Windows x64选项后，下载安装包即可，具体情况如图2.6所示。

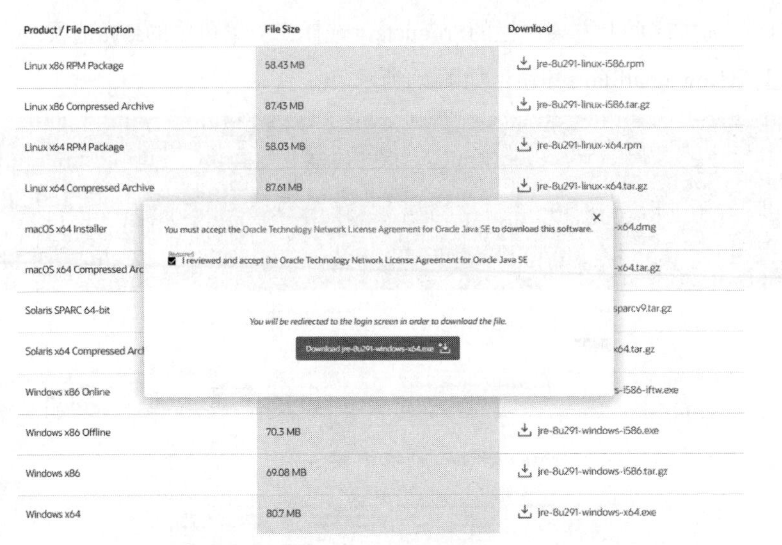

图2.6　JDK下载页面

将安装包下载到本地后，即可进入安装操作，如图2.7所示。

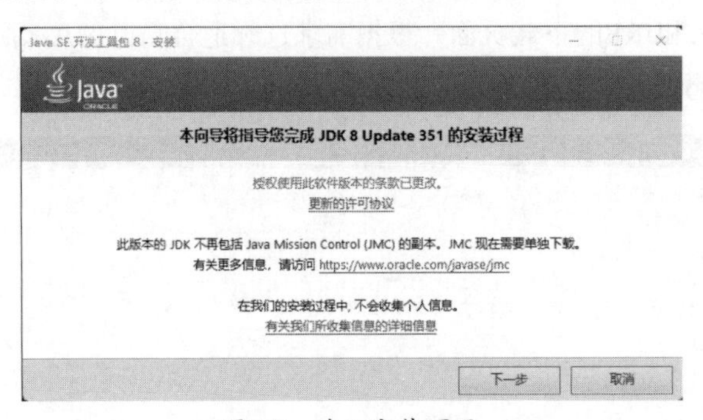

图2.7　进入安装页面

单击开始安装，单击“下一步”按钮，选择默认安装目录或者设置自定义目录，再单击“下一步”按钮，如图2.8所示。

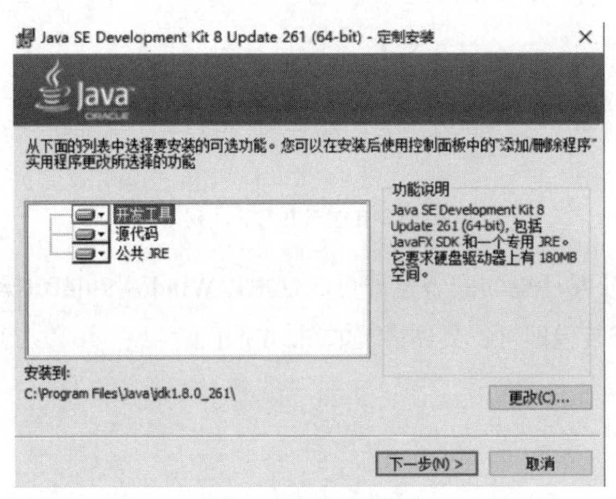

图2.8　设置安装路径

安装到一半提示安装JRE（因为JDK已包含JRE，所以JRE可装可不装），这里选择安装，同样可以修改安装目录，单击“下一步”按钮，等待安装完成即可，如不装的话可接关闭窗口，如图2.9所示。

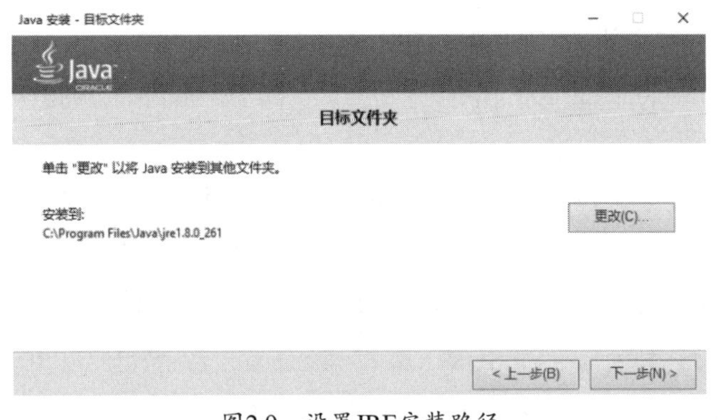

图2.9　设置JRE安装路径

安装时建议目录路径中不要包含特殊符号或者中文，以避免造成不必要的麻烦。

注意：如果读者需要安装Linux或者其他版本，那么可以在网上搜索相关资料，但是其本质都一样。此外需要注意的是，本节中JDK小版本或许存在差异及不一致的情况，请读者不要在意此类问题，以步骤和配置方案为标准即可。

2.1.4　JDK 版本和配置

下载并安装JDK之后，接下来就要进行相关的配置工作。这里依然采用Windows环境配置系统的环境变量，设置变量JAVA_HOME，对应的变量值是你的JDK安装根目录；变量名ClassPATH，对应的变量值：%JAVA_HOME%\lib\dt.jar;%JAVA_HOME%\lib\tools.jar。

此外还需设置Path环境变量，如果不存在，则新建一个；若存在，则添加变量。

添加%JAVA_HOME%\bin，此步骤属于非必需配置，主要是为了更加方便地调用JDK的指令及操作。

打开命令行窗口，输入命令java -version，如果可以看到系统下JDK的最新版本，则表示JDK下载安装与环境配置已成功了，如图2.10所示。

```
java version "1.8.0_191"
Java(TM) SE Runtime Environment (build 1.8.0_191-b12)
Java HotSpot(TM) 64-Bit Server VM (build 25.191-b12, mixed mode)
```

图2.10　java -version

完成JDK的安装以后，即可运行Java程序，但先不要着急去运行程序，下面分析JDK的组成部分，以便读者更进一步认识JDK。

注意：请读者不要过于在意java version的JDK小版本与上面章节的差异，这里主要以内容展示结构为标准，只要结果与图2.10展示的相似即可。

2.1.5 JDK 的组成部分

Java生态体系主要由3个部分组成：Java SE、Java EE、Java ME。

SDK（Software Development Kit，软件开发工具）属于泛指代词，将其可以理解为一种开发工具包或者工具库。

Java SE是Java标准开发组件工具，是实现Java EE和Java ME的功能基础库。它在个人开发和一些中小型企业中用得最多，是使用率较高的工具组件之一，人们经常称其为Java SE SDK。

Java EE是Java企业开发组件工具，是Java技术生态中应用最广泛的技术，主要提供企业级的服务解决方案，人们经常称其为Java EE SDK。

Java ME是Java移动端开发组件工具，主要作用于移动终端设备及家用电器等设备的存储装置，人们经常称它为Java ME SDK。

这里以最常用的Java SE工具包为例，介绍JDK的组成部分。

JDK（Java Development Kit）其实就是Java软件开发者的工具包，其中包括Java软件运行时的环境（JRE）和开发过程中所需要的工具集合（SDK、Compiler、Debugger、javadoc等一些辅助工具）。在此依旧以JDK 1.8作为案例参考，其他高版本JDK的结构可能会与此大为不同，还请读者多加注意。

接下来会从3个维度对JDK的组成部分进行介绍，分别为JDK的基本组件、JDK的功能逻辑结构和JDK包的物理结构。

1. JDK的基本组件，如图2.11所示。

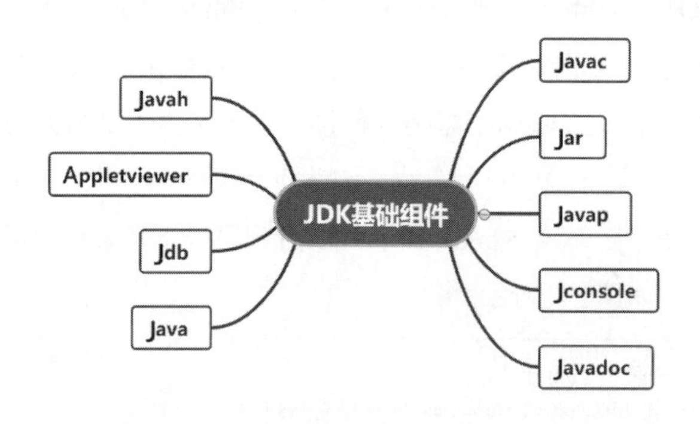

图2.11　JDK的基本组件

完整的Oracle JDK其实非常复杂且庞大，图2.11只展示JDK的基本组件，对于初中级开发者而言，笔者认为暂时不需要深入JDK每个底层的细节进行学习，主要熟悉其基本组件的功能和基础原理即可。图2.11中的各个组件简单概述如下。

（1）Javac：Java代码编译器，用于将Java源代码编译成相应的Class文件。

（2）Jar：Java代码的打包组件，通过该工具，可以将多个Java源码文件编译后生成以.jar结尾的库文件。

（3）Javadoc：API应用程序接口文档生成组件，可以将Java源代码中的Javadoc注释提取后，转换为用户较为方便查看的html格式的文档。

（4）Jdb：Java调试器（debugger）组件，功能代码调试及查错的工具组件。

（5）Java：Java程序解释器，直接根据Class字节码执行Java程序。

（6）Appletviewer：在B/S架构模式兴起之前的一种可执行的浏览器模式的应用程序（Java Applet）。

（7）Javah：主要用于调用Java的本地方法，其本质是生成相关C语言的头文件（.h后缀名），通过它可以调用底层的C语言代码。

（8）Javap：Java反汇编工具，反编译Class字节码文件，可展示方法和类结构信息。

（9）Jconsole：基于JVMTI的技术，是可以针对其他JVM进程进行性能和执行参数分析的工具。

2. JDK的功能逻辑结构，如图2.12所示，主要包含了JRE和Java Language（Java语言体系）。

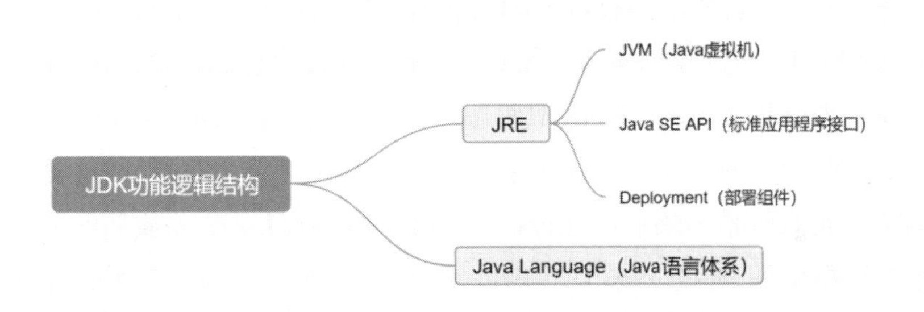

图2.12　JDK的功能逻辑结构

JRE（Java运行环境），顾名思义，它主要是提供运行Java应用程序所需要的环境和基础库的集合，同时也是实现跨平台性的主要因素。此外其内部包含了Java虚拟机、JavaSE API（一些常用的标准类别函数库）及Deployment组件（部署的功能包括：浏览器插件、Web服务驱动及Java控制面板等）。

Java Language较为繁杂，例如，上面JDK基本组成部分介绍的Javac、Java及Javadoc组件等，都算为Java Language体系，所以它涉及的范围甚广。因此处不算是学习要点，故不作过多的介绍，读者只需了解即可。

3. 我们以物理结构的角度去介绍一下JDK的组成，其实这种角度对开发者来讲是最直观的，毕竟安装完的结构正是如此，主要结构如图2.13所示。

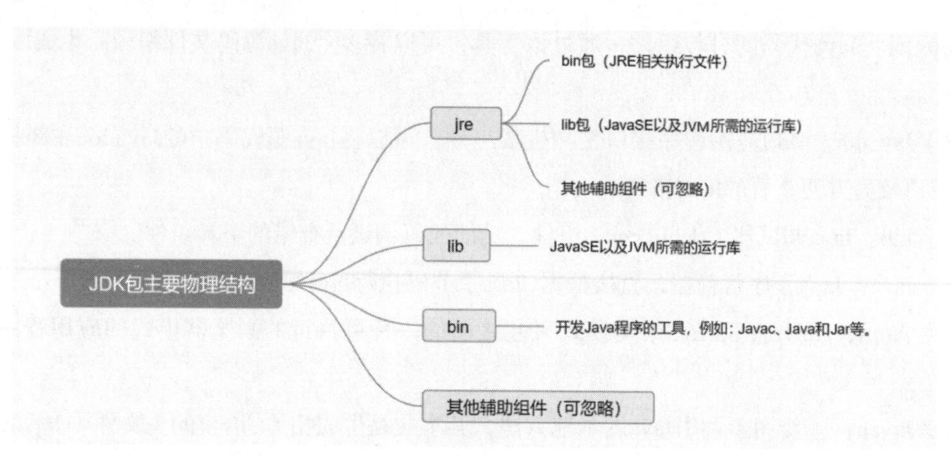

图2.13　JDK包的物理结构

图中主要展示了JDK安装之后的主要核心包结构，对于读者而言只需关注jre包、lib包和bin包即可。

- jre包：主要包含JVM运行环境的所有所需运行文件和资源库，分别存储在bin包和lib包中。
- lib包：其直接从属于JDK内部，存放JavaSE核心标准库及扩展库文件等。
- bin包：其存储JVM运行环境的所有所需运行文件，除此之外还包含了JRE的bin包中没有的Java、Javac等相关的开发Java程序的工具组件。

至此完成了3个角度对JDK的组成部分的介绍，此时相信读者会发现这3种角度虽然方向不同，但是很多地方却存在相似和重叠的情况。没错，正所谓万变不离其宗，本质都是一样的，相信由此让你对JDK的核心结构有了一定的了解。

注意：本节内容主要是为读者介绍JDK的核心组成部分，而并非完整无缺的结构。因为庞大且繁杂的JDK结构可能会让读者望而却步，所以希望读者关注重点即可。

2.1.6　JVM 和 JDK 的关系

上一节介绍的JDK组成部分，也从侧面阐述了JDK和JRE两者之间的关系，接下来让我们继续探索JVM和JDK的关系，通过JDK功能逻辑结构及JDK包物理结构可以明显地看出JDK其实是包含了JRE的。

JDK可以用作面向Java源文件和Class字节码文件，从而实现Java程序的运行处理，JRE从属于JDK内部，主要负责Class字节码文件的运行，因为不包括编译器，所以无法对Java源代码进行编译，一般来讲我们服务器上面只需要安装JRE即可，因为部署上去的几乎都是像Jar或者War这种编译过的文件结构。

因为JRE包含JVM所需要的运行资源（可执行文件和核心类库），所以可以得出结论：JRE包含了JVM。JVM主要负责运行程序及内存管理等底层核心功能。

最后得出结论就是JDK包含了JRE，JRE包含了JVM。为了可以更清晰地描述它们之间的关系，请参阅图2.14。

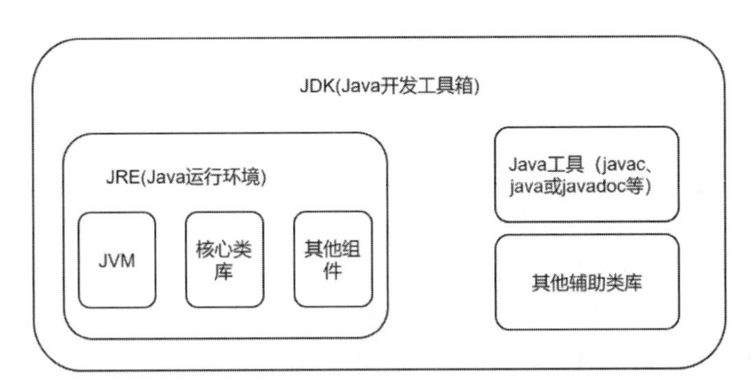

图2.14　JDK和JRE及JVM的关系

2.2 通过Open JDK搭建运行环境

上一章主要介绍了Oracle JDK的相关学习内容和安装技巧，本章则主要介绍了如何帮助大家下载和安装搭建Open JDK的运行环境，其中包括读者所需要的Open JDK版本的介绍及运行环境，最后构建编译Open JDK并且学习调试源码。

2.2.1 Open JDK 的介绍

根据上面的学习，我们已经了解到平时我们所说的JDK，多数指的是Sun/Oracle公司发布的JDK版本，但是由于闭源化及商业版本功能的存在，所以JDK并不采用开源协议对外开放，与此对应的有了相关的开源JDK版本，我们称为Open JDK。让我们进入Open JDK的历史长河，一同去探索一下Open JDK的起源。

首先，在完成Java语言生态之后，Sun公司就在2006年的时候将JDK的源码进行开源化，此时这种开源的JDK称为Open JDK。顾名思义，“Open”的含义就是“Open Source”（开放源码），并且代码可以被其他组织或者机构进行使用和二次开发，比较著名的案例是Ultra Violet，它就是基于Open JDK而衍生的，所以可以把Open JDK理解为其他JDK的父亲或者祖先。

Open JDK采用了FreeType字体引擎的支持，并使用GPLv2的认证许可证进行项目发布，2009年之前主要通过Sun公司及其下属组织进行管理维护，之后由于Sun公司被收购了，故现在由Oracle公司进行管理。

后续各大厂商都纷纷研发属于自己的商业化JVM虚拟机，例如，IBM公司的J9虚拟机、Azul公司的Zing和Zulu等，它们基本都是在Open JDK的源码库基础上进行定制化开发和优化的，而主要不同之处在于许可协议的类型。

2.2.2 下载 Open JDK 源码包

如果我们需要阅读Open JDK的源码，想要探索深入学习JDK的内部机制，那么该去哪下载呢？本节主要介绍如何下载Open JDK的源码包。

好了，现在开启你的Open JDK源码之旅吧！

首先我们需要访问Open JDK的官方网站（http://hg.openjdk.java.net/），在这里找到需要下载的源码，进入后看到相关的Open JDK版本列表，如图2.15所示。

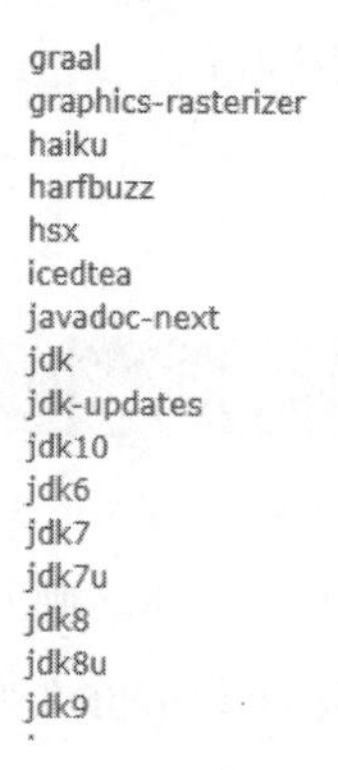

图2.15　部分Open JDK版本列表

图2.15只展示了一部分Open JDK的版本，想要获取所有的版本请访问官方网站，在这里选取我们需要的jdk8u版本源码，进入页面可以看到它所有的分支代码，如图2.16和图2.17所示，它们分别代表jdk8u分支版本列表和jdk8u主分支版本项。

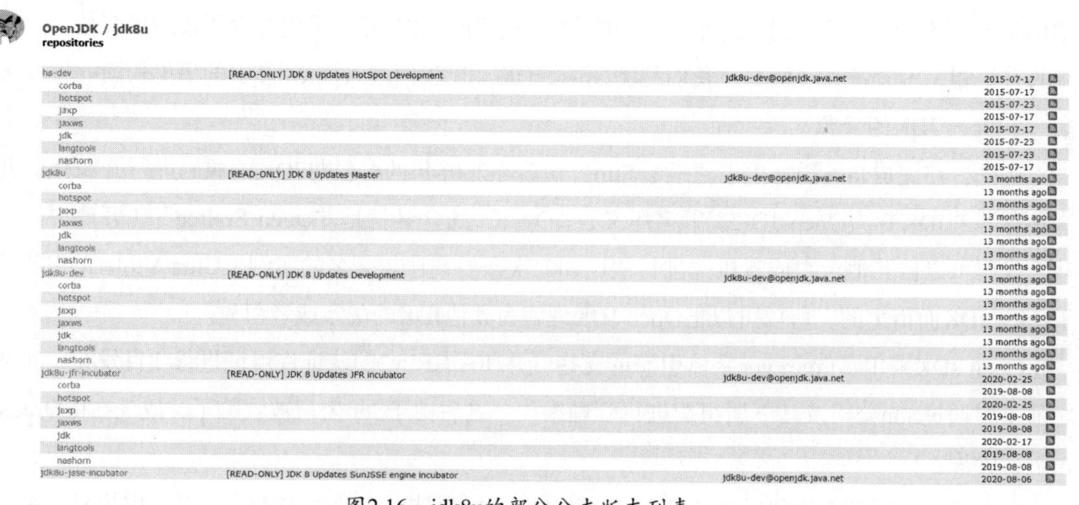

OpenJDK / jdk8u
repositories

hs-dev	[READ-ONLY] JDK 8 Updates HotSpot Development	jdk8u-dev@openjdk.java.net	2015-07-17
corba			2015-07-17
hotspot			2015-07-23
jaxp			2015-07-17
jaxws			2015-07-17
jdk			2015-07-23
langtools			2015-07-23
nashorn			2015-07-17
jdk8u	[READ-ONLY] JDK 8 Updates Master	jdk8u-dev@openjdk.java.net	13 months ago
corba			13 months ago
hotspot			13 months ago
jaxp			13 months ago
jaxws			13 months ago
jdk			13 months ago
langtools			13 months ago
nashorn			13 months ago
jdk8u-dev	[READ-ONLY] JDK 8 Updates Development	jdk8u-dev@openjdk.java.net	13 months ago
corba			13 months ago
hotspot			13 months ago
jaxp			13 months ago
jaxws			13 months ago
jdk			13 months ago
langtools			13 months ago
nashorn			13 months ago
jdk8u-jfr-incubator	[READ-ONLY] JDK 8 Updates JFR incubator	jdk8u-dev@openjdk.java.net	2020-02-25
corba			2019-08-08
hotspot			2020-02-25
jaxp			2019-08-08
jaxws			2019-08-08
jdk			2020-02-17
langtools			2019-08-08
nashorn			2019-08-08
jdk8u-jsse-incubator	[READ-ONLY] JDK 8 Updates SunJSSE engine incubator	jdk8u-dev@openjdk.java.net	2020-08-06

图2.16　jdk8u的部分分支版本列表

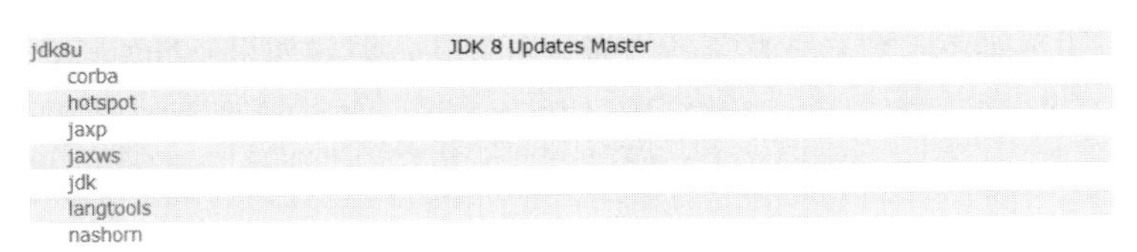

图2.17　jdk8u主分支版本项

如图2.17所示，这里选择的是jdk8u主分支版本，单击jdk链接后，直接进入下载页面，如图2.18所示。

log
graph
tags
bookmarks
branches
changeset
browse
bz2
zip
gz
help

age	author	description
2 days ago	andrew	Added tag jdk8u302-b01 for changeset 735
2 days ago	andrew	Added tag jdk8u302-b00 for changeset 7c8
2 days ago	andrew	8258419: RSA cipher buffer cleanup
2018-06-21	jjiang	8205014: com/sun/jndi/ldap/DeadSSLLdap
2017-07-07	serb	8178403: DirectAudio in JavaSound may ha
22 months ago	serb	8134672: [TEST_BUG] Some tests should c
8 days ago	shade	8265988: Fix sun/text/IntHashtable/Bug41
2016-07-13	jdv	7059970: Test case: javax/imageio/plugins/
4 months ago	serb	8225116: Test OwnedWindowsLeak.java int
2016-05-05	serb	8151786: [TESTBUG] java/beans/XMLEncod

图2.18　下载页面效果图

单击左侧边栏的zip或者gz选项即可下载相关的源码压缩包。

2.2.3　Open JDK 的版本介绍

上面介绍了如何下载Open JDK的源码压缩包，接下来我们简单介绍一下JDK版本，现在JDK已经发展到版本10了，版本11的开发已经处于计划中，而我们主要关注的就是Open JDK 6、Open JDK 7、Open JDK 8、Open JDK 9和Open JDK 10，如图2.19所示。

jdk
jdk-updates
jdk10
jdk6
jdk7
jdk7u
jdk8
jdk8u
jdk9

图2.19　Open JDK常用版本展示

至于其他的版本，读者感兴趣可以参考学习和延伸一下，但主要以上述的这几个版本为学习的目标版本。此处多说一句，针对Open JDK的版本发展来讲，其实主要是基于Open JDK 7版本引出的，比如说Open JDK 6的版本就是通过Open JDK 7的某一个基线引出的，并且剥离了JDK7中相关的特性代码。因为笔者建议大家可以用Open JDK 7的版本进行编译使用，此处主要是考虑到与上面介绍的Oracle JDK的版本对应，所以选择了Open JDK 8。

2.2.4　运行环境的要求

安装和运行Open JDK所需要的环境配置，可以参考上面介绍的Oracle JDK所需要的环境要求，两者所需要的环境指标基本一致。在此笔者不做太多赘述，但是如果条件允许，尽可能地在Linux操作系统上进行编译运行构建，同时最好采用x64版的JDK，而且机器处理器架构也应该是64位操作系统。

除上述的要求之外，官方文档上的配置要求有512MB的内存和600MB以上的硬盘空间，但是实际情况还包括了其他系统编译组件及工具，总体建议还是以Oracle JDK的配置要求做标准要求即可。

2.2.5 构建编译属于自己的 JDK

首先，我们需要准备Open JDK源码所需要的编译环境，在官网下载安装包并解压之后找到README-builds.html，根据这个html文档执行编译步骤。

Windows搭建环境下，你在编译时通常需要一些诸如Linux/Unix这样的搭建环境，特别是cgshell，可以直接通过下载的Cygwin，甚至MinGW/MSYS等工具包来搭建一个环境。这种方式与其他模仿虚拟环境的处理工具有所区别，主要不同之处在于它对每个路径文件名称的处理方式。

这里以Cygwin（http://www.cygwin.com/）为例，选择x64位下载，Cygwin默认情况下不会包含我们编译Open JDK所需要的组件，所以需要我们手动进行安装，如下表所示。

Cygwin额外所需要的工具

文件名	分类	包	描述
ar.exe	Devel	binutils	The GNU assembler, linker and binary utilities
make.exe	Devel	make	The GNU version of the ‘make’ utility built for CYGWIN
m4.exe	Interpreters	m4	GNU implementation of the traditional Unix macro processor
cpio.exe	Utils	cpio	A program to manage archives of files
zip.exe	Archive	zip	Package and compress (archive) files
unzip.exe	Archive	unzip	Extract compressed files in a ZIP archive
free.exe	System	procps	Display amount of free and used memory in the system
gawk.exe	Utils	awk	Pattern-directed scanning and processing language
file.exe	Utils	file	Determines file type using magic numbers

下载成功之后，进入安装页面，如图2.20所示。

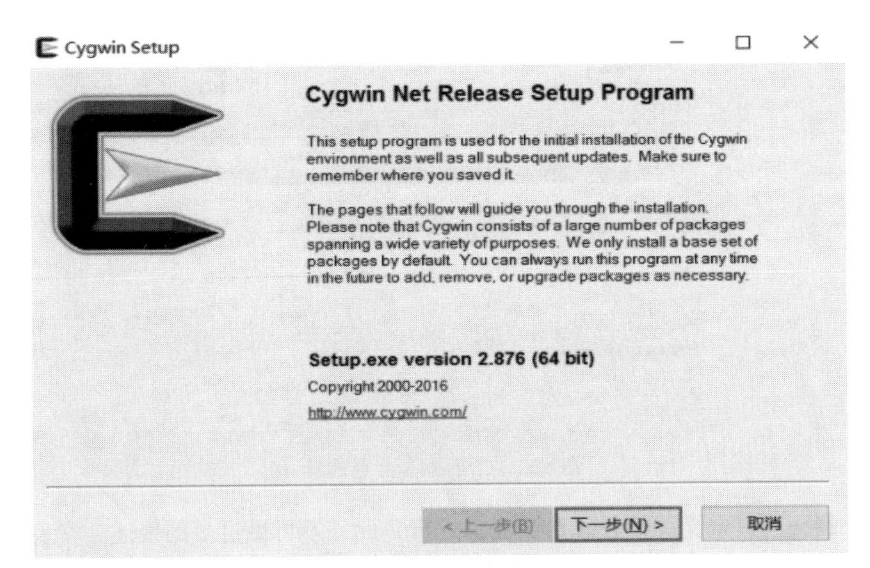

图2.20　Cygwin安装界面

当单击下一步按钮的时候，会有以下3种安装方式供你选择。

第一行代表联网在线安装；

第二行代表先下载但不进行自动安装，需要手动进行定制化选择安装；

第三行代表直接安装本地的安装包，可以理解为是第二行步骤的后续执行步骤，如图2.21所示。

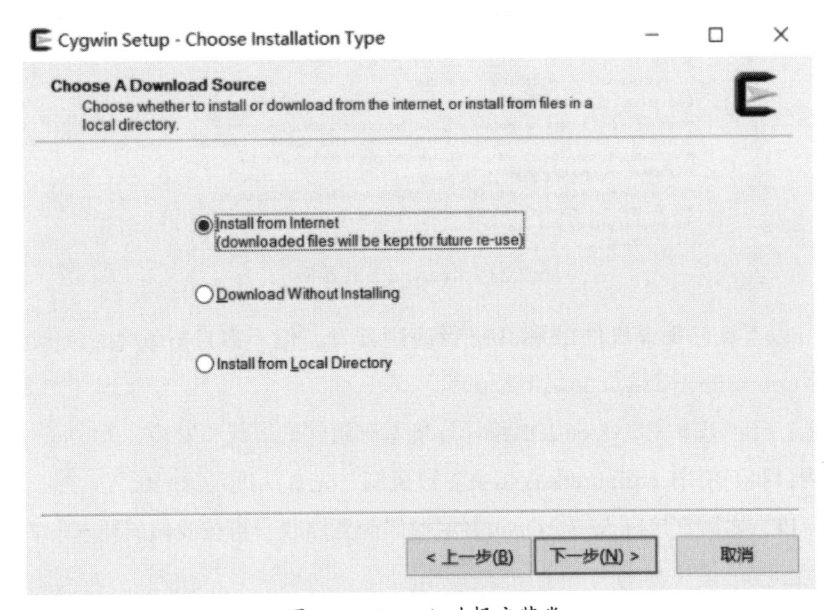

图2.21　Cygwin选择安装类

在此我们需要勾选所需要安装的工具组件，对应的就是Cygwin的内部所需要安装的服务模块，记住一定要安装上面表格中所需工具包，如图2.22所示。

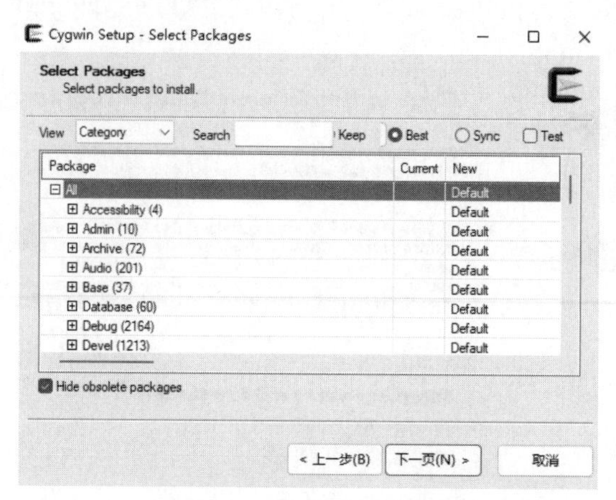

图2.22　Cygwin工具包选择

其他的步骤皆可自定义选择或按默认配置进行，此处不再做过多的赘述。安装完Cygwin以后，还必须安装编译器，而Open JDK的核心代码和底层代码大部分是由C++和部分C语言写成的。因此，我们首先选择Microsoft Visual Studio C++ 2010（VS2010）对它进行二次编译。

接下来使用可选的方式对freetype进行下载，此部分并未出现在官方文档中，它是一个开源的字体处理引擎，很多的开源项目都采用它作为系统字体的渲染工具。可去其官网上下载：http://www.freetype.org/，并且查看相关的安装教程即可，如图2.23所示

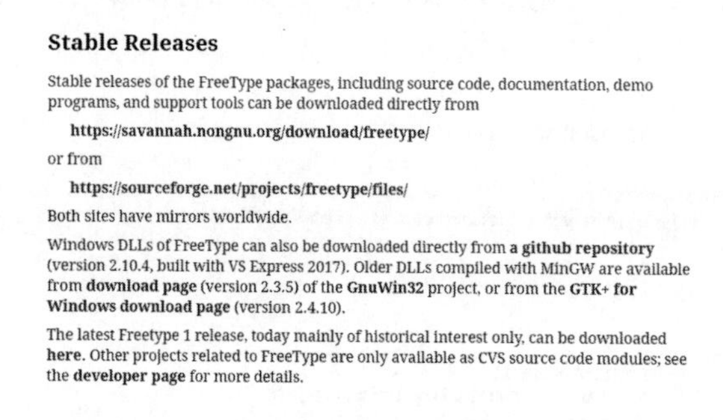

图2.23　freetype下载界面

另外，你可以下载已编译好的lib和dll进行应用开发，但不需自行编译，下载网址：https://github.com/ubawurinna/freetype-windows-binaries。

到目前为止，已经基本完成Open JDK编译环境基础组件的下载和安装。

下面是案例，我们使用configure配置相关参数机制。先直接进入源码配置，然后直接打开一个Cygwin的bash窗口，之后直接进入一个Open JDK源码配置路径，再按我们的要求配置：

```
cd  /cygdrive/e/hub/openjdk/jdk8u
```

开始配置：

```
bash ./configure --with-freetype=/cygdrive/e/hub/freetype
```

```
--with-boot-jdk=/cygdrive/e/sdkUnity/java/jdk
--with-target-bits=64
--with-jvm-variants=server
--with-debug-level=release
```

对以上的参数简单作一些说明。

- --with-freetype=/cygdrive/e/hub/freetype：指定feetype的位置，必选。
- --with-boot-jdk=/cygdrive/e/sdkUnity/java/jdk：启动jdk的路径，必选。
- --with-target-bits=64：指定生成64位jdk，必选。
- --with-jvm-variants=server：编译JVM的模式，有server、client、kernel、zero和zeroshark五种，默认server模式。
- --with-debug-level=release：编译时debug的级别，有release、fastdebug（可调试的JDK）和slowdebug 三种级别。

其他可以参考README-builds.html。

执行编译：make all，如果只需要JVM客户端，可以参考README-builds.html。

```
make images JOBS=4
```

如果有多个配置make完成后，需要执行make install 将生成的文件集中在某个目录，没有指定则默认放在/usr/local/jvm下。

完成后在/usr/local/jvm中就有生成的openjdk-1.8.0-internal文件夹，执行java -version测试JDK编译功能和设置安装是否正常。

2.3 Open JDK和Oracle JDK的关系

上述内容主要讲述了Open JDK和Oracle JDK的相关内容，接下来主要介绍Open JDK和Oracle JDK的关系，主要包括两者之间的联系和区别。

2.3.1 Open JDK 和 Oracle JDK 的联系

Open JDK 7与Oracle JDK 7在程序上是十分相似的。在OSCON 2011大会上，Oracle公司的项目开发总监Joe Darcy就二者的合作关系也进行了相关的阐述，并证实它们曾共用过大量相同的代码。基本上可认为我们所编译的Open JDK，在性能、功能及运行逻辑上均与官方的Oracle JDK是相同的。

从虚拟机角度而言，Oracle JDK与Open JDK里的JVM都是HotSpot VM。从源码层面说，两者基本上是同一个东西。HotSpot VM只有非常少量的功能没有在Open JDK里，而那部分在Oracle内部的代码库里。这些私有部分都不涉及JVM的核心功能。所以说，Oracle/Sun JDK与Open JDK其实使用的是同一个代码库。

2.3.2 Open JDK 和 Oracle JDK 的区别

总体而言，Open JDK是开源的，而Oracle JDK是官方商业化的。除此之外Open JDK和Oracle JDK主要有以下几点区别。

授权协议方式不同。Open JDK通过GPL或V2协议推出，而Oracle JDK则通过JRL推出。它们尽管都是公开源代码的，不过在实际应用上最大的差别就是GPL V2可以在商业上应用，而JRL只可以用于个人研究。

Open JDK中并不包括它的Deployment（部署）控制功能。根据需要部署的功能可以分为Browser Plugin、Java Web Start及Java控制面板，这些控制功能在Open JDK中几乎是根本查不到的。

Open JDK源代码并不完整：对使用GPL协议的Open JDK而言，Oracle JDK中的大部分源代码都由于知识产权的问题而不能公开给予Open JDK使用，当中最为主要的部分便是JMX中的可选元件SNMP部分的代码等。

Open JDK只包括最精简的JDK。Open JDK同时也包括了其他的套装软体，例如Rhino Java DB JAXP等。另外可以分离的套装软体也均是尽可能分离，不过这大部分均为自由软件，读者也可自行下载或加入。

字体源码不同。Open JDK的大部分字体源代码都可以使用开放字体源代码进行替换，因为知识产权的保护问题，一些与产权不同的Oracle字体源代码被替换成了许多字体功能相似的中文开放字体源代码，比如，中文字体设计栅格化替换引擎等，用于对freetype进行替换。

2.4 小结

学完本章中，必须了解和掌握的知识点：

1. Oracle JDK的相关概念及其历史发展历程。
2. Oracle JDK的组成部分和相关的功能分布是什么？
3. JVM和JDK之间的关系是什么？
4. Open JDK的概念定义及发展历程。
5. Open JDK和Oracle JDK所需的运行环境，及所需系统配置的基本要求。
6. Open JDK和Oracle JDK的联系和区别分别是什么？

第 3 章

迈向 JVM 的第一步

本章主要介绍 JVM 内部的核心组成部分，读者学习本章内容之后，会在脑海里建立一套 JVM 理论体系的基础框架，它会为以后学习更深层次的技术原理奠定基础。本章采用划分模块的方式讲述 JVM 体系内部各部分的组件及其原理，涉及的内容比较多，希望读者可以慢慢消化和吸收。

注意：本章内容偏向于概念和特性层面，不会有太多原理性和底层机制的介绍和探究，读者只需了解相关的特性和定义即可。

本章主要涉及的知识点如下：

- 类加载系统，以及其组成部分和基础原理。
- 运行时数据区中最核心的部分：堆内存的分布、特性和定义。
- 虚拟机标准模型方法区的定义和作用，以及原理特性等。
- 虚拟机栈、PC 计数器的原理和作用，以及两者之间的关系。
- 本地方法栈的定义和概念，以及与虚拟机栈的区别。
- 内存管理子系统关于垃圾回收机制的特性和原理。
- 执行引擎的定义和作用范围，以及一些简单的指令集。
- JVM 的直接内存和执行类型，以及对象的定位方式。
- JVM 产生的内存溢出的相关问题种类。

3.1 JVM内部七大“核心”

本节主要介绍JVM核心体系中的七大核心成员，主要包括类加载子系统、运行堆内存区域（Runtime Heap Area）、方法区(Method Area)、虚拟机栈（包含PC计数器）、本地方法栈(Native Stack)、内存管理子系统（Garbage Collector，垃圾回收器）和执行引擎子系统。这7个子系统相互协作，实现了JVM的核心功能。

3.1.1 类加载子系统

类加载子系统是JVM执行流程的起始点，如同输入管道一样控制着外界数据的接收和转换等功能。另外，从某个角度而言，它也是JVM开放给Java开发者操作最接近底层的工具入口。

类加载子系统是外界系统与JVM之间的传输纽带，负责从文件系统或网络资源中加载Class字节码文件，通过检查和解析之后，生成对应的运行时数据区的数据对象。

类是从被我们装入的所有虚拟机和存储器中开始启动，直到我们卸载存储器中的文件为止，它将一个完整的生命周期划分为加载（自动）、验证、准备、解析、初始化、应用及卸载（自动）。

其中，需要重点注意的几个阶段为加载、验证、准备、解析及初始化。另外验证、准备、解析这3个阶段可以归属为链接（Linking）阶段，具体内容后面会介绍。

加载是类加载过程的第一个阶段。在这一阶段，JVM的主要工作目的就是从不同的传输渠道或来源读取Class字节码，将Class字节码转换为二进制格式字节流并加载到内存中。

加载Class字节码的渠道场景主要有以下几种。

（1）本地系统中直接加载、通过网络资源获取。

（2）压缩文件中读取，如项目中经常采用jar、war等格式运行。

（3）运行时动态生成，如利用动态代理技术cglib、JDK Proxy等实现。

（4）其他文件生成，如JSP应用文件生成的Servlet Class类字节码。

（5）专有数据库存储和提取相关Class字节码文件，此种场景比较少见。

（6）从加密文件中获取，典型的场景是防止Class文件被反编译的保护措施。

当应用程序主动添加并使用某一个Class类时，假设类从未被添加到JVM内存中，那么JVM首先会进行内存加载、链接和对象初始化这3个基本过程，主动对类进行初始化。

从类被缓存添加至JVM开始，直到从内存中进行卸载，整个类的生命周期如图3.1所示。

完成加载和链接之后，开发者就可以直接使用该对象进行相应的操作。最后，当GCRoot无法引用该对象，该对象会被回收销毁。至此整个对象的生命周期完全结束，后面的章节会对类加载器进行详细的介绍和说明。

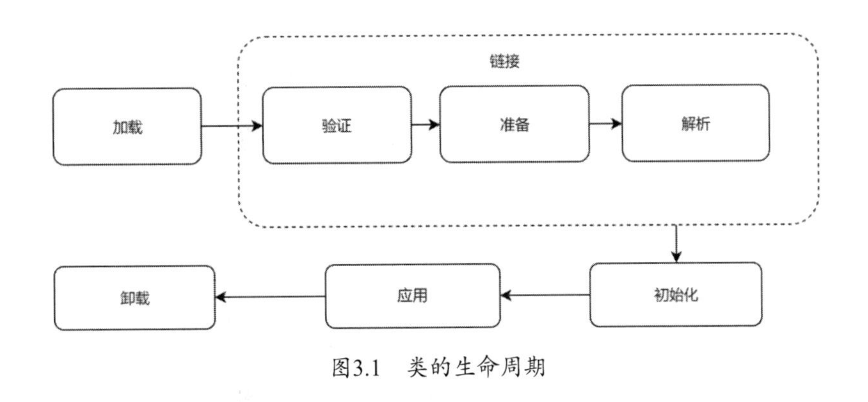

图3.1　类的生命周期

3.1.2　运行堆内存区域

运行堆内存区域是Java程序运行中最核心的部分，每个类实例和数组等对象都要存放在其中。但随着逃逸分析技术的出现，可以采用在栈上分配、标量替换等优化手段，从而一部分对象能够直接分配到栈内存中。

对于每个JVM而言，只会存在一个堆内存区域，不同的Java程序之间相互隔离且互不干扰。但是，对于其本身属于线程共享的区域，在多线程的情况下，就需要考虑多线程访问的安全性问题。

堆内存又称作GC堆，从内存的管理角度而言，开发者无须过多地管理和考虑内存的分配和回收，因为这些工作主要依靠GC回收系统进行处理。从结构上划分为新生代和老年代，采用分代的回收机制。新生代又划分为Eden区、Survivor to区（S1）、Survivor from区（S2）等，采用标记复制算法进行内存的分配和回收。

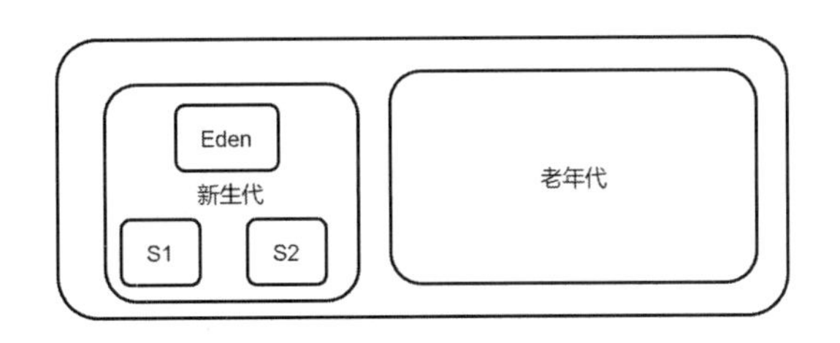

图3.2　堆内存的分布结构

必须特别注意的一点是，JVM在新生代的Eden区设置一小块线程私有的内存块，称为TLAB（Thread-local Allocation Buffer）。在一个Java应用程序中，大多数分配对象属于小型对象，不一定存在对线程间的共享，所以很适合被快速分配GC。因此，对于小型对象，一般会按照优先顺序分配到每个线程私有的TLAB中。另外，每个TLAB中的对象都是私有的，因此不会有任何锁开销。

堆内存在物理空间上不必是连续区域，在运行过程中只要能够支持动态扩展和收缩即可。当无法进行扩展时，则会抛出内存溢出异常，即OutOfMemoryError。

3.1.3 方法区

方法区与堆内存一样，也是线程共享的内存区域。方法区也称为非堆，用于存储已被虚拟机加载的类信息、常量、静态变量、即时编译器编译后的代码等数据。

使用Java 8之前版本的系统开发人员，更习惯将整个方法区称为“永久代”，而其实二者并不一样，只是因为之前JVM分代管理的设计思路选择了使用“永久代”来直接实现整个方法区（方法区属于约定或者协议规范）的分区收集功能罢了，又或者只是使用永久代方法来直接实现整个方法区的分区收集功能罢了。

因此整个Java虚拟机的内存管理系统也就能像管理堆中的内存那样，自动管理这部分方法区的内存，可以大大省去由技术人员为各部分内存进行管理的烦琐工作。

移除永久代的工作早在Java 7时就已开展。在Java 7中，存储到永久代的大部分数据已经迁移到了堆内存中，甚至是直接内存（Pirect Memory）。但永久代仍存在于Java 7之中，并没有彻底删除，如将符号（Symbols）引用转到了本地内存、字符串常量池转到了堆内存。

Java 8引入的元空间的规范本质上与永久代空间类似，均归属于对应的JVM规范中各种方法区的实现。不过，元空间和永久代间的主要差异之一是元空间并不由JVM进行管理和分配，而是完全使用本地化的内存。

因此，默认情况下元空间的内存大小受本地物理内存大小的影响，其也可以通过参数进行控制。另外，元空间的实际物理内存空间和堆内存一样，都可以是不连续的。同样，当方法区无法扩展进行内存分配时，也会抛出OutOfMemoryError。

3.1.4 虚拟机栈

相比于基于堆栈的内存和基于方法区这类线程的公共区，虚拟机栈和基于PC栈的计数器则都属于线程的私有区。PC计数器本身就是一个比较小的线程内存空间，可以把它看成当前线程上可以被运行的每一行代码的地址坐标指示器。PC计数器在线程初始创建时也第一时间完成初始化，大小为一个字长，所以其可以存储一个本地指针，或者是return Address的值。在执行方法时PC计数器存储值一般为下一条指令的地址或者是相对于方法首地址的偏移量。有一种特定的应用场景，即当系统执行本地方法时，PC计数器的存储值是undefined。此外，PC计数器不存在内存溢出的场景。

虚拟机栈随着线程的建立而建立，在线程销毁时也被销毁。虚拟机栈由栈帧组成，以栈帧为单元执行任务并存储工作状态。虚拟机中对栈帧的操作方式主要为进栈与出栈。当前线程执行栈帧作为栈顶的栈帧。一般在调用方法时进行入栈，当抛出异常或者返回（return）时进行出栈。虚拟机栈会存在StackOverflowError和OutOfMemoryError。

注意：PC计数器和虚拟机栈属于线程私有区，堆内存和方法区属于线程子公共区，创建对象的生命周期不同。两者相互协作，共同实现了程序的执行和内存的分配等。

3.1.5　本地方法栈

本地方法栈和虚拟机栈非常类似，虚拟机主要用本地方法栈运行本地方法（Native方法），虚拟机栈运行方法时，会进行入栈操作，而在本地方法栈运行本地方法时，不会进行入栈操作。它直接使用当前栈帧的动态链接调用本地方法，并进入本地方法栈，在返回给Java方法时，跳转回虚拟机栈。与虚拟机栈方式相比，本地方法栈中同样可能会出现StackOverflowError和OutOfMemoryError。

注意：在虚拟机栈与本地方法栈中出现的StackOverflowError和OutOfMemoryError的区别，及触发条件，读者必须认真理解与分析。对于Hotspot虚拟机，将虚拟机栈与本地方法栈合二为一将更方便管理。

3.1.6　内存管理子系统

Java之所以非常容易上手，主要是因为JVM的GC管理子系统接管了复杂的内存管理，使得开发者只需专心进行业务或者功能开发即可。

垃圾回收的核心机制是通过分代划分策略，结合不同类型的垃圾回收器及垃圾回收算法对不再使用的对象进行标记后处理清除。

在不同的分代区域里有着不同的垃圾处理器，它属于垃圾算法的执行者，执行垃圾的回收处理。当然，开发者也需要根据不同的需求和业务场景进行定制化的调整和配置。垃圾回收类型分为Minor GC、Major GC、Full GC、Mixed GC等，后面的章节会详细介绍相关的原理和运行机制。

3.1.7　执行引擎子系统

执行引擎在整个JVM系统中处于最核心的地位，在JVM标准定义中，执行引擎主要负责执行相关的指令集，但其并不属于JVM执行时数据区的组成部分，也不是JVM标准中所定义的数据存储区。

JVM规范定义了执行引擎的逻辑模型，无论是哪种虚拟机的实现，都必须遵循约定和标准。虚拟机栈的栈帧是执行引擎的数据结构之一，而栈帧的结构包含操作数栈、局部变量表、返回地址和动态链接等，它们之间协同合作，完成指令的执行。

从外观上来说，大部分JVM中的执行引擎及其输入、输出方式都完全相同。输入数据是以字节为单位的二进制数据流，之后用每个字节的编码方式解析数据执行代码，结果都是等效代码流程；而代码输出的结果就是实际数据执行时的结果。

执行引擎在执行过程中需要执行的字节码指令完全依赖于PC寄存器。每当执行完一项指令操作后，PC寄存器就会更新下一条需要被执行的指令地址。

当然，在整个执行的过程中，执行引擎非常有可能将一个对象变量通过局部对象变量表（栈）区域中的实例引用准确地定位，Java堆区域栈中的对象作为其实例引用。

通过目标对象头（堆）中的元数据指针，定位到目标对象的类型信息（方法区）。堆区和方法区之间实际上还有类型指针，由堆区内对象实例指向方法区内的元数据。

此外，执行程序的方式主要包含解析执行和编译执行两种，其中编译执行主要依靠JIT编译器或者AOT编译器、自适应优化机制及将热点代码转为机器码运行等，具体内容将在后面章节详细介绍。

3.2 JVM外部有利“辅助”

3.1节讲述JVM的7个核心组成部分，程序的整体运作和实现主要依靠它们。除此之外，JVM还有一些其他较为特殊的功能，如直接内存申请、编译执行、优化和性能提升（方法内联和逃逸分析等），笔者将以上这些功能称为外部的“辅助”。“外部”是为了区分内部核心的七大组件，而“辅助”代表基于核心组件之外做了更多的优化和扩展。

此外，需要注意的是这些外部的“辅助”并不代表着不重要，它们在很多情况下都必须存在且缺一不可。

注意：除本节介绍的内容之外，仍存在其他相关的功能组件一同支撑着JVM的运行生态，读者可以自行收集资料进行学习。

3.2.1 直接内存申请

直接内存不属于直接出现在JVM运行时的数据区，同时其也并非是在虚拟机中明确定义的直接存储管理范围，而是直接向操作系统提出申请直接存储区域。直接内存在软件开发工作中会频繁地被使用。

JVM对堆内存管理分配和调度的处理方式完全是自动化的，但是直接内存却需要手动执行调度管理方式。例如，在进行NIO（New Input/Output）分配数据通道（Channel）和缓冲区（Buffer）时，引入基于数据通道与数据缓冲区方式的I/O实现，通过一个Native函数库直接进行分配堆外内存，进而可以使用在Java堆中的DirectByteBuffer类对象，作为这块堆外内存的引用。

让我们来看一下如何使用ByteBuffer工厂方法分配直接内存，如下所示：

```
static int _1Gb=1024*1024*1024; // 建立 1GB 的内存空间
ByteBuffer byteBuffer= ByteBuffer.allocateDirect(_1Gb); // 分配 1GB 的内存空间
```

ByteBuffer底层分配内存的方法源码：

```
public static ByteBuffer allocateDirect(int capacity) { // allocateDirect
分配内存方法
        return new DirectByteBuffer(capacity); //底层是初始化
        DirectByteBuffer对象
}
```

可以看出底层采用了DirectByteBuffer对象，在此深入了解其内部原理。其中构造器会进行内存分配，源码如下所示：

```
DirectByteBuffer(int cap) {   //DirectByteBuffer （直接内存的对象）
    super(-1, 0, cap, cap); // 父类构造器的执行
    boolean pa = VM.isDirectMemoryPageAligned(); // 底层虚拟机内存页设置分配
    int ps = Bits.pageSize(); // 分配内存页大小
    long size = Math.max(1L, (long)cap + (pa ? ps : 0));
    Bits.reserveMemory(size, cap); // 锁住内存块
    long base = 0;
    try {
        base = unsafe.allocateMemory(size); //unsafe底层内存分配
    } catch (OutOfMemoryError x) {
        Bits.unreserveMemory(size, cap);
        throw x;
    }
    unsafe.setMemory(base, size, (byte) 0); //unsafe底层内存分配
    if (pa && (base % ps != 0)) {
        // Round up to page boundary
        address = base + ps - (base & (ps - 1)); //计算内存地址
    } else {
        address = base;
    }
    cleaner = Cleaner.create(this, new Deallocator(base, size, cap));
    att = null;
}
```

通过上面的代码能够明显看出，底层申请使用的Unsafe类的Native方法是申请直接内存，使用直接存储内存能够明显提升类的性能，因为这样减少了类在直接内存和堆内存中的数据来回转换复制的操作。

直接内存对应的内存分配、内存数据读取和内存数据写入的成本相对较高（主要属于操作系统层级的内存控制），但其好处是读写系统性能较高。（由于直接读取存储方式不需要经JVM解释器对其进行地址映射及转化为一个操作系统真正的物理地址，因此直接读取内存速度会比处理JVM堆内存快许多。）

此外，直接内存的申请和回收比较复杂，因此通常建议开发者使用堆内存时，由JVM进行内存管理，而不是直接内存。

如图3.3所示，直接内存无须进行地址映射和转换，可以直接操作系统内存。

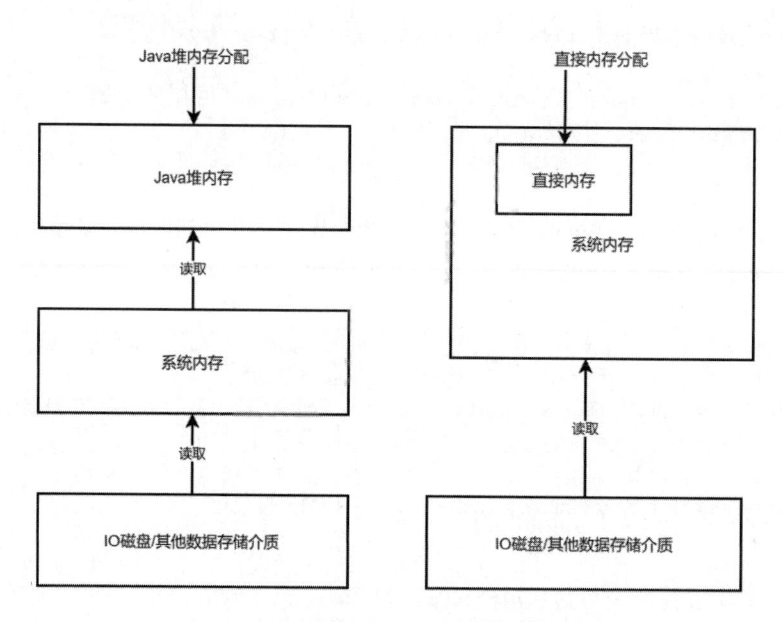

图3.3 直接内存与堆内存的加载读取对比

直接内存并不受限于JVM的内存回收速度（依旧可能存在回收内存溢出问题），它直接受限于操作系统的共享物理内存。默认情况下，直接内存几乎没有回收限制（在没有超过本机物理内存的前提下）。

由于没有JVM协助管理直接内存，因此必须由用户自行管理堆外存储，以避免内存泄漏；同时又要防止发生Full GC，造成物理内存被耗光。此时应确定直接内存的最大值，使用JVM参数"-XX:MaxDirectMemorySize"进行控制。如果超过阈值，可以调用System.gc方法触发一次Full GC，清理那些不再使用的直接内存，如下代码所示：

```
public Class FullGCAllocations {
      static int _1Gb=1024 * 1024 * 1024;
      public static void main(String[] args) throws IOException {
          ByteBuffer byteBuffer=ByteBuffer.allocateDirect(_1Gb);  // 分配 1GB
          的内存空间
          System.out.println(" 分配完毕 ");
          System.in.read();  // 卡住当前线程进行释放内存操作，方便查看内存的释
          放过程
          System.out.println(" 开始释放 ");
          byteBuffer=null; // 回收 Java 引用
          System.gc(); // 回收直接内存
      }
}
```

综上，直接内存的特性如下：

（1）减轻了对JVM垃圾处理的压力，堆外内存直接被操作系统管理，这样可以保留一些较小

的堆内内存，降低垃圾收集对应用环境的影响。

（2）提高了磁盘及内存的IO读写速率，堆内管理内存在JVM堆中，属于“用户态”；而堆外管理内存则为操作系统堆中管理内存空间，属于“内核态”。因此，在从堆内向硬盘写入大量数据时，数据将被首先复制到堆外，写在存储中，属于内核中的缓冲区，接着由操作系统调度，写数据到硬盘。由此可以看出，使用堆外内存可以减少很多复制步骤。

（3）回收直接内存时，系统情况比较复杂，所以成本会很高，很多时候需要Full GC才能完全进行回收。

（4）分配直接内存时，需要进行一次“用户态”到“内核态”的切换操作，从而用“用户态”的句柄引用“内核态”的内存空间。

3.2.2　编译执行与解释执行

JVM（以HotSpot为例）将翻译字节码文件的方法分为两种，分别是解释执行方式和编译执行方式。

解释执行方式是指边翻译指令边解释运行，但如果JVM发现一个翻译方法被频繁地多次调用，就会将该方法的执行指令提前编译好，在下次运行该方法时直接调用而不需要解释，这种方法称为热点方法。由此可见，编译器的执行策略以一个方法为基本执行单位，称为即时编译（JIT编译器）。

除了JIT编译器以外，还存在另一种编译器，即AOT编译器，其会在程序运行之前就预先产生机器码，从而在程序运行时直接执行。通常使用它时先将一个方法中的所有字节码全部编译成机器码之后再执行。

解释执行的优点是启动效率快，不需要等待编译，翻译一部分就可以执行一部分；缺点是整体执行速度较慢。

编译执行的优点是在编译完成后，实际的运行速度更快；缺点是需要等待编译过程，并且对于JVM的动态性和跨平台性而言，也降低了适配性和兼容性。

目前HotSpot VM中默认采用解释执行和编译执行二者共存的运作处理方式，其先解释执行一系列字节机器码，然后将其中的一些热点代码（多次解释执行、循环等）直接编译成可执行的机器码，下次不必再次进行解释，从而可以使其更高速地运行。

在实际生产环境中，并不是所有的Java应用程序都选择了即时编译的工作模式。如果服务端对代码进行修改的频率不是很高，不如花点儿时间去进行编译，在提高程序的执行效率方面会收到意想不到的效果。

3.2.3 运行进化及升华

就业务的应用角度来说，服务端与软件用户端对代码的运行处理速率与软件启动运行速度的需求往往是不相同的。

例如，对移动端的应用程序而言，如果用户期望程序启动速率更快，那么服务端的应用程序就可能对程序的运行速率有较高的需求，因此在Java 7时HotSpot引入了分层编译器的实现方法，并推出了即时编译器：C1编译器和C2编译器。

C1编译器又称为Client编译器，主要面向对启动时间有一定需求的服务。在每次编译这个时间段，其优化时的策略相对简单，但重点可能会聚焦在对内联源代码执行优化、去虚拟性优化、冗余消除等。C2编译器也可以称为Server编译器，主要面向对执行性能有一定需求的服务，但由于编译优化时间长且每次优化时的策略繁杂，因此主要还是面向对逃逸分析性能的更深层次优化，如栈上分配、标量替换、同步消除等。具体在执行时可以先选择C1编译器，而热点方法会被C2编译器进一步重新编译优化。

即时编译运行速度很快，但如果完全使用即时编译器，JVM将无法掌握所有程序执行时的信息，将导致JVM无法对代码进行很好的优化。另外，如果先进行解释执行的话，将会执行全部代码，但是实际上JVM会记录执行过程中速度过慢且待进一步优化的代码，并针对代码的执行状况做出相关的优化，不仅仅只是编译成机器码。

代码基本遵循二八定律，即80%的热代码不会耗费虚拟机过多的计算资源，而剩下20%的热点代码要耗费虚拟机80%的计算资源。如果编译完所有的机器码并保存在硬盘/内存上，则会占据相当大的空间，因此大部分代码根本不需要消耗很多资源。

3.3 JVM内部对象的探索发掘

本节内容主要介绍JVM内部对象的特性和生命周期，包括对象的创建过程、对象的内存结构属性和对象的访问定位。掌握了本节内容，将会对分析对象的生命周期及代码的运行流程有很大的帮助。

3.3.1 对象的创建过程

对象的初始化是在创建对象时由JVM完成的。本节主要介绍创建对象的方式及创建对象的整体流程，其中常用方式有以下6种。

（1）使用new关键字。

（2）Class对象的newInstance()方法。

（3）构造函数对象的newInstance()方法。

（4）对象反序列化。

（5）Object对象的clone()方法。

（6）使用Unsafe类创建对象。

以上6种方式中，最直观的一种就是使用new关键字调用一个类的构造函数，显式地创建对象，这种方式称为由执行类实例创建表达式而引起的对象创建，而这个创建方法也被我们称为由程序执行时的类对象实例创建表达式所自动产生的对象创建。

如果该类是第一次创建对象，那么使用new关键字创建对象时可分为两种：加载并初始化类和实例化对象。在JVM的开发实施过程中，对象在可以被实际应用前必须先进行初始化，而这一点也是Java体系规范所规定的。

类加载阶段：Java类加载系统是通过双亲委托模式实现对类的加载的。

初始化阶段：在实例化对象前会先检查与对象相关的类是否已加载并初始化在内存中，如果不是，会先使用类的全限定名加载类；然后进行链接阶段的操作；最后在初始化阶段调用类构造器（<clinit>）给静态变量赋值，并运行静态代码块。

实例化创建阶段：在执行类的实例化或初始化过程结束后，按照类初始化所需的具体数据信息对类对象完成实例化工作。JVM也将向它分配内存，存放自身及由其父类继承下来的所有实例和变量。当给一些实例中的变量分配内存的同时，也先会被赋予一个默认值（零值）。之后会进行对象头的设置和填充。在这些阶段全部完成之后，JVM才会对该对象进行应用级别的属性参数设置。

注意：在实例化阶段，当填充默认值（零值）时，如果启用了TLAB模式，则填充零值会提前到TLAB阶段。

3.3.2　对象的内存结构

JVM对象实际内存数据结构，如图3.4所示，包括对象类的头部（Object Header）、实例数据（Instance Data）和对齐填充（Padding）。

Mark Word（标记字段）：包括哈希码、分代年龄、锁标志位、偏向线程ID、偏向时间戳等信息。Mark Word被设计成一个非固定的数据结构，以便在极小的空间内存储尽量多的信息，它会根据对象的状态复用自己的存储空间。

如果元素是数组，还必须有一个数据区域用来存储该数组。因为没有任何方法可以从对象元素的数据中直接确定数组值的大小，所以必须将其保存在一个对象列表头的MarkWord中。MarkWord按照不同对象的存储状态位划分不同的存储状态位，以便区别不同的对象存储系统结构，如表3.1所示。

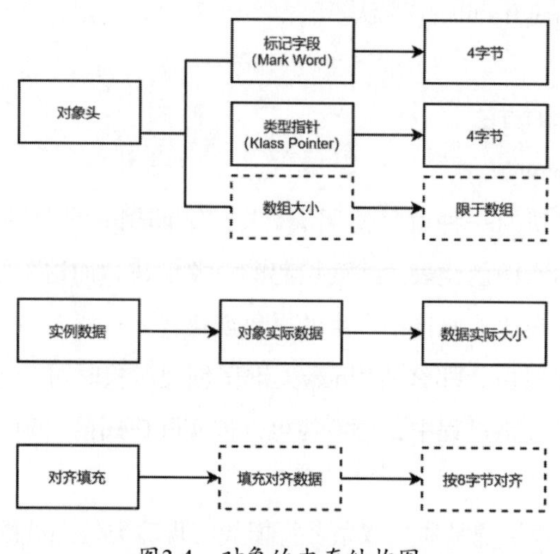

图3.4　对象的内存结构图

表3.1　标记字段结构

锁状态	25 bit		4 bit	1 bit	2 bit
	23 bit	2 bit		是否使用偏向锁	锁标志位
轻量级锁	指向栈中锁记录的指针				00
重量级锁	指向互斥量（重量级锁）的指针				10
GC标志	空				11
偏向锁	线程ID	Epoch	对象分代年龄	1	01

Mark Word所对应的内容取值选项根据不同的场景，主要有5种情况，如表3.2所示。当处于初始未锁定状态时，状态位为01，对应的Mark Word存储的是对象的哈希码和当时对象分代的年龄值；当有一个线程锁定该对象的时候会进入偏向锁状态（可偏向），此时标志位仍然为01，但是Mark Word存储的值会改为当前锁定该对象的线程ID，以及偏向时间戳（占用对象的时间戳）、当前该对象的分代年龄值；而当两个线程同时去争抢该对象资源的时候，会变更为轻量级锁状态，此时的状态位为00，对应的Mark Word存储的是执行锁对象的指针地址；当锁膨胀到重量级锁的时候，状态位会变更为10，Mark Word存储的是重量级锁的指针地址；当对象被回收了，那么状态位会跃迁为11，而Mark Word不会存储任何信息。

表3.2　MarkWord字段内容选项

存储内容	标志位	状态值
对象哈希码、对象分代年龄	01	未锁定
指向锁记录的指针	00	轻量级锁
指向重量级锁的指针	10	重量级锁
空，不需要记录信息	11	GC标志
偏向线程ID、偏向时间戳、分代年龄	01	可偏向

类型指针（Klass Pointer）：指向当前对象的类的元数据指针，虚拟机可以利用类型指针自动判断这个类的对象类型。并不是所有的虚拟机都必须在对象数据上保留类型指针，即查找对象的元数据信息并不一定要经过对象本身。

实例数据（Instance Data）：它是对象真正存储的有效信息，即程序代码中定义的各种类型的字段内容，无论是从父类继承的，还是在子类中定义的，都需要记录下来。这部分的存储顺序会受到虚拟机分配策略参数（FieldsAllocationStyle）和字段在Java源码中定义顺序的影响。

对齐填充（Padding）：并不是必然存在的，其并没有特殊的含义，只起着填充占位功能。JVM的自动内存管理系统要求对象起始地址必须是8字节的整数倍，即对象的大小必须是8字节的整数倍。由于对象头正好是8字节的倍数（1倍或者2倍），因此当对象实例数据部分没有对齐时，就需要通过对齐填充来补全。

3.3.3　对象的访问定位

JVM常见的访问定位方式主要有两种：句柄访问和直接指针访问。

句柄访问方式中，该句柄存放了指向实际实例对象的指针和指向数据类型的指针，其好处是当对象被移动时（如垃圾回收时，整理内存空间需要大量移动对象），不需要频繁地修改引用，只需要修改句柄中实例的数据指针即可，如图3.5所示。栈内引用对象的值存储了句柄对象地址，句柄池的对象存储了类型数据信息的地址和堆内存数据的地址。

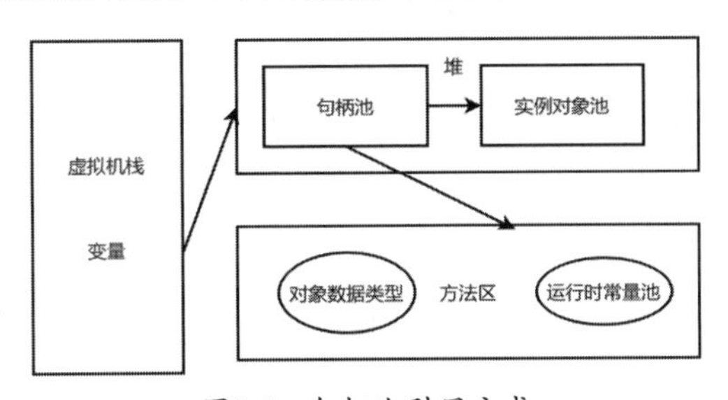

图3.5　句柄池引用方式

直接指针访问，即将访问对象的一个引用值直接指向该访问对象地址，如图3.6所示。其主要优点是当通过引用指针访问一个对象时，不需要重新引用对象地址的定位，从而可以使对象访问速度更快。

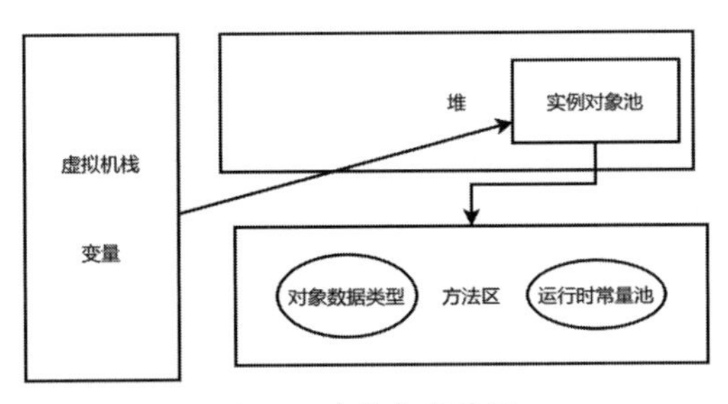

图3.6　直接指针访问

此外，针对要访问的对象，要先考虑访问对象的类型，其中堆内存中引用对象存储的数据是该对象的内存地址，而非引用类型（基本类型）存储的是值。

3.4 JVM的OOM异常

本节主要讲述相关的在日常开发过程中经常出现的内存溢出（OOM）问题，并对其进行分类和总结。

3.4.1 运行时数据堆溢出

运行时数据堆溢出的主要原因是堆的内存不足，无法进行扩展或者分配更多的内存空间给Java对象。这种场景较为常见，其报错信息为：java.lang.OutOfMemoryError：Java heap space。

出现堆内存溢出的原因如下。

（1）内存空间本就无法支持业务场景，需要扩大内存空间。

（2）代码中可能存在大对象分配。

（3）可能存在内存泄漏，导致在多次GC以后，仍然无法找到一块足够的空间去容纳当前对象。

堆内存溢出解决方法主要有以下几种。

（1）如果没有找到明显的内存泄漏，则使用-Xms/-Xmx加大堆内存空间。

（2）检查是否存在大对象的内存分配问题，当存在数据量较大的数组或者集合的内存分配时，可以使用jmap这个命令，将整个堆中的内存数据dump下来，再利用mat内存分析工具解析一下，检查是不是可能存在内存泄漏的问题。

（3）还有一些重要问题容易被我们忽略，如是否有自定义的Finalizable对象，也有可能是从框架内部隐含实现的，有必要考虑它是否需要存在。

3.4.2 虚拟机栈和方法栈溢出

若线程中请求的栈的最大深度已经超过了虚拟机可容忍的最大栈深度，则线程就会立刻抛出StackOverflowError异常；如果虚拟机在扩展栈时无法申请到足够的内存空间，则抛出OutOfMemory-Error异常。

此处将异常分为两类情况比较严谨，但其中也存在着某些相互重复的地方：当栈空间无法再分配时，究竟是因为系统内存太小，还是因为已使用的栈空间太大？其本质就是对同一种事情的两种不同角度的描述。

通过-Xss参数，可以减小单个栈内存的容量，如果递归或者不断调用方法，会造成栈溢出

StackOverflowError。相反，当-Xss栈内存越大时，可分配的线程数就相对越少或者输出的栈深度就越小，当无法申请到内存空间时，可能还未达到JVM的最大栈深度的阈值，就会提前抛出异常OutOfMemoryError。所以，结合以上两种情况，在分配栈内存的参数及编写方法调用链时深度需要合理得当。

3.4.3　方法区的内存溢出

在JDK 8之前版本，永久代是JVM对方法区的具体实现，其保存了被虚拟机自动加载的方法种类基本信息、常数、静态值和变量，以及所有JIT编译器编译之后的运行代码等。

在JDK 8之后版本，元空间替换了永久代。元空间使用的是本地内存，字符串常量由永久代转移到堆中，和永久代相关的JVM参数已移除。

永久代及元空间内存溢出所产生的报错信息分别如下：java.lang.OutOfMemoryError: PermGen space和java.lang.OutOfMemoryError: Metaspace。

永久代和元空间内存溢出的原因可能有如下几种。

（1）在Java 7之前，频繁地错误使用String.intern方法。

（2）生成大量的代理类，导致方法区被撑爆，无法卸载 。

（3）应用长时间运行，没有重启。

3.4.4　直接内存的溢出

JVM是运行在操作系统上的进程，操作系统在JVM启动时分配给它的内存是有限的，不可能把全部内存都分配给JVM。NIO使用了直接内存技术，利用Channel和Buffer直接操作JVM外的内存，避免数据在JVM和操作系统内存之间来回复制。直接内存可以通过-XX:MaxDirectMemorySize进行设置，如果不设置，则默认和堆的最大值-Xmx一样大。

设置本机直接内存的原则：各种内存大小+本机直接内存大小<机器物理内存。当堆内存和直接内存的和大于操作系统总内存时，就会发生内存溢出异常OutOfMemoryError。

```
public Class AllocationDirectoryMemoryTest{
      static int _100Mb=1024*1024*100;  //分配 100MB 的内存空间
      public static void main(String[] args) {
        List<ByteBuffer> list=new ArrayList<>(); // 分配相关的 List 集合对象
        int i=0; // 分配局部变量 i = 0
        try {
            while (true){
              ByteBuffer byteBuffer=ByteBuffer.allocateDirect(_100Mb);
              // 手动分配直接内存
              list.add(byteBuffer); //存储直接内存
              i++;
         }
```

```
        }finally {
            System.out.println(i);
        }
    }
}
```

执行后的测试结果如下：

```
Exception in thread "main" java.lang.OutOfMemoryError: Direct buffer memory
    at java.nio.Bits.reserveMemory(Bits.java:694)
    at java.nio.DirectByteBuffer.<init>(DirectByteBuffer.java:123)
    at java.nio.ByteBuffer.allocateDirect(ByteBuffer.java:311)
    at com.hyts.test.AllocationDirectoryMemoryTest.main(Test1.java:15)
```

Unsafe实现对直接内存的分配与回收：

```
public Class UnsafeAllocationTest{
    static int _1Gb=1024*1024*1024;
    public static void main(String[] args) throws IOException {
        Unsafe unsafe=getUnsafe();
        //分配内存
        long base=unsafe.allocateMemory(_1Gb);
        unsafe.setMemory(base,_1Gb,(byte)0);
        System.in.read();
        //释放内存
        unsafe.freeMemory(base);
        System.in.read();
    }
    public static Unsafe getUnsafe(){
        Field field= null;
        try {
            field = Unsafe.Class.getDeclaredField("theUnsafe");
//获取 Unsafe 对象句柄
        } catch (NoSuchFieldException e) {
            e.printStackTrace();
        }
        field.setAccessible(true); //设置相关访问权限
        Unsafe unsafe= null;  // 声明相关的 Unsafe 对象
        try {
            unsafe = (Unsafe)field.get(null); // 赋值初始化
        } catch (IllegalAccessException e) {
            e.printStackTrace();
        }
        return unsafe;
    }
}
```

综上可以看出，采用Full GC可以分配内存，采用Unsafe.freeMemory方法可以清理内存。

3.5 JVM的总体内存结构分布

如图3.7所示，JVM的内存结构主要包括3部分：堆内存（Heap）、方法区（Method Area）和栈（Stack）。此外，根据内存的使用特性，可将内存区域拆分为两种类型：内存共享区和线程私有区。

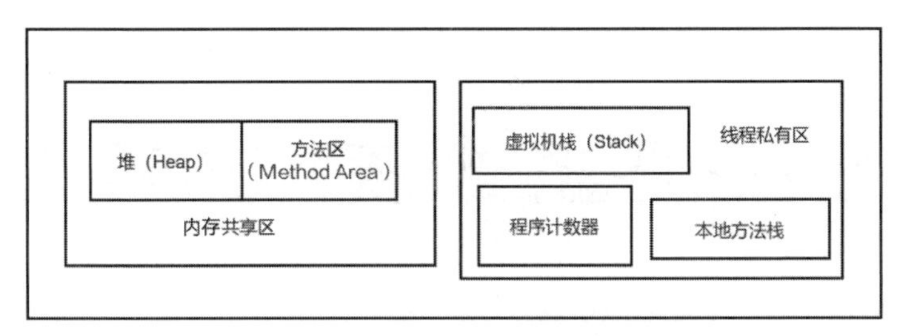

图3.7　JVM的内存结构图

下面介绍JVM内存结构模型比重。

堆内存是JVM中最大的一块内存空间，由新生区和老年区组成，在JVM启动时便会创建，此外我们也可以将新生区和老年区分别称为新生代和老年代。

（1）堆内存分为新生代（Young Generation）与老年代（Old Generation）。内存空间比例默认新生代：老年代=1：2，可以通过参数“–XX:NewRatio”来指定。

（2）新生代分为伊甸区（Eden）与幸存区（Survivor），内存空间比例为伊甸区：幸存区=4：1。

（3）幸存区总体会拆分为大小相同的两个区：幸存From区与幸存To区。幸存区在这里指的是两块相同区域的存储空间，如果只考虑内存使用率（因为幸存区一次只能使用一块），则比例是8：1，其中伊甸区占比为80%，两块幸存区共占比为20%，因此，新生代实际可用的内存空间为9/10的新生代空间。

总体堆空间分布如图3.8所示。

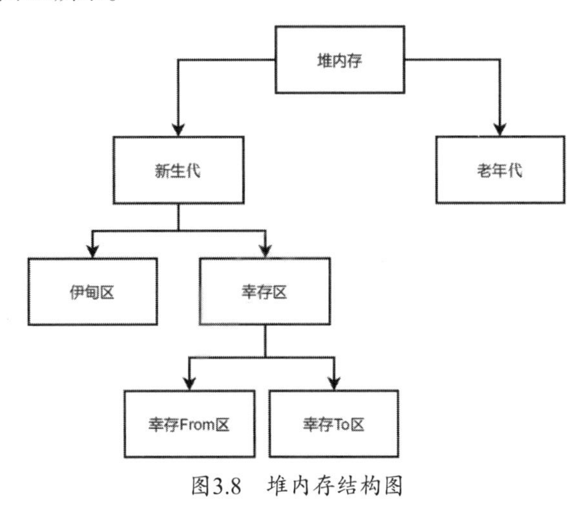

图3.8　堆内存结构图

另外，其还有一个Non-Heap（非堆）内存区域，人们常常称其为方法区。方法区主要用来分别存放方法类型的信息、常量、静态方法变量和线程间共享的数据，和堆内存有本质区别。

线程私有区主要是栈内存空间。栈内存包括虚拟机栈和本地方法栈，它们主要用于方法的执行，详细内容会在后续章节中进行介绍。

注意：默认情况下新生代的三部分内存空间：伊甸区空间、幸存From区空间、幸存To区空间，按照8：1：1的比例来分配。

3.6 小结

学完本章后，必须了解和掌握的知识点如下：

1. JVM内部的七大核心组成部分。
2. JVM内部哪些属于线程共享区域，哪些属于线程私有区域?
3. JVM直接内存的使用原理和特点。
4. JVM编译器的优化及种类，以及编译器的特点和优化原理。
5. JVM对象的创建流程及内存的布局结构。
6. JVM的内存访问方式、句柄池访问与直接指针访问的原理和区别。
7. JVM中会出现的OOM异常的种类及发生的原因。

第 4 章 开始认识类加载系统

通过前面章节的学习，相信读者已经对 JVM 的整体架构和分布结构有了一定的了解和认识。前面介绍类加载子系统时，主要内容是其基本流程及特性说明，本章将详细介绍类加载系统的核心内容及运作原理。

注意：本章将重点一分为二，一部分全面分析和介绍类加载子系统的深层次原理和特性，以及实战案例；另一部分分析 Class 字节码的结构和执行流程。

本章涉及的主要知识点如下：

- 类加载系统整体生命周期各个环节的运作原理。
- 类加载器的分类及功能，以及类加载器的运行模型。
- 类加载器的实践应用和扩展功能。
- Class 字节码的结构及执行流程。

4.1 类加载系统的整体生命周期和流程

将Java源码编译成为Class字节码之后，即可通过类加载器将Class字节码转换为二进制字节流，之后加载到JVM中的运行时数据区，成为Object对象。

整个加载过程，包括加载、验证、准备、解析、初始化，其中加载、验证、准备、初始化这4个阶段的顺序常规情况下是固定不变的，但在解析阶段不一定，因此部分场景很可能是在初始化阶段以后才实现的，这主要是为了支持Java语言的执行时绑定机制。此外，需要注意的是，初始化之后还会有对象的实例化阶段，至此才是一个完整的对象。

注意，一般情况下，这4个阶段的先后顺序是固定的，但是也存在一些场景导致无法按照顺序进行，因为这些阶段一般是彼此交错或混合完成的，且通常在某个阶段过程中调用、激活了其他的阶段。

4.1.1 加载阶段

加载阶段主要检查并加载类的二进制字节流。在这一阶段中，JVM主要完成如下3个任务：

（1）通过一个Class类的全限定名获取定义该类的二进制字节流。

（2）把这个由二进制字节流代表的静态内存结构，转换成虚拟机中需要的格式并保存在方法区中。

（3）在堆内存中生成一个代表该类的java.lang.Class对象，作为方法区这个类的各种数据的访问入口。

这里需要注意的是，JVM必须具有能够识别解析和处理二进制字节流的能力，无论是采用哪种方式读取到的，都要创建相关类的Class实例对象。

在加载阶段，最终的产物是Class对象，它是Java程序访问方法区中数据结构的通信桥梁，当开发者需要获取方法区中的内部数据时，需要调用Class对象的相关方法。

加载阶段和验证阶段、准备阶段、解析阶段及初始化阶段一样，类加载阶段也算被虚拟机系统赋予了可以最接近底层操作对象的能力（非数组类）。因此，在该阶段中既可以通过系统提供的引导类加载器来实现，又可以通过由使用者定制的类加载器来实现，同时开发者也能通过定义自身的类加载器控制字节流的读取方法来实现。

对于数组结构类型，它自身并不能直接使用数组类型的加载器进行创建，而是在JVM中直接创建产生的。由于数组数据类型与加载器之间有非常紧密的关联关系，因此数组类型的每个元素类型必须依靠类加载器组件才能建立。一个数组类的创建使用过程必须遵守下列基本规范。

（1）若数组的组件类为引用型，则加载该引用型后，数组类也将从加载此引用型的类加载器的类命名空间中被标记。

（2）如果数组的组件类型不是引用类型（如int[]数组），则JVM机将会把数组类标记为与引导类加载器关联。

4.1.2　验证阶段

完成加载阶段后，数据流即进入链接阶段，链接阶段主要分为3个部分：验证（校验）、准备和解析。

验证阶段是链接阶段的第一个子阶段，该阶段用来确定Class文件的二进制字节流格式是否符合JVM的规范条件，并且能够确保虚拟机的安全性和完整性。此外，加载阶段与验证阶段可能在时间层面上存在交叉执行的情况。

之所以要有验证阶段，是因为考虑到Class字节码来源的多样化，虽然在编译阶段可以对Class字节码及Java源码做一定的校验和检查，但这并不完全可靠，而且还有其他方式和平台可以生成Class字节码，校验阶段可以真正地保证虚拟机不会因为恶意的Class字节码而崩溃。

验证Class文件格式规范后，再根据字节码描述信息进行语义分类，从而进行数据流分析和控制流分析，最后通过转化直接引用（该类是否被禁止访问它依赖的某些外部类等）。此外，还会对Class字节码的各个部分位置和长度进行校验。

验证阶段主要分为以下4个部分：文件格式验证、元数据验证、字节码验证、符号引用验证。

（1）文件格式验证主要校验加载的二进制字节流能否满足Class文件的格式标准，以及能否被版本的虚拟机处理。其主要验证内容如下。

①检查文件起始位置是否有Magic（魔术头）且值为0xCAFEBABE。其唯一的作用是判断该文件是否为一个能被虚拟机接受的Class文件。

②检查minor_version（副版本号）和major_version（主版本号）是否在当前虚拟机可处理范围之内。高版本号的JVM可以支持低版本号的Class文件。

③检查constant_pool（常量数据池）中是否有不被支持的常量类型，主要依靠检查常量结构中的tag属性的合法性。

④检查常量，校验不同类型索引值中是否有不存在或不符合类型的常量。

⑤检查Class文件及文件本身是否含有被删除或增加的其他信息。

以上属于较为核心的验证内容，当然文件格式校验还会对其他方面进行相关校验和检查，此处就不再赘述。

文件格式验证的目的是确保输入的二进制字节流能正确地被解析，使其存储于方法区内，从格式上满足Class类型信息所需的基本条件。只有经过这一校验操作后，字节数据流才有机会进入方法区内存储数据。所以，后面3个验证步骤都是基于方法区的存储结构进行的，不会再操作字节流。

（2）元数据验证主要对字节码对应的语义信息进行分析和校验，以保证能够符合Java语言规范和类与类之间的二进制兼容规范，其主要验证内容如下。

①检查该类是否有除了java.lang.Object之外的父类（因为Java体系规范不允许存在多继承）。

②检查代码跳转指令中的地址，防止跳转指令跳转到方法体以外的部分。

③检查该类是否为abstract（抽象）类，以及其是否拥有对应的abstract方法（有abstract方法一定是abstract类，反之不一定）。

④检查该类是否实现了所有父接口中要求实现的方法（Java 8版本后的static方法和default方法不必实现）。

⑤校验类中的字段、方法等是否与同父类产生矛盾。

⑥检查final修饰的方法，它不可以被子类覆盖或重写。

（3）字节码验证这一阶段利用数据流分析器对数据流和控制流进行分析，判断程序语义是否合理或者合乎逻辑。当元数据验证对运行时常量池中的元数据的类型进行校验后，本阶段还将对类的所有方法进行校验分析，以确保被校验类的方法在运行时没有发生越权或者严重的错误。其主要验证内容如下。

①校验指令类型、操作数栈的数据类型与指令代码的执行序列都能相互配合工作。

②校验跳转指令地址，防止指令跳转到方法体以外的范围。

③必须保证方法体内部过程中的类型转换操作是有效的。

（4）符号引用校验是对字符串和引用值进行验证，校验后的结果可能会直接出现在链接的最后一个阶段，该阶段会针对除本类自身以外（常量池中的各种符号引用）的所有信息分别进行一次匹配和校验，其主要验证内容如下。

①校验一个常量池中的特定符号和引用，是否可以正确使用字符串描述的全限定名来查找一个相应的类。

②校验类中是否有一个符合方法的字段描述符和简单名称中描述的校验方法或字段。

③校验符号引用中的类、字段、方法的访问性是否可被当前类访问。

符号引用验证的目的是确保解析动作能正常执行，如果无法通过符号引用验证，那么将会抛出异常（NoSuchMethodError、NoSuchFieldError、IllegalAccessError等）。该阶段是一个非常重要但不一定必要的阶段。此外，可以采用 -Xverify:none指令关闭大部分校验操作。

4.1.3 准备阶段

分配阶段正式给每个静态变量分配内存存储空间，同时给静态变量设置默认初始值，这些所分配的内存都将在一个方法区中进行。在该阶段，有以下几点必须特别注意。

这时进行内存分配的只能包含实际静态变量，而不包括实例变量，对象的实例变量会经过初始化阶段后的实例化阶段才会伴随对象一块分配在堆内存中。

这里设置的初始值通常情况下是数据类型默认的零值（如0、0L、null、false等）。例如定义了public static int value=1，那么value变量在准备阶段的初始值就是0，而不是1（初始化阶段才会真成为静态变量赋值）。

当然也有特殊场景，如给value变量添加final关键字后就成了常量，如public static final int value = 1，那么在准备阶段value值就被赋值为1。（因为被final修饰的变量肯定不会再改变，所以没有必要等到初始化阶段再进行一次多余的赋值，故虚拟机采用优化机制直接存储到了常量池中。）

注意：到了准备阶段表示肯定经历了验证阶段，但这并不意味着校验阶段完成，因为链接阶段的各部分子阶段可能会交叉执行。例如，符号引用的校验可能会在符号解析阶段、初始化阶段给常量赋值时，以及文件格式校验阶段存在交叉执行的情况。

4.1.4　解析阶段

在解析阶段的主要任务是从一个Class类的静态符号常量池中，将相应的静态符号引用（类、接口、字段和方法）转化成直接符号引用。这里主要涉及Class字节码的格式，后续会详细介绍Class字节码的格式及元素属性。

接下来介绍两种引用方式：符号引用（Symbolic References）和直接引用（Direct References）。

符号引用（间接引用）：主要由一组字符来表示引用目标。符号引用是采用字面量的形式进行说明，而符号引用本身和虚拟机的实现无关，因为其本身属于一种规范标准，它被明确地定义在Class字节码格式内部。

直接引用：主要功能是直接指向目标对象地址的指针、偏移量值或者间接定位到目标对象的句柄地址等。直接引用和虚拟机的实现有关，针对不同的内存布局方式，符号引用解析为直接引用的方式和结果也大相径庭。如果已经产生了直接引用的地址值，那么对应的对象就一定会存在。此外，符号引用解析方式分为两种不同类型的解析方式，即静态解析和动态解析。

静态解析是指虚拟机可以根据需要，判断是否在类加载器加载Class字节码时解析成为直接引用，还是将符号解析延后执行，等到使用时才会进行真正解析。另外，考虑到相同的符号引用可能由多个不同的指令集和调用点产生，虚拟机会对除invokedynamic指令外的所有符号引用及其解析的结果进行实时缓存（缓存直接引用地址值），从而防止重复引用解析符号。

动态解析最典型的是invokedynamic指令，当对由invokedynamic命令触发的符号引用解析时，其解析结果不一定会对其他的invokedynamic指令有用，因为invokedynamic本身支持动态语言。每个invokedynamic指令都属于一个动态调用点（Dynamic Callsite），它一般会延迟进行解析，直到实际运行指令时才会进行解析。除此之外，其他指令触发的引用解析基本在类加载阶段。

符号引用的解析内容主要包含类或接口、类对象的属性字段、类中的方法、接口中的抽象方法、方法类型、方法句柄和方法动态调用点，它们分别对应以下静态常量池中的常量类型标识。

（1）类或接口的引用标识：CONSTANT_Class_info。

（2）字段的引用标识：CONSTANT_Fieldref_info。

（3）方法的引用标识：CONSTANT_Methodref_info。

（4）接口方法的引用标识：CONSTANT_InterfaceMethodref_info。

（5）方法类型的引用标识：CONSTANT_MethodType_info。

（6）方法句柄的引用标识：CONSTANT_MethodHandle_info。

（7）动态调用点的引用标识：CONSTANT_Dynamic_info和CONSTANT_InvokeDynamic_info。

1.类或接口的解析基本流程如下。

（1）判断解析内容是不是一个非数组类型的对象，通过全限定名传递给类加载器去加载类。在加载的过程中，经文件结构、元数据、字节码的验证操作后，可能会触发其他类的加载动作，如果出现异常，则解析快速失败。

（2）如果解析一个数组类型的对象，并且数组类型元素的类是对象，那么需要先加载数组中元素对应的类。接着，由虚拟机计算得到一个代表数组的维度值和包含元素的数组对象。

（3）以上操作如无异常，那么在JVM中已经成为有效的类或接口。解析前必须预先执行一个符号引用的校验，以便确定是否完全具备访问权限，若不符合，系统将会抛出IllegalAccessError异常。

2.字段解析的基本流程如下。

（1）对Class字节码中字段表内Class_index项中索引的CONSTANT_Class_info符号引用进行解析，即字段所属的类或接口的符号引用。

（2）在解析类或接口的过程中出现异常，都会导致字段符号引用解析失败。

（3）如果本类继承父类或实现父接口，会直接进行递归遍历父类或判断父接口是否拥有此字段，完成匹配后直接返回对应的直接引用。（Object类属于特殊情况，无须遍历父接口及父类。）

3.类方法解析的基本流程如下。

（1）与字段解析相似，首先解析出类方法表Class_index项中索引的方法所属的类或接口的符号引用。

（2）如果在类方法表中索引类是一个接口，则直接抛出异常。

（3）若从类中搜索到和目标匹配的方法，则返回对该方法的直接引用。

（4）如果还没有找到，将会从类的父类递归搜索，如果有则返回直接引用，或者从类的接口列表和父接口递归搜索，一旦出现匹配的方法，则表示该类只是一个抽象类，并抛出异常。

（5）如果还没有找到，则说明该类不存在或不存在已知路径中，报错抛出异常。

4. 接口方法解析的基本流程如下。

（1）先解析出接口方法表的Class_index项中索引的方法所属的类或接口的符号引用。

（2）如在类的Class_index中有名称和描述匹配的方法，则表示查找成功，并直接返回方法引用；否则在其父类接口中递归搜索。如果仍查找不到或者属于其他类，就直接抛出异常。

4.1.5　初始化阶段

初始化阶段是运行Java应用程序的开端，该阶段是应用程序开始主导，应按编码逻辑开始初始化变量和其他资源。通俗地说，初始化过程实际上是执行类构造方法的过程，但该类构造方法并非自行创建的实例构造器，而是由javac编译器自行产生的。

初始化是指给类的静态变量赋予正确的初始值，由JVM负责对类进行初始化。对类变量进行初始化时，在Java中对类变量进行的初始值设定有两个方法：在声明类变量时确定初始值和用静态代码块（static{}）给类变量指定初始值。

上述两种赋值操作主要通过应用于类构造器的<clinit>方法来实现。此外，类构造器为了使编译器可以分析出所有类变量的赋值指令，采用了静态代码块的方式进行合并所有的类变量的赋值操作。

JVM执行类初始化的步骤如下。

（1）如果该类没有被加载和链接，则程序先加载并链接该类。

（2）如该类的直接父类没有被初始化，则先初始化其直接父类。

（3）如果该类中还包含初始化的代码，那么整个系统会依次自动运行初始化的代码。

（4）虚拟机会保障<clinit>在多线程下正确地加锁和同步，且同一时间内只会允许一个线程进入执行。

只有对类主动使用时才会导致类的初始化。类的主动使用情形包括以下几种。

1. 遇到new、getstatic、putstatic或invokestatic这4条字节码指令时，如果类型没有进行初始化，则必须先触发其初始化阶段。可以产生这4条命令的场景主要有如下几个。

（1）使用new关键字实例化对象。

（2）读取或设置一个类的静态字段。（被final修饰，已在编译期把结果放入常量池的静态字段除外。）

（3）调用一个类的静态方法。

（4）使用java.lang.reflect包的方法对类进行反射调用时，若一个类没有触发过初始化，那么必须先进行初始化。

2. 当初始化类的时候，如果发现其父类没有完成初始化动作，则必须先触发其父类的初始化。

3. 当虚拟机启动时，用户需要指定一个要执行的主类（包含main()方法的类），虚拟机先初始化该主类。

4. 当java.lang.invoke.MethodHandle实例解析结果为REF_getstatic、REF_putstatic、REF_invokestatic、REF_newinvokeSpecial 4种类型的方法句柄，并且该方法句柄对应的类没有进行过初始化时，则需要先触发其初始化。

5. 当添加了Java 8中接口的默认方法（被default关键字修饰的接口方法）时，如果该接口实现类进行了初始化，那接口要在其之前被初始化。

除此之外，其他方式统称为被动引用，例如：

（1）如果通过子类引用父类的静态属性，并不会导致子类初始化。

（2）如果只使用数组的自定义引用类，则不会直接引起对该类的初始化。该过程会对数组类进行初始化，数组类是一个由虚拟机自动生成的、直接继承自Object的子类，包含数组的属性和方法。

（3）引用常量在整个编译过程阶段会直接存入调用类的常量池中（如字符串常量或者字面量），但是实质上并不会直接引用到定义常量的类，因此不会触发定义常量的类的初始化。

4.2 类加载系统为我们带来了什么

本节介绍类加载器子系统中的执行者（ClassLoader），它主要是JVM赐予开发者的能够贴近底层控制程序执行的部分，采用双亲委托类加载机制加载相关的Class字节码文件，并且转换为相关的运行时内存结构对象。

ClassLoader通过一个描述类的全限定名称自动获取描述此类的二进制字节流。完成该处理动作的功能组件，称为类加载器。JVM共有3种类加载器，分别如下。

（1）启动型加载器：Bootstrap ClassLoader。

（2）扩展型加载器：Extention ClassLoader。

（3）系统型加载器：Application ClassLoader。

4.2.1 启动型 Bootstrap 类加载器

启动型加载器（Bootstrap ClassLoader）是最顶层的类加载器，由C++实现，负责加载在<JAVA_HOME>\lib目录下的库文件，如JDK中的核心类库：rt.jar、resources.jar、charsets.jar等，并且是虚拟机可识别的jar（白名单授信）。该启动加载器是顶级加载器，应用不可控，只能通过委托方式给它加载。

此外，可以通过-XbootClasspath参数指定路径的jar，有以下3种设置方式。

（1）XbootClasspath：重新设定核心Java Class搜索路径，否则重新添加并且写入所有核心类。

（2）XbootClasspath/a：被指定的文件追加到默认的bootstrap路径中。

（3）XbootClasspath/p：前缀在核心Class搜索路径前面，避免引起不必要的冲突。

而且，它会加载关键的一个类：sun.misc.Launcher。该类包含两个静态内部类，即ExtClassLoader和AppClassLoader。

添加完Launcher类之后，对类进行初始化，并创建 ExtClassLoader 和 AppClassLoader，其中部分源码如下：

```
public Class Launcher {
    private static Launcher launcher = new Launcher(); //定义一个私有静态
    对象
    private static String bootClassPath = System.getProperty("sun.boot.
    Class.path");//路径属性
    public static Launcher getLauncher() {
        return launcher;
    }
    private ClassLoader loader; // 类加载器属性
    public Launcher() {
        ClassLoader extcl;      // 创建一个类加载器属性
        try {
            extcl = ExtClassLoader.getExtClassLoader();
        } catch (IOException e) {
            throw new InternalError( "Could not create extension Class
            loader", e);
        }
        // 根据扩展性加载器创建系统类加载器
        try {
            loader = AppClassLoader.getAppClassLoader(extcl);
        } catch (IOException e) {
            throw new InternalError( "Could not create application Class
            loader", e);
        }
        //设置AppClassLoader为线程上下文类加载器
        Thread.currentThread().setContextClassLoader(loader);
    }
    /*
     * Returns the Class loader used to launch the main application.
     */
    public ClassLoader getClassLoader() {
        return loader;
    }
    /*
    * 获取扩展类加载器
    */
    static Class ExtClassLoader extends URLClassLoader {}
    /**
     * 获取系统类加载器
     */
    static Class AppClassLoader extends URLClassLoader {}
```

由于启动型加载器由C++实现，因此在Java代码中是访问不到启动类加载器的。如果尝试通过String.Class.getClassLoader()获取启动类的引用，则会返回null。

4.2.2 扩展型 ExtClassLoader 加载器

ExtClassLoader称为扩展型加载器，主要负责自动加载Java的扩展类库，即它是整个JVM加载器的Java代码可以访问到的类加载器的最顶端，即超级父加载器，没有父类加载器。此类加载器主要由sun.misc.Launcher$ExtClassLoader实现，其负责获取加载在<JAVA_HOME>\lib\ext目录下的类库，开发人员也可直接下载获取该类加载器。

可以通过java.ext.dirs系统属性指定扩展类加载器加载的jar包，部分源码如下：

```
static Class ExtClassLoader extends URLClassLoader {
        static {
            // 提供并行化处理
            ClassLoader.registerAsParallelCapable();
        }
        /**
         * 获取扩展类加载器
         */
        public static ExtClassLoader getExtClassLoader() throws IOException{
            //获取相关的扩展目录
            final File[] dirs = getExtDirs();
            try {
                // 扩展类加载器所关联的目录
                return AccessController.doPrivileged(
                    new PrivilegedExceptionAction<ExtClassLoader>() {
                        public ExtClassLoader run() throws IOException {
                            int len = dirs.length;
                            for (int i = 0; i < len; i++) {
                                MetaIndex.registerDirectory(dirs[i]);
                            }
                            return new ExtClassLoader(dirs);
                        }
                    });
            } catch (java.security.PrivilegedActionException e) {
                throw (IOException) e.getException();
            }
        }

        private static File[] getExtDirs() {
            //获取扩展目录地址
            String s = System.getProperty("java.ext.dirs");
            File[] dirs;
            if (s != null) {
                StringTokenizer st =
                    new StringTokenizer(s, File.pathSeparator);
                int count = st.countTokens();
                dirs = new File[count];
                for (int i = 0; i < count; i++) {
                    dirs[i] = new File(st.nextToken());
```

```
                }
            } else {
                dirs = new File[0];
            }
            return dirs;
        }
......
}
```

4.2.3　系统型 AppClassLoader 类加载器

AppClassLoader类加载器（系统型加载器）由sun.misc.Launcher$AppClassLoader实现，负责将用户定义的类路径（java-Classpath或-Djava.Class.path变量所指的目录）下的类及类库加载到JVM中，默认情况下JVM采用该类加载器加载Class字节码，实际上系统类加载器加载的目录路径可通过System.getProperty（“java.Class.path”）方式查看。

若程序中没有指定自定义类加载器，则该系统类加载器一般为程序中默认的加载器。开发者可以直接使用系统类加载器，而系统类加载器将扩展类加载器作为自己的父类加载器，部分源码如下：

```
static Class AppClassLoader extends URLClassLoader {
        public static ClassLoader getAppClassLoader(final ClassLoader extcl)
            throws IOException{
            final String s = System.getProperty("java.Class.path");
            final File[] path = (s == null) ? new File[0] : getClassPath(s);
            return AccessController.doPrivileged(
                new PrivilegedAction<AppClassLoader>() {
                    public AppClassLoader run() {
                    URL[] urls =
                        (s == null) ? new URL[0] : pathToURLs(path);
                    return new AppClassLoader(urls, extcl);
                }
            });
        }
        ......
}
```

4.2.4　自定义类加载器

除了以上类加载器外，还可以自定义类加载器来加载类，通过继承ClassLoader类的方式实现，自定义类加载器默认父加载器是AppClassLoader类加载器。

自定义加载文件系统类，首先根据类的全名在文件系统中查找类的字节码文件，然后读取该文件内容，最后通过defineClass()方法把这些字节代码转换成Class类的实例。

ClassLoader的loadClass()实现了双亲委托模型的逻辑，自定义类加载器一般不重写它，但需要重写findClass()方法，核心源码如下：

```
public Class CustomClassLoader extends ClassLoader {
    // 加载 Class 文件的路径
    private String loadClassPath;
    // 构造器
    public CustomClassLoader (String loadClassPath) {
        this.loadClassPath= loadClassPath;
    }
    //根据全限定名查找相关的类对象
    protected Class<?> findClass(String name) throws ClassNotFound
    Exception {
        //获取类全限定名对应的 Class 字节码的二进制字节流
        byte[] ClassByteData = transferClassData(name);
        // 如果无法加载到， 则直接报错
        if (ClassByteData == null) {
           throw new ClassNotFoundException("not found Class");
        } else {
              // 底层方法转换相关的字节流为 Class 实例对象
              return defineClass(name, ClassByteData , 0, ClassData.
              length);
        }
    }
    // 通过全限定名读取字节码且转换为二进制字节流
    private byte[] transferClassData(String ClassName) {
         String path = ClassNameToPath(ClassName);
         try {
             //创建字节流
             InputStream ins = new FileInputStream(path);
             //创建输出流， 缓冲字节数组大小为 4MB
             ByteArrayOutputStream binput = new ByteArrayOutputStream();
             int bufferSize = 4096;
             byte[] buffer = new byte[bufferSize];
             int bytesNumRead;
             //读取相关的字节流数据信息
             while ((bytesNumRead = ins.read(buffer)) != -1) {
                 binput.write(buffer, 0, bytesNumRead);
             }
             return binput.toByteArray();
         } catch (IOException e) {
             e.printStackTrace();
         }
         return null;
    }
    // 将 java 包格式文件转换为路径格式
    private String ClassNameToPath(String ClassName) {
         return loadClassPath+ File.separatorChar
                + ClassName.replace( ‘.’ , File.separatorChar) +
```

```
                    ".Class";
    }
}
```

4.2.5　双亲委托模型

JVM在加载类时默认采用双亲委托模型。双亲委托模型的工作过程如下：如果一个类加载器收到类加载请求，它首先不会自己尝试加载这个类，而是把请求委托给父类加载器去完成，每一个层次的类加载器都是如此，因此所有的加载请求最终都应该汇合到最顶层的启动类加载器中。

只有当父类加载器反馈自己无法完成这个类加载请求时，子加载器才会尝试完成加载。应用程序由3类加载器（启动型类加载器、扩展型类加载器和系统型类加载器）互相配合，从而实现类加载。这里的父子关系一般通过组合关系来实现，并不是Java类的继承关系。

大多数情况下，越基础的类越由上层加载器进行加载，因为这些基础类总是作为被用户代码调用的API（当然也存在基础类回调用户代码的情形，即破坏双亲委托模型的情形）。

双亲委托模型的好处如下：

- 确保Java基础类的统一和安全，即保证核心API不被篡改或覆盖。
- 加载程序更加稳定，以防止有相同类反复加载。
- 解决冲突，因为即使是相同的类被不同的类加载器进行加载，最后也算是两个类，所以会被命名空间隔离，互不影响。

Classloader的loadClass方法实现了双亲委托模型的逻辑，自定义类加载器一般不需要手动重写它，我们需要关注的是 findClass方法。

```
public abstract Class ClassLoader {
    // 定义当前类加载器的父类加载器
    private final ClassLoader parent;
    // 加载类
    public Class<?> loadClass(String name) throws ClassNotFoundException {
        return loadClass(name, false);
    }
    protected Class<?> loadClass(String name, boolean resolve)
                                      throws ClassNotFoundException {
        // 实现类并发加锁机制, 可以实现并发处理
        synchronized (getClassLoadingLock(name)) {
            // 先去当前自己所属的加载器缓存中查询是否加载过此类
            Class<?> c = findLoadedClass(name);
            // 没有加载过
            if (c == null) {
                try {
                    // 查看父类加载器是不是启动类加载器
                    if (parent != null) {
                        // 如果不为空则说明不是扩展类加载器
```

```
                    // 递归调用父类加载机制， 会依次递归调用父加载器的 load 方法
                    c = parent.loadClass(name, false);
                } else {
                    // 如果是启动类加载器， 则直接进行加载
                    c = findBootstrapClassOrNull(name);
                }
            } catch (ClassNotFoundException e) {}
            // 如果所有的加载器 （扩展和系统类加载器） 都未查询到
            if (c == null) {
                // 查询调用子类的 findClass 方法 （实际读取的操作功能）
                c = findClass(name);
            }
        }
        if (resolve) {
            // 解析类，链接指定的类。类加载器使用此方法来链接类。如果类 c 已经
               被链接，那么这个方法只返回

            resolveClass(c);
        }
        return c;
    }
  }
  protected Class<?> findClass(String name) throws ClassNotFound
  Exception {
      throw new ClassNotFoundException(name);
  }
}
```

4.2.6 非双亲委托模型

前面说过，如果想自定义类加载器，就需要继承ClassLoader，并重写findClass方法。但如果不想遵循双亲委托模型的类加载顺序，则需要重写loadClass方法。loadClass方法的加载规则由开发者自己定义，属于定制化类加载器。

此外，还可以采用Thread.setContextClassLoader方法设置线程上下文类加载器。JNDI服务就是使用线程上下文类加载器加载所需要的SPI代码的，即父类加载器请求子类加载器完成类加载动作，这种行为实际上是打通了双亲委托模型的层次结构来逆向使用类加载器，已经违背了双亲委托模型。

注意：如果创建线程时还未设置ClassLoader，它将会从父线程中继承一个ClassLoader；如果在应用程序的全局范围内都没有设置过，那么这个类加载器默认就是应用程序类加载器。

4.2.7 热加载程序的实现

对很多较大型企业的系统而言，如果必须暂停系统服务才能进行系统升级，则会严重影响信息系统的业务可用性，同时也会大大提高信息系统的业务管理与系统维护费用。所以，只需在不停止

系统运行的情况下进行系统升级，就能很好地解决以上两个问题。应用服务器通常需要支持热组件部署和热加载(Hot Deployment或者Hot Swap)，同时应用程序将使用最新编译的Class类替换归类，之后程序就会执行新类的代码。这是由各种应用服务器的独有的类加载器层次实现的。

由以上内容可知，在这种默认工作情形下，类加载器完全遵循双亲委托规则。但如果要实现热加载，那么需要加载的那些类就不能交给系统加载器来完成，而应由自定义类加载器（篡改双亲委托模型）来加载所需加载的类。在获取相应的Class实例对象后，通过反射技术实例化，使得该类可以获取最新的对象，之后即可覆盖之前对应的对象，使最新的Class字节码及时生效。

4.2.8　加解密程序的实现

执行加解密操作时，Class字节码特别容易遭到反编译，所以如果需要进一步加密自己的代码，可以先使用一种加密算法对编译后的代码进行安全控制。其具体方法是先利用输入流读取原始Class文件，然后利用输出流对其加密输出。

如果在非标准来源渠道加载代码，如字节码存储在数据库中或者是网络上，那么可以写一个类加载器，在其中指定源加载类，通过该类加载器把这段经过加密后的字节码还原后输入JVM，最后生成对应的方法区内部结构数据及运行时数据区数据。

4.3　Class字节码的组成

不同平台的虚拟机都有统一使用程序的存储格式，字节码（ByteCode）是构成平台无关性的基石，也是语言无关性的基础。JVM并不与包括Java源码在内的任何语言进行直接绑定，其只与Class文件这种特定的二进制文件格式关联。Class 文件中包含JVM指令集和符号表及若干其他辅助信息。

同时，Class文件结构也是JVM加载Class类及实例化对象进行方法调用的重要依据。Class文件是一组以8位字节为基础单位的二进制字节流，所有16位、32位和64位长度的数据将被构造成2个、4个和8个字节单位来描述。

4.3.1　基本结构

Class文件格式使用一种类似于结构体的逻辑结构存储数据项，这种逻辑结构中只有两种数据类型：无符号数和表。

无符号数属于基本的数据类型，以u1、u2、u4、u8分别代表1个字节、2个字节、4个字节和8个字节的无符号数。无符号数可以描述数字、索引引用、数量值或者按照UTF-8编码构成字符串值。

表是由多个无符号数或者其他表作为数据项构成的复合数据类型，每个表都是以“_info”结尾。表主要用于描述有层次关系的复合结构数据，整个Class文件本质上就是一张表。

典型的Class文件结构主要分为魔数头、版本号、常量池、访问标志、类元数据、接口元数据、字段元数据、方法元数据和属性元数据，具体如表4.1所示。

表4.1　Class字节码总体结构

字节数/类型	名称	数量
u4	magic number（魔数头）	1
u2	minor version（副版本号）	1
u2	major version（主版本号）	1
u2	constant_pool_count（常量池数量,从1开始）	1
cp_info	constant_pool（常量池）	constant_pool_count - 1
u2	access_flags（访问标志）	1
u2	this_Class（本类索引值）	1
u2	super_Class（父类索引值）	1
u2	interfaces_count（接口计数器）	1
u2	interfaces（接口索引值）	interfaces_count
u2	fields_count（字段表集合count）	1
field_info	fields（字段表集合）	fields_count
u2	methods_count（方法表集合count）	1
method_info	methods（方法表集合）	methods_count
u2	attributes_count（属性集合count）	1
attribute_info	attributes（属性集合）	attribute_count

4.3.2　魔数头

Class文件的第1~4个字节代表该文件的魔数头，魔数头用于标记该文件的格式，Class文件格式的魔数值固定为“0xCAFEBABE”，无法修改。

魔数头的唯一功能就是判断该文件格式是否为一种能被虚拟机所接受的Class文件。采用魔数头而不是扩展名来进行识别主要是基于安全方面的考虑，因为文件扩展名可以随意改动。

文件格式的制定者也许可以随意地选取魔数值，但只要该魔数值没有被广泛使用过，同时也没有造成混淆即可。

如果一个Class文件的魔术头不是0xCAFEBABE，那么虚拟机将拒绝运行该文件。

4.3.3　版本号

魔数头后的4个字节存储的是Class文件的版本号，包括副版本号minor_version和主版本号major_version。

Class文件的第5、6个字节代表Class文件的副版本号。Class文件的第7、8个字节代表Class文件的主版本号。主版本号和副版本号一起确定类文件格式的版本。若该类文件的主版本号为M，副版本号为m，则该类文件格式的版本表示为M.m。

这样，就可以依据字典中的次序对类文件的版本进行排序，如1.5<2.0<2.1。minor_version和major_version的值是此类文件的副版本号和主版本号。

JVM实例只提供特定范围内的主版本号(Mo~Mn)和0至特定范围内(0至m)的副版本号。假设一个Class文件的格式版本号为v，仅当Mo.0≤v≤Mn.m 成立时，该Class文件才可以被此JVM支持。各个版本的JVM支持的版本号也不同，较高版本号的Java虚拟机能够支持低版本号的Class文件，具体版本如表4.2所示。

表4.2　版本对应关系

JDK版本	副版本号	主版本号	十进制
JDK1.2	0000	002E	46
JDK1.3	0000	002F	47
JDK1.4	0000	0030	48
JDK1.5	0000	0031	49
JDK1.6	0000	0032	50
JDK1.7	0000	0033	51
JDK1.8	0000	0034	52

更多的版本信息可以参考JDK官方文档。

4.3.4　常量池

版本号之后是常量池相关的数据项，主要包含两部分：常量池索引计数器和常量池元数据信息。

常量池索引计数器是一个u2的无符号数，主要用于记录常量池中相关的元素数量，其值只在大于0且小于constant_pool_count时才被认为是有效的。如果Class文件中的其他地方引用了索引为0的常量池项，就说明它不引用任何常量池项。

在常量池索引计数器后面的就是常量池元数据。它是Class文件中的一项十分关键的数据，存放的数据通常分为两种类型：字面量和符号引用。

（1）字面量：文本字符串、基本数据类型及声明为final的常量值等。

（2）符号引用：偏向于编译原理方向的范畴，主要涉及如下几类常量。

①类和接口的全限定名（类元数据、接口元数据）。

②字段的名称和描述符（字段元数据、字段符号引用）。

③方法的名称和描述符（方法元数据、方法符号引用）。

④属性元数据。

⑤对常量池中数据项的引用，此外常量池中各个项也会相互引用。

⑥字节码指令中也存在对常量池的引用，这个对常量池的引用可当作字节码指令的一个操作数。

常量池是一个类的结构索引表，其他地方对“对象”的引用可以通过索引位置来代替。在程序中某个变量可以不断地被调用，要迅速得到这个变量使用的方法就是索引变量。这种索引也可以直接理解为“内存地址的虚拟”。

常量池的优点之一就是能够让很多相同文本或者类的值根据不同的索引方式从常量池中检索，而不是在不同地址空间进行复制，减少了对象字节码的数据大小。常量池中的项通过cp_info的类型表示，格式如表4.3所示。

表4.3　cp_info常量池元素结构体

类型（Type）	描述符（Descriptor）	标记（Remark）
u1	tag	当前常量池不同类型的项
u1	info[]	常量池项中存放的数据

常量池中的常量共有14种类型，每个常量都是一个表，而各种表均有相应的组成结构。这14个常量有一个共同的特性，即每个常量均是用u1类型的无符号数表示的标志位tag，以描述此常量属于哪种常量类型，如表4.4所示。

表4.4　cp_info常量池中的14种类型

类型（Type）	描述符（Descriptor）	标记（Remark）
CONSTANT_Utf8_info	UTF8编码字符串	1
CONSTANT_Integer_info	整型字面量	3
CONSTANT_Float_info	浮点型字面量	4
CONSTANT_Long_info	长整型字面量	5
CONSTANT_Double_info	双精度浮点字面量	6
CONSTANT_Class_info	类或接口符号引用	7
CONSTANT_String_info	字符串类型引用	8
CONSTANT_Fieldref_info	字段符号引用	9
CONSTANT_Methodref_info	方法符号引用	10
CONSTANT_InterfaceMethodref_info	接口中方法的引用	11
CONSTANT_NameAndType_info	方法或字段的名称和类型	12
CONSTANT_MethodHandle_info	方法句柄	15
CONSTANT_MethodType_info	方法类型	16
CONSTANT_InvokeDynamic_info	方法动态调用点	18

下面具体介绍不分常量结构的数据项属性的分布情况。

（1）CONSTANT_Utf8_info：记录字符串的值，具体如表4.5所示。

表4.5　CONSTANT_Utf8_info结构

类型（Type）	描述（Descriptor）	标记（Remark）
u1	tag	CONSTANT_Utf8 (1)表示UTF8编码字符串
u2	length	bytes代表字符串的长度
u1	bytes	byte字节数组数据信息

这里需要注意的是，length的类型是u2。一般来说Java中的方法和字面量值最大是65535。字符串的byte数据，可以通过DataInputStream中的readUtf()方法（实例方法或静态方法读取该二进制字符串的值）进行读取。

（2）CONSTANT_Class_info记录类或接口名（represent a Class or an interface），具体如表4.6所示。

表4.6　CONSTANT_Class_info结构

类型（Type）	描述（Descriptor）	标记（Remark）
u1	tag	CONSTANT_Class (7)
u2	name_index	constant_pool中的索引，CONSTANT_Utf8_info类型，表示类或接口名

（3）CONSTANT_Integer_info记录int类型的常量值（represent 4-byte numeric (int) constants），具体如表4.7所示。

表4.7　CONSTANT_Integer_info结构

类型（Type）	描述（Descriptor）	标记（Remark）
u1	tag	CONSTANT_Integer (3)
u4	bytes	整型常量值

（4）CONSTANT_Long_info记录long类型的常量值（represent 8-byte numeric (long) constants），具体如表4.8所示。

表4.8　CONSTANT_Long_info结构

类型（Type）	描述（Descriptor）	标记（Remark）
u1	tag	CONSTANT_Long (5)
u4	high_bytes	长整型的高4位值
u4	low_bytes	长整型的低4位值

（5）CONSTANT_Float_info记录float类型的常量值（represent 4-byte numeric (float) constants），具体如表4.9所示。

表4.9　CONSTANT_Float_info结构

类型（Type）	描述（Descriptor）	标记（Remark）
u1	tag	CONSTANT_Float(4))
u4	bytes	单精度浮点数常量值

（6）CONSTANT_Double_info记录double类型的常量值（represent 8-byte numeric (double) constants），具体如表4.10所示。

表4.10　CONSTANT_Double_info结构

类型（Type）	描述（Descriptor）	标记（Remark）
u1	tag	CONSTANT_Double(6)
u4	high_bytes	双精度浮点的高四位值
U4	low_bytes	双精度浮点的低四位值

（7）CONSTANT_String_info记录常量字符串的值（represent constant objects of the type String），具体如表4.11所示。

表4.11　CONSTANT_String_info结构

类型（Type）	描述（Descriptor）	标记（Remark）
u1	tag	CONSTANT_String(8)
u2	string_index	constant_pool中的索引，表示String类型值

（8）CONSTANT_Fieldref_info记录常量字符串的值（represent constant objects of the type String），具体如表4.12所示。

表4.12　CONSTANT_Fieldref_info结构

类型（Type）	描述（Descriptor）	标记（Remark）
u1	tag	CONSTANT_Fieldref(9)
u2	Class_index	constant_pool中的索引，CONSTANT_Class_info类型，记录定义该字段的类或接口
u2	name_and_type_index	constant_pool中的索引，CONSTANT_NameAndType_info类型，指定类或接口中的字段名（name）和字段描述符（descriptor）

（9）CONSTANT_Methodref_info记录方法信息（包括类中定义的方法及代码中使用到的方法），具体如表4.13所示。

表4.13　CONSTANT_Methodref_info结构

类型（Type）	描述（Descriptor）	标记（Remark）
u1	tag	CONSTANT_Methodref(10)
u2	Class_index	constant_pool中的索引，CONSTANT_Class_info类型，记录定义该方法的类
u2	name_and_type_index	constant_pool中的索引，CONSTANT_NameAnd Type_info类型，指定类的方法名（name）和方法描述符（descriptor）

（10）CONSTANT_InterfaceMethodref_info记录接口中的方法信息（包括接口中定义的方法及代码中使用到的方法），具体如表4.14所示。

表4.14　CONSTANT_InterfaceMethodref_info结构

类型（Type）	描述（Descriptor）	标记（Remark）
u1	tag	CONSTANT_InterfaceMethodref(11)
u2	Class_index	constant_pool中的索引，CONSTANT_Class_info类型，记录定义该方法的接口
u2	name_and_type_index	constant_pool中的索引，CONSTANT_NameAndType_info类型，指定接口的方法名（name）和方法描述符（descriptor）

（11）CONSTANT_NameAndType_info方法或字段的名称和描述符，具体如表4.15所示。

表4.15　CONSTANT_NameAndType_info结构

类型（Type）	描述（Descriptor）	标记（Remark）
u1	tag	CONSTANT_NameAndType(12)
u2	name_index	constant_pool中的索引，CONSTANT_Utf8_info类型，指定字段或方法的名称
u2	descriptor_index	constant_pool中的索引，指定字段或方法的描述符

4.3.5　访问标志

常量池后是u2类型的访问标志位（access_flags），它是一种掩码标志，用于表示某个类或者接口的访问信息及基础属性。具体的访问标志位的含义如表4.16所示。

表4.16　类和接口的访问权限

标志项	标志位	意义
ACC_PUBLIC	0x0001	public标识符，包外可访问
ACC_FINAL	0x0010	final标识符，不能有子类
ACC_SUPER	0x0020	用于兼容早期编译器，新编译器都设置该标记，在使用invokespecial指令时对子类方法做特定处理
ACC_INTERFACE	0x0200	接口，同时需要设置：ACC_ABSTRACT；不可同时设置：ACC_FINAL、ACC_SUPER、ACC_ENUM
ACC_ABSTRACT	0x0400	抽象类，无法实例化，不可和ACC_FINAL同时设置
ACC_SYNTHETIC	0x1000	synthetic，由编译器产生，不存在于源代码中
ACC_ANNOTATION	0x2000	注解类型，需同时设置ACC_INTERFACE和ACC_ABSTRACT
ACC_ENUM	0x4000	枚举类型

4.3.6 类元数据

此部分元数据主要包含类索引（This_Class）和父类索引（Super_Class）。

类索引：指向Class字节码常量池（constant_pool）表中的一个有效索引值，u2数据类型，用于确定该类的全限定名。另外，该索引对应的数据项必须为CONSTANT_Class_info类型常量，表示该Class文件定义的类或接口。

父类索引：必须为常量池中项目的一个有效索引值，u2数据类型，用来表明定义该类的全限定名。该索引涉及的数据项一定是CONSTANT_Class_info类型常量。如果它的值不为0，那么直接表示该Class文件定义的类的直接父类。

对于接口而言，它的Class文件的super_Class项的值必须是常量池中数据项的一个有效索引值。常量池在该索引处的项必须为代表java.lang.Object的 CONSTANT_Class_info 类型常量。如果Class文件的super_Class的值为0，那么该Class文件只可能是定义java.lang.Object类，因为它是唯一没有父类的类。

4.3.7 接口元数据

接口元数据主要包含接口计数器（u2的无符号数）和接口数据表（u2的无符号数）两部分。

接口计数器表示当前类或接口的直接父接口的数量。

接口数据表的每个成员的值必须是一个常量池中数据项的有效索引值，它的长度为接口计数器。每个成员interface数据项必须为CONSTANT_Class_info类型常量，其中0≤i < interfaces_count。在interface数据表中，成员表示的接口顺序和对应的源代码中给定的接口顺序（从左至右）一样，即interfaces[0]对应的是源代码中最左边定义的接口。

4.3.8 字段元数据

字段元数据的组成部分与接口相似，也主要包含计数器和数据表、若干索引项，其中字段计数器存储相关字段的数量；字段数据表记录类或接口中的所有字段，包括实例字段（没有用static修饰）和静态字段（static修饰），但不包含父类或父接口中定义的字段及方法中声明的局部变量。

字段数据表中的每项数据都是field_info类型，它描述了字段的详细信息，如名称、描述符、字段中的属性信息等，具体的数据结构如表4.17所示。

表4.17　字段元数据结构

类型	名称	数量	含义
u2	access_flags	1	字段访问标识
u2	name_index	1	字段名称索引项
u2	descriptor_index	1	字段描述符索引项
u2	attributes_count	1	字段表计数器
attribute_info	attributes	attribute_count	字段表

字段访问权限（access_flags），如表4.18所示。

表4.18　字段访问权限值

标志值	值	描述
ACC_PUBLIC	0x0001	public，包外可访问
ACC_PRIVATE	0x0002	private，只可在类内访问
ACC_PROTECTED	0x0004	protected，类内和子类中可访问
ACC_STATIC	0x0008	static，静态
ACC_FINAL	0x0010	final，常量
ACC_VOILATIE	0x0040	volatile，直接读写内存，不可被缓存，不可和ACC_FINAL一起使用
ACC_TRANSIENT	0x0080	transient，在序列化中被忽略的字段
ACC_SYNTHETIC	0x1000	synthetic，由编译器产生，不存在于源代码中
ACC_ENUM	0x4000	enum，枚举类型字段

需要注意的是，接口中的字段必须同时设置ACC_PUBLIC、ACC_STATIC、ACC_FINAL。

4.3.9　方法元数据

字段表之后为方法数据表，方法数据表表示类或接口中的方法信息。

方法表集合和上述字段表集合类似，依次包括访问标志（access_flags）、名称索引（name_index）、描述符索引（description_index）、属性表集合（attributes）等内容。

因为volatile关键字和transient关键字不能修饰方法，所以方法表的访问标志中没有ACC_VOLATILE标志和ACC_TRANSIENT标志。

最开始的2个字节表示一个方法计数器，在方法计数器后才是真正的方法数据项。方法表中的每个方法都用一个method_info表示，其数据结构如表4.19所示。

表4.19　方法元数据结构

类型	名称	数量	含义
u2	access_flags	1	方法访问标识
u2	name_index	1	方法名称索引项
u2	descriptor_index	1	方法描述符索引项
u2	attributes_count	1	方法表计数器
attribute_info	attributes	attribute_count	方法表

方法访问权限（access_flags），如表4.20所示。

表4.20 方法访问权限值

标志值	值	描述
ACC_PUBLIC	0x0001	public方法
ACC_PRIVATE	0x0002	方法是否为private
ACC_PROTECTED	0x0004	protected方法
ACC_STATIC	0x0008	static方法
ACC_FINAL	0x0010	final方法
ACC_SYNCHRONIZED	0x0020	方法是否为synchronized
ACC_BRIDGE	0x0040	方法是否由编译器创建形成桥接
ACC_VARARGS	0x0080	方法是否会接收不定参数
ACC_NATIVE	0x0100	方法是否为native
ACC_ABSTRACT	0x0400	方法是否为abstract
ACC_STRICT	0x0800	方法是否为strictfp
ACC_SYNTHETIC	0x1000	synthetic，由编译器产生，不存在于源代码中

4.3.10 属性元数据

在字段表、方法表中可以携带自己的属性表集合，用以描述某些场景专有的信息。属性表的格式相对固定，包括三部分内容：一个u2的attribute_name_index，指向常量池中的一个UTF-8 字符串常量，表示一个属性名称；一个u2的数据类型表示attribute_length，表示该属性值的字节长度，具体结构如表4.21所示。

表4.21 属性数据结构

类型	名称	数量	含义
u2	attribute_length	1	属性长度
u2	attributes_name_index	1	属性方法下标
attribute_info	attributes	attribute_count	属性信息表

此外还有一个部分就是属性元数据，其包含的属性信息如表4.22所示。

表4.22 属性元数据包含的属性信息

属性名称	使用位置	含义
Code	方法表	被编译成字节码的指令
ConstantValue	字段表	final关键字定义的常量值
Deprecated	类、方法表、字段表	声明deprecated的方法和字段
Exceptions	方法表	方法抛出异常
InnerClasses	类文件	内部类列表

续表

属性名称	使用位置	含义
LineNumberTable	Code属性	行号与字节码指令对应关系
LocalVariableTable	Code属性	局部变量表
SourceFile/SourceDebugExtension	类文件	源文件无关信息
Synthctic	类、方法表、字段表	标识方法或字段由编译器生成
StackMapTable	Code属性	栈图，提高类型检查的验证效率
BootstrapMethods	类、方法表	动态方法调用点
MethodParameters	方法表	方法参数
运行时注解相关属性	类、方法表、字段表	运行时加载注解

4.4 小结

学完本章后，必须了解和掌握的知识点如下：

1. 类加载子系统的整体运作流程和原理。
2. 通过ClassLoader类的实现自定义类加载器。
3. 双亲委托模型的机制系统类加载器的分类。
4. 类加载器实现的热加载实现方案和加解密实现方案。
5. Class字节码结构组成部分。

第 5 章 进入虚拟机核心世界

本章内容是本书的核心所在，也是承接开发者探索 JVM 的通道和桥梁，通过学习本章的内容，读者可以对 JVM 有一个“全新”的了解。

注意：堆内存是 JVM 中占比最大也是最重要的内存区域，是开发者必须探究清楚的内存区域。与之对应的是直接内存，它属于堆外内存，是通过虚拟机直接向操作系统申请的内存区间。Java 中可以通过 DirectByteBuffer 或者 Unsafe 申请和释放 Native 内存，后续章节会进行详细介绍。

本章涉及的主要知识点如下：

- JVM 实现申请堆内存的机制且进行 Object 对象内存的分配。
- JVM 内存分配结构及每一个 Java 对象的内存布局结构。
- JVM 中堆内存的常用配置参数。
- JVM 中垃圾回收管理系统的种类和参数。
- JVM 中垃圾回收类型及相关的算法分析。
- JVM 中方法区（Method Area）及常量池的种类。
- JVM 中执行引擎子系统运行程序的执行方式和种类。
- JVM 直接内存使用和 JVM 内部内存的关系。
- JVM 中垃圾回收算法。

5.1 堆内存的“管辖范围”

堆（Heap）内存空间是一种区别于虚拟机栈存储空间、方法区存储内存及虚拟机堆外内存空间的另一种虚拟机存储使用区域。堆内存允许应用程序在任何运行时刻都可以动态申请特定容量大小的数据内存空间。堆内存的运行情况是左右应用程序性能的根本因素之一。堆内存的溢出问题是Java应用程序中非常普遍的问题，在开始处理溢出问题以前，应该先熟悉虚拟机堆内存是如何运作的。

5.1.1 如何申请堆内存

在现有JVM的内存数据体系中，堆内存整体被巧妙地划分为两个不同的内存区域：Young区（新生代）和Old区（老年代），新生代又被重新划分成3个主要区域：Eden（伊甸区）、From Survivor（幸存From区）、To Survivor（幸存To区）。这种内存之所以如此设计分类，目的就是让一个JVM更好地管理堆内存区域中的所有对象，以及进行内存空间的分配和回收。后面会针对这部分内容进行详细介绍。

本节介绍JVM怎么去分配内存，以及内存分配的基本过程。一般而言，在Java中最常见的申请内存指令便是new关键字（当然还有其他方式可以创建一个类的对象）。JVM收到创建对象的指令后，就会为之申请并分配相应的内存空间，由于Java对象的大小在类加载完毕之后就已经确定，因此此时不需要考虑重复计算对象的大小，在分配内存时只需在Java堆空间内分配出一个与之相应的内存块大小即可，JVM中一般有指针碰撞和空闲内存列表两种内存分配方式。

指针碰撞分配方式：如果Java堆中的内存是规整排列的，所有被用过的内存对象被划分到其中一侧，而未被划分的内存空间（可用空间）放至另外一侧，将一个指针放置在两块内存区域之间作为分界点，在需要为新生对象分配内存时，只需将指针向空闲内存那边挪动一段与对象大小相等的距离即可分配。其代表性的垃圾回收器有Parallel Old（并行老年代回收器）、Serial Old（串行老年代回收器）、G1（垃圾优先级回收器）、ZGC（可伸缩且低延迟垃圾回收器）等，具体结构形式如图5.1所示。

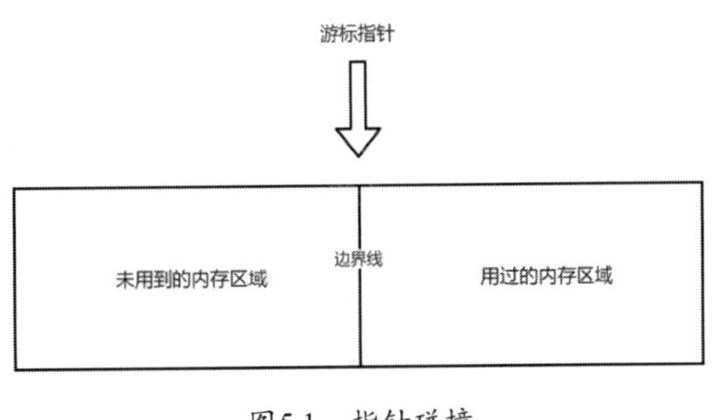

图5.1　指针碰撞

空闲内存列表分配方式：在一个Java堆中，空闲内存通常是非规整排序的，已用内存与可用内存总是互相交叉的。这种情形下不会直接采用指针碰撞分配内存，所以Java会通过维护一个空闲内存分配列表来明确记录哪块堆的内存分配是可用的，当给一个刚刚创建的对象分配内存时，就会从该列表中寻找一块容量

图5.2　空闲内存列表结构图

足够大的空闲内存进行分配，并更新列表上的记录。其代表性的垃圾回收器有CMS（并发标记清除回收器），具体结构形式如图5.2所示。

选择哪种方法与为对象分配内存和Java回收器的选择策略直接相关，由此可知其取决于具体选择了哪种垃圾回收器。在垃圾回收器的整理过程中，JVM会选择指针碰撞的处理方法；如果垃圾回收器并不存在整理压缩的过程，则可选择空闲内存列表方式。

因为随着Java编译器的OSR实现技术的不断演进，申请内存可以分摊在JVM栈内存中，所以目前JVM栈分配内存时一般会选择这两种分配方式之一。在创建线程调用方法时需从栈帧中先进行局部变量、形式参数表等分配；除此之外，还有堆内存转栈内存的优化技术，如逃逸分析（栈上分配、标量替换等功能），当完成内存分配后则直接结束流程，一旦栈内存分配失败或者无法进行正常的内存分配，才会采用堆内存分配方式。

总体来讲，采用“标记整理”算法的场景及回收器居多，此时我们为指针碰撞的内存分配机制引入一个新特性，因为指针碰撞的指针采用的是CAS（Compare and Swap）机制内存分配，这会导致当多线程申请内存时很可能出现性能问题和指针分配冲突问题，所以JVM采用优化的手段是TLAB（Thread Local Allocation Buffer），它属于一块堆内存区域。

当为对象分配内存时，JVM会预先分配这块内存给指定的线程，以便减少冲突与分配错误的情况。一旦TLAB内存分配错误或是空间不够，JVM才会先给该对象在Eden区中分配一个内存块。在Eden区空间充裕的情况下，当Eden区中无法进行分配对象时，则会进行Minor GC及一系列的内存判定，之后才决定分配对象到新生代或老年代，具体内存判断细节会在后面的内容中详细介绍。分配内存的基本流程如图5.3所示。

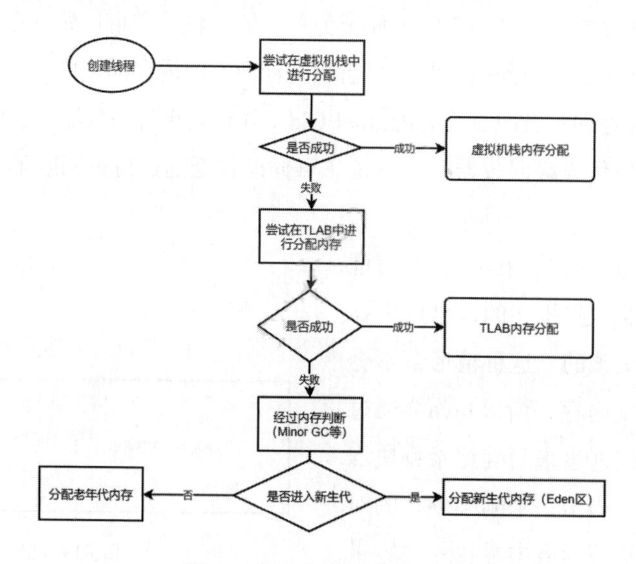

图5.3　分配内存的基本流程

当发生Minor GC时，GC回收器会尝试释放所有在Eden区中不活跃的对象，如释放之后仍然无法放置刚刚创建的活跃对象，则将尝试把在Eden区中的大部分活跃对象迁移到其中的一个Survivor区内。

此时，该Survivor区被用来作为Eden区和老年代之间的中间转换区，一旦Survivor区不足以放置Eden区的对象，其就会进行担保分配；或者在已经满足直接晋升到老年代的要求之后，此时如果老年代有空闲，那么Survivor区的对象会被转移到老年代。

注意：当老年代内存空间不够时，JVM可能会在老年代空间进行Major GC；如果完成垃圾回收操作后老年代仍然无法完全存放从新生代中迁移过来的对象，将导致JVM无法在进行分配内存空间时存放后面源源不断的对象，直接出现Out of Memory异常。

5.1.2 堆内存空间参数配置

JVM对于堆内存的管理一般由默认参数控制进行初始化，当然也可以采用手动指定参数的方式初始化堆空间的大小。本节主要介绍常用的JVM堆内存空间参数。

如果想了解更多参数，可以参考官方文档：Java HotSpot VM Options (https://www.oracle.com/java/technologies/javase/vmoptions-jsp.html)。常用JVM的堆内存参数如表5.1所示。

表5.1 常用堆内存参数

参数	默认值或限制	说明
-Xmx	物理内存的1/4	最大堆
-Xms	物理内存的1/64	最小堆
-Xmn	关闭	设置新生代大小
-XX:NewRatio	2	表示新生代：老年代=1：2
-XX:SurvivorRatio	8	设置两个Survivor区和Eden区的比值
-XX:+HeapDumpOnOutOfMemoryError		当发生内存溢出时会触发，导出当前堆内存的数据快照
-XX:HeapDumpPath=/path/x.hprof		导出OOM的路径
-XX:OnOutOfMemoryError=<cmd args>		发生OOM时会执行的指令操作
-XX:NewSize		指定JVM启动时分配的新生代内存
-XX:MaxNewSize		指定JVM启动时分配的新生代最大内存
-XX:OldSize		设置JVM启动分配的老年代内存大小
-XX:InitialTenuringThreshold		设置初始对象在新生代中的最大存活次数
-XX:MaxTenuringThreshold	15	设置对象在新生代中的最大存活次数
-XX:MaxHeapFreeRatio	70	堆内存最大空闲空间与总空间的百分比
-XX:MinHeapFreeRatio	40	堆内存最小空闲空间与总空间的百分比
-XX:InitialHeapSize		初始化堆内存空间
-XX:MaxHeapSize		最大堆内存空间

了解和认识以上常用JVM参数是基础，更重要的是要了解它们的原理及对其JVM所产生的影响。例如，MaxHeapFreeRatio和MinHeapFreeRatio这两个参数会影响JVM内存分配的策略和行为。

MinHeapFreeRatio参数的计算方式为当前空闲堆内存大小除（/）当前最大堆内存大小。

```
HeapFreeRatio =(CurrentFreeHeapSize/CurrentTotalHeapSize) * 100。
```

该参数值的取值范围是0~100，默认值为 40。

若HeapFreeRatio< MinHeapFreeRatio，就必须进行堆扩容，扩容的时机必须在每次垃圾回收执行以后，而扩容后的大小以-Xmx或-XX:MaxNewSize的值作为参考。

MaxHeapFreeRatio决定堆空闲空间的最大百分比，默认值一般是70。

如果HeapFreeRatio > MaxHeapFreeRatio，就必须进行堆缩容，而且缩容的时机也必须在每次垃圾回收执行以后。

注意：以上JVM参数只是单纯地面向堆空间方面，不含其他方面的参数设定，如GC回收方面的参数会在后面进行相关介绍。

5.1.3 堆内存空间结构分布

前面章节，已经介绍过JVM内存的分布结构，本节针对堆内存及总体空间结构进行说明和分析，线程根据是否允许共享可以分为两大部分：线程共享和线程私有，如图5.4所示。

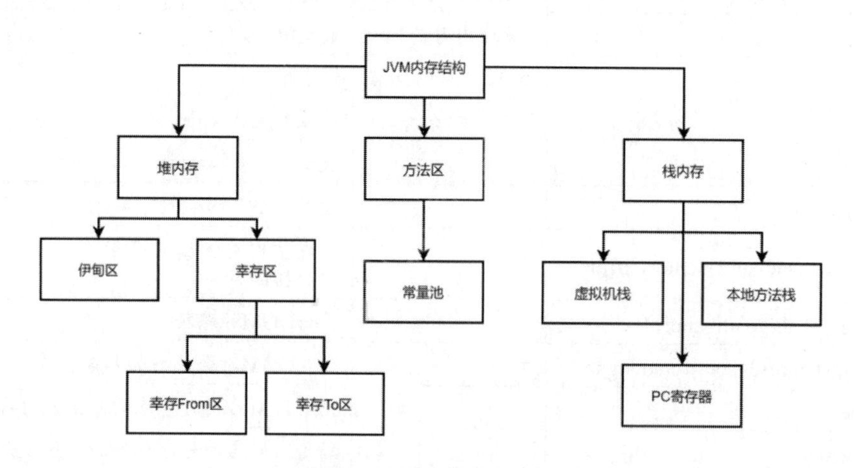

图5.4　JVM内存分布

图5.4的左边和中间部分属于多线程共享模式的内存区域，包括方法区及堆内存空间；右边部分属于线程私有区域，包括虚拟机栈、本地方法栈及PC寄存器（也称PC程序计数器）。

堆内存空间的结构分布如图5.5所示。

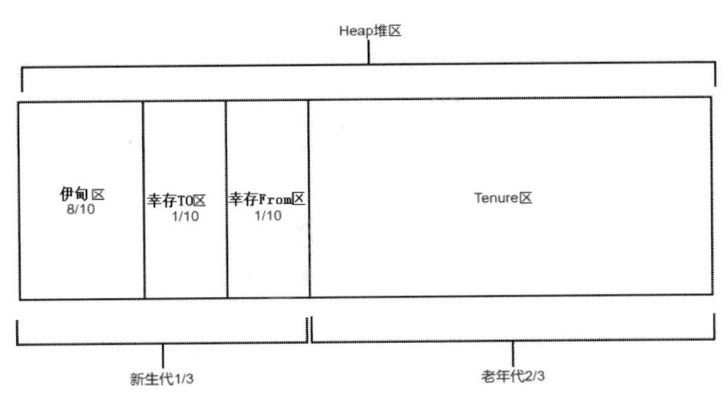

图5.5　堆内存空间结构分布

5.2 内存管理系统回收垃圾

前面学习了JVM的内存申请和分配流程，随着Java程序的运行，新的对象会不断被创建，这些对象会存储在JVM内存中，如果没有一套机制来管理这些内存，那么被占用的内存会越来越多，可用内存会越来越少，直至内存被消耗完。JVM体系中最核心的组成部分之一是垃圾回收系统，其中大部分核心内存的分配和回收都是动态的，当JVM线程执行结束后，它会负责回收那些不再使用的内存空间。

5.2.1 垃圾回收器的分布

本节介绍HotSpot虚拟机系统中的9类典型垃圾回收器：Serial、ParNew、Parallel Scavenge、Serial Old、Parallel Old、CMS（Concurrent Mark Sweep）、G1（Garbage-First）、ZGC（Z Garbage Collector）、Shenandoah GC，简单阐述它们的定义，然后详细说明它们的主要功能、使用场景、参数设定，以及基本工作原理。

垃圾回收器的总体分布情况如图5.6所示。

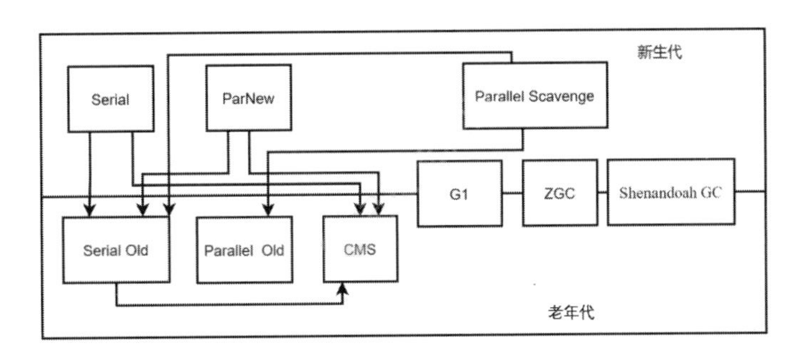

图5.6　垃圾回收器的分布情况

新生代的垃圾回收器如下。

（1）Serial（串行）垃圾回收器。

（2）ParNew（并行）垃圾回收器。

（3）Parallel Scavenge（系统并行、侧重系统吞吐率）垃圾回收器。

老年代的垃圾回收器如下。

（1）Serial Old（串行）垃圾回收器。

（2）CMS（并发标记清除）垃圾回收器。

（3）Parallel Old（系统并行、侧重系统吞吐率）垃圾回收器：它是新生代Parallel Scavenge垃圾回收器的老年代版本，主要应用于老年代的垃圾回收和处理。其与Parallel Scavenge的明显不同之处在于，主要采用的算法是“标记-整理算法”，更多地适用于那些注重系统吞吐量及CPU资源敏感的应用场合，后面会详细介绍其功能特性和原理。

综合型的垃圾回收器如下，它们完全适用于新生代和老年代。

（1）G1（Garbage-First）垃圾回收器。

（2）ZGC（低延时）垃圾回收器。

（3）Shenandoah GC（升级版ZGC）垃圾回收器。

垃圾回收器的组合搭配使用方案如下。

（1）Serial垃圾回收器+Serial Old垃圾回收器：一般用于较小规模的Java应用程序。

（2）Serial垃圾回收器+CMS垃圾回收器：发挥CMS的优势特性。

（3）ParNew垃圾回收器+Serial Old垃圾回收器。

（4）ParNew垃圾回收器+CMS垃圾回收器。

（5）Parallel Scavenge垃圾内存回收器+Serial Old垃圾回收器。

（6）Parallel Scavenge垃圾内存回收器+Parallel Old垃圾回收器。

（7）G1、ZGC和Shenandoah GC垃圾回收器不需要搭配其他回收器。

垃圾回收器的功能特性，如表5.2所示。

表5.2　垃圾回收器特性介绍

回收器	串行、并行或并发	新生代/老年代	算法	目标	适用场景
Serial	串行	新生代	标记-复制	响应时间	单CPU下的Client模式
Serial Old	串行	老年代	标记-整理	响应时间	单CPU下的Client模式，CMS的预备方案
ParNew	并行	新生代	标记-复制	响应时间	多CPU下的Server模式，与CMS回收器相互配合
Parallel Scavenge	并行	新生代	标记-复制	吞吐量	多CPU下后台复杂或者较多计算的场景
Parallel Old	并行	老年代	标记-整理	吞吐量	多CPU下后台复杂或者较多计算的场景

续表

回收器	串行、并行或并发	新生代/老年代	算法	目标	适用场景
CMS	并发	老年代	标记-清除	响应时间	响应速度和用户体验度较高的场景
G1	并发/并行	新生代+老年代	标记-整理+复制	响应时间	响应速度和用户体验度较高的场景，含有堆空间较大的情况
ZGC	并发/并行	新生代+老年代	标记-整理+复制	响应时间	响应速度和用户体验度较高的场景，含有巨型堆较大的情况
Shenandoah GC	并发/并行	新生代+老年代	标记-整理+复制	响应时间	响应速度和用户体验度较高的场景，停顿时间和堆的大小没有任何关系

注意：垃圾回收器之间的配合方式与应用场景和业务需求息息相关，后面会对垃圾回收器之间的搭配使用进行详细介绍。

5.2.2　Serial

Serial是JVM中功能最基础、发展历程最漫长的新生代垃圾回收器。

工作特点：单线程执行，避免上下文切换（与其他回收器相比）对于单个CPU环境来说，Serial回收器由于没有线程交互的开销，单纯做垃圾回收处理（使用一个CPU或一条线程完成垃圾回收工作），因此可以获得非常高的单线程回收效率。

回收算法：利用标记-复制算法，“快刀斩乱麻”。在早期，机器大多是单核的，也比较实用，但在垃圾回收过程中总会STW（Stop The World），而且当其完成垃圾回收之后，就必须停止所有的工作线程，直到Serial回收操作完毕为止。

该工作主要由虚拟机的后台自发启动实现，即在用户完全不可见的状况下将正常进行的应用线程全部暂停。新生代Serial垃圾回收器执行流程如图5.7所示，其使用场景为适合于工作在Client模式下的虚拟机。

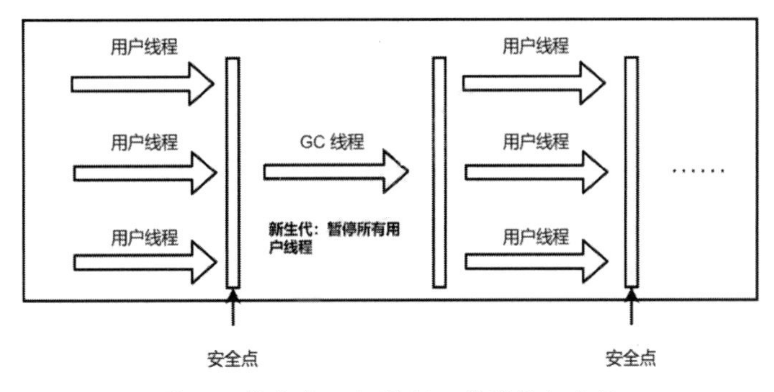

图5.7　新生代Serial垃圾回收器执行流程

串行垃圾回收器一般分为两类：Serial和Serial Old，二者通常配合使用。新生代采用Serial，主要利用标记–复制算法；老年代使用Serial Old，采用标记-整理算法。在JVM的Client模式中或者采用JVM参数“-XX:+UseSerialGC”时均可使用上述回收器。

综上，若一个应用程序通常在小数据量且采用单处理器情况下运行，则可以先使用串行垃圾回收器。

5.2.3 ParNew

ParNew垃圾回收器也是一种新生代的回收器，其实际上就是新生代Serial回收器的多线程版。

工作特点：多线程可以同时执行，并能够充分发挥计算机中对于多处理器或多逻辑内核的计算处理能力，还可以同时自动进行多线程的对象垃圾回收处理工作，因此执行效率会大幅度增强。ParNew垃圾回收器中默认自动开启的垃圾回收线程数量和CPU的数量一致，开发者也可以直接通过“-XX:ParallelGCThreads”参数设置垃圾回收的线程数量。

回收算法：同新生代Serial回收器一样，也采用标记-复制算法。

应用场景：ParNew回收器是许多运行在Server模式下的虚拟机首选的新生代垃圾回收器，因为它是除了Serial回收器之外，唯一能与CMS回收器搭配使用的回收器。

与新生代Serial垃圾回收器相比，ParNew垃圾回收器除采用了多线程机制之外，其他特性及执行流程都与Serial回收器相同，包含参数控制、垃圾回收算法（标记-复制）、对象分配规则和策略、垃圾回收策略等，这是因为它们在实现中都采用了相同或者公共的源代码。同样的，ParNew回收器和Serial回收器一样，也存在严重的STW问题。新生代ParNew回收器执行流程如5.8所示。

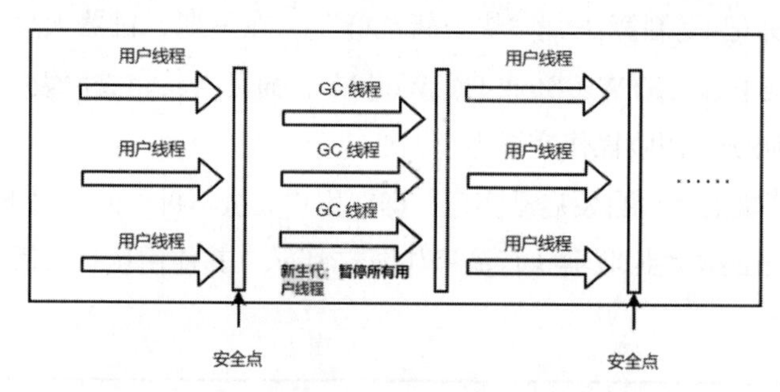

图5.8　新生代ParNew回收器执行流程

可以通过“-XX:+UseParNewGC”参数启用ParNew垃圾回收器，其也可以和CMS回收器一起使用。因为JDK 1.5以上的JVM会由系统自动设定配置，所以无须再设定其值。

5.2.4 Parallel Scavenge

Parallel Scavenge垃圾回收器与吞吐量（Throughput）之间关系密切，故也可以称为以吞吐量为中心的垃圾回收器。

工作原理：它是一种采用并行复制模式算法的垃圾回收器，也是采用并行技术的多线程垃圾回收器，和ParNew等回收器非常相似。Parallel Scavenge的主要设计目的是实现一个可以近乎完全控制的系统吞吐量方案。我们首先分析一下系统服务的吞吐量计算公式：系统吞吐量=系统程序运行时间/（系统程序运行时间+系统垃圾回收时间）× 100%。例如，程序运行了99s，垃圾回收消耗的实际时间是1s，那么吞吐量为99/(99+1) × 100%=99%。

Parallel Scavenge与ParNew回收器最主要的区别是GC能够实现自适应调控，自适应调控策略为设置“-XX:+UseAdaptiveSizePolicy”参数。当开关打开时，不需要手动指定“-Xmn”（新生代的大小）、“-XX:SurvivorRatio”（Eden与Survivor区的比例）、“-XX:PretenureSizeThreshold”（晋升老年代的对象年龄）等，JVM会根据系统的运行状况收集性能监控信息，动态设置这些参数，以提供最优的停顿时间和最高的吞吐量，这种调节方式称为GC的自适应调节策略。

操作方法：此垃圾回收器为JVM的Server模式下的一个默认垃圾回收器，也可以通过“-XX-:+UseParallelGC”方式强制禁止使用该垃圾回收器。打开该垃圾回收器后，使用Parallel Scavenge（新生代）+Serial Old（老年代）的组合方式进行垃圾回收。此外，其在Parallel Scavenge中分别提供了两个关键参数用于精确控制垃圾吞吐量，分别是用于精确控制最大垃圾回收的停顿吞吐时间“-XX:MaxGCPauseMillis”及直接用于控制垃圾吞吐量的“-XX:GCTimeRatio”。

-XX:MaxGCPauseMillis：最大的后台垃圾回收操作所需停顿处理时间的阈值，单位为ms（毫秒），主要应用于业务后台计算处理任务很多且不会要求和后台用户之间进行太多交互的场景，如执行批量化的数据采集处理、订单跟踪管理、工资分期支付、科学计算的移动应用程序等。此时，虚拟机会尽力保持每次Minor GC的耗时时间不会高于所设定的时长，但这并不意味着停顿时间的阈值越小越好，之所以GC耗时缩短，是由于牺牲了新生代空间获取。如回收300MB的对象肯定要比回收500MB的对象耗时短，但回收对象的频率会相对提高，吞吐量也就随之下降。

利用该计算参数的理论效果是MaxGCPauseMillis越小，单次执行MinorGC的持续时间就越短，总体Minor GC执行次数随之增加，则吞吐量随之减小。

-XX:GCTimeRatio：代表耗费在垃圾上的时间占比因子。回收垃圾耗费的时间占比计算公式为$1/(1+n)$，其中n为GCTimeRatio的取值，因此可以得出结论：“GCTimeRatio用于直接设置吞吐量的大小”。GCTimeRatio的默认值是99，所以GC耗时占比是1/(1+99) × 100%=1%，通过公式可以知道，GCTimeRatio值越大，吞吐量也越大，而GC的总耗时就越小。但是，这有可能使单次Minor GC的执行耗时变长，因此其更适合高速计算的业务场景。

所以，若吞吐量为第一优先级别的要求，且没有暂停的持续时间长短要求，则建议首选并行式的垃圾回收器。

5.2.5 Serial Old

Serial Old回收器是Serial回收器的老年代版本，它同样是一个单线程收集器。

工作特点：存在STW的停顿问题，采用标记-整理算法，它与Serial回收器一样是单线程回收器。Serial Old垃圾回收器执行流程如图5.9所示。

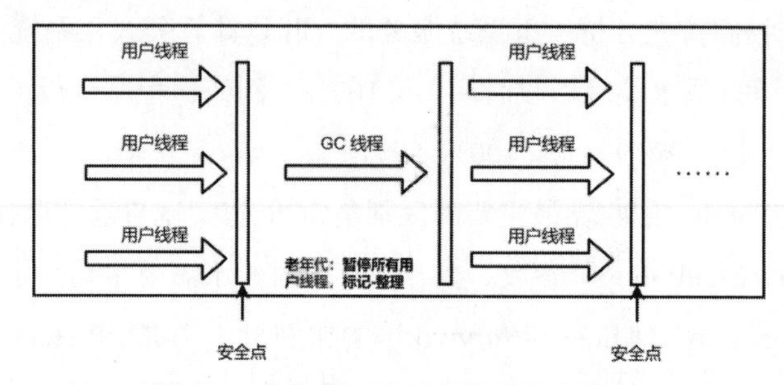

图5.9　Serial Old垃圾回收器执行流程

Serial Old主要应用于Client模式下的JVM中。主要在两种场景下使用Server模式：

（1）在JDK 1.5及之前几个版本中，Serial Old通常会和Parallel Scavenge回收器相互配合使用。

（2）可以作为CMS回收器的后备方案，通常当Concurrent Mode Failure（并发模式失败）时采用。

与新生代Serial回收器不同，Serial Old回收器采用标记-整理算法实现垃圾对象的回收处理，这主要是因为老年代的对象通常比较多，并且占用的空间也会更大，如果采用复制算法，留出50%的空间用于复制，会相当不划算，而且因为对象多，从其中一个区复制到另一个区消耗的时间也会更长，所以老年代的回收通常会采用标记-整理算法。

5.2.6　Parallel Old

Parallel Old垃圾回收器是Parallel Scavenge并行回收器的老年代进化版，也可以说它是Serial Old的多线程版本。

工作特点：多线程机制进行垃圾回收工作，采用标记-整理算法。

使用方式：选择“-XX:+UseParallelOldGC”参数，开启该回收器之后，会自动采用Parallel Scavenge+Parallel Old的组合体进行回收操作。如果不需要用新生代的Parallel Scavenge回收器，可以采用JVM参数“-XX:-UseParallelGC”将其关闭。Parallel Old垃圾回收器执行流程如图5.10所示。

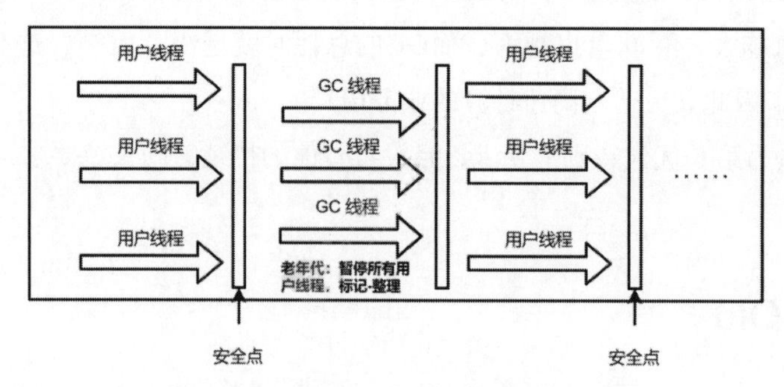

图5.10　Parallel Old垃圾回收器执行流程

应用场景：在注重吞吐量并且CPU资源比较敏感的业务应用场景，通常会将Parallel Scavenge和Parallel Old 垃圾回收器作为优先选择方案。

注意：Parallel Scavenge及Parallel Old和G1垃圾回收器都没有采用传统的GC回收器代码架构，是另外独立完成的，因此无法直接和CMS回收器协调工作；另外一些回收器之所以可以，是因为它们复用了核心框架代码。

5.2.7　CMS

CMS回收器是一种以获取“最短回收停顿时间”为目标的运行在老年代的垃圾回收器。

它是JDK 1.5版本后的第一个真正意义上的并发回收器，同时也第一个实现了让垃圾回收线程和应用线程同时并发工作。CMS也会产生STW问题，但是其产生的STW问题的时间相较上面的垃圾回收器会相应地减少。

工作特点：采用标记-清除算法且多线程运行，采用并发回收方式，从而实现低停顿。

应用场景：主要应用于注重响应速度和交互时间的服务，并且希望系统停顿时间最短，能为使用者提供良好的服务体验，如Web应用程序、B/S架构等应用服务。

CMS的执行流程较为复杂，主要划分为以下4个阶段，如图5.11所示。

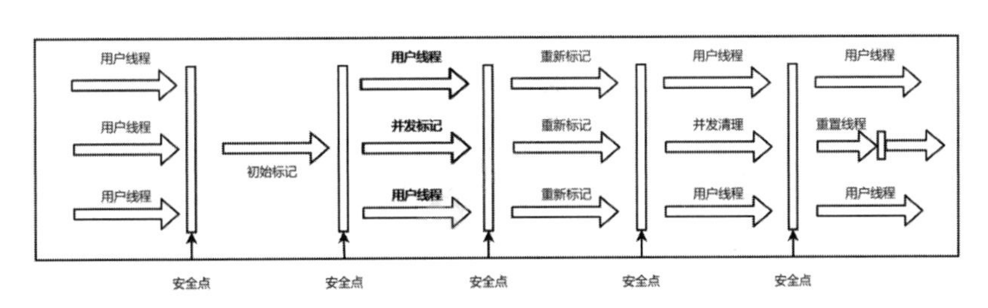

图5.11　老年代CMS垃圾回收器执行流程

（1）初始标记：此阶段仅标记GC Roots（GC根对象，后续对其进行详细介绍）能直接引用到的所有对象，会出现STW，因STW执行速率快，所以耗时短。

（2）并发标记：在上一阶段生成的对象集合中标记出所有存活对象，进行GC Roots Tracing（针对GC Roots根对象进行深度全局遍历）。该阶段并不能保证可以标记出所有存活对象（可能存在漏标、误标），所以本阶段在整个垃圾处理流程中耗时最多，但由于实现与应用程序并发执行，不会出现STW，所以此时应用程序也处于运行状态，几乎零感知。

（3）重新标记：此阶段将上一次标记阶段内更新形成的所有对象的引用变化，对对象存活引用关系做出重新评估，并更新这些对象的标记变化。该阶段执行时间较并发标记阶段更短，但会出现STW，导致应用程序线程卡顿。

（4）并发清理（并发清除）：在此阶段，系统会自动清理与其对应的所有垃圾对象，消耗的时间也会很多，但可以和应用线程并发执行，所以不会产生因STW导致的应用线程卡顿。

综上，CMS回收器的主要优点是并发回收、低停顿，但它也有很严重的问题。因为它属于“面向并发编程的设计体系”，所以会对CPU资源非常敏感，在并发阶段，它虽没有造成应用线程的暂停（并发标记不会暂停应用线程），但由于占用了一部分CPU资源，因此仍然会影响应用程序的性能，从而导致系统总吞吐量下降。

CMS垃圾回收器默认同时启动的垃圾回收线程核心数量约为（CPU系统核心线程数量+3）/4，即在CPU系统内核核心数量多于4的情况下，在执行并发回收时的CPU使用率不会低于25%，但会随着之后CPU内核数量的不断上升而逐渐降低；当整个CPU系统核心线程数量不足4个时（双核），CMS回收器对传统应用程序造成的负面影响会变得较明显，因为本来有的CPU内核负载就很高，但还需要划出50%的计算能力执行垃圾回收处理，即会直接使整个应用程序的系统性能降低50%。

目前CMS并发回收器无法同时清理之前产生的浮动垃圾（Floating Garbage），而浮动垃圾的产生是因在进入CMS时，并发清理阶段其他的程序仍运行所产生，所以可能导致之后还会不断地有新的对象被创建，而这些对象的垃圾将会产生于本次“并发标记”和“重新标记”阶段之后，所以CMS回收器也无法在本次回收阶段进行清理，而只有等到下一次GC时才能进行清理，故此将此部分的垃圾对象统称为浮动垃圾。

CMS回收器的标记-清除算法会直接产生的问题就是“空间碎片”，这可能意味着它在回收过程结束之后将会有大量空间碎片生成。空间资源碎片数量过多时，将导致对较大容量的对象进行内存分配时产生极大困难，老年代中虽然拥有大量空余内存空间，但却无法及时找到具有足够大的连续存储空间进行分配，这甚至会导致再次执行Full GC。采用“-XX:+UseConcMarkSweepGC”参数指定使用CMS回收器后，还会默认使用ParNew作为新生代回收器。

此外，由于在垃圾回收阶段应用线程还需要继续运行，因此还必须预留有充足的内存空间让应用线程继续使用。由于CMS回收器和其他回收器有所不同，无法等待老年代空间全部被用光以后再进行处理，因此还必须留出一些空间供并发回收时的应用程序继续运作使用。但如果超过了预留的空间范围（可能是直接分配大对象，并且新生代放不下导致直接在老年代生成，此时老年代也无法存放该对象），就会出现Concurrent Mode Failure异常，从而降级使用Serial Old回收器进行回收（导致另一次Full GC），这也将造成整个应用线程暂停，停顿时间变得更长。针对如何解决Concurrent Mode Failure，笔者总结了其发生的几种场景。

（1）老年代内存碎片过多：解决方法是采用内存碎片压缩整理操作，并且把内存空间碎片的压缩整理周期设定成较为合理的范围，设定JVM参数“-XX:+UseCMSCompactAtFullCollection”；开启Full GC时再进行一次内存空间强制压缩整理，设置参数“-XX:CMSFullGCsBeforeCompaction=N”，其中参数N代表只有当Full GC经过*N*次之后，才可以进行一次内存强制压缩整理。

（2）垃圾产生速度超过清理速度。

（3）晋升阈值过小：可以直接设置一个“-XX:MaxTenuringThreshold”阈值，对于Serial和ParNew所需要提供“-XX:PretenureSizeThreadhold”的值，大于该晋升阈值的对象，可直接从老年代中进行分配。

（4）Survivor区空间过小：可以设置新生代大小（伊甸区、幸存区大小）。例如，可以设置相关的参数，如扩大“-XX:NewRatio”“-XX:NewSize”“-XX:MaxNewSize”的值。

（5）Eden区空间过小，导致晋升速率提高：可以通过设置“-XX:SurvivorRatio”及扩大新生区空间进行控制。

（6）经常分配大对象内存：避免分配过大的内存对象。

5.2.8　G1 回收器

G1回收器是专门为大型服务端应用定制的垃圾回收器之一，于2012年在JDK1.7-u4中推出，而且Oracle官方已于JDK 9中将G1作为默认垃圾回收器并取代了CMS回收器。

尽管空间分代的概念在G1中仍然得以保留，但其已经完全打破了之前内存分割的回收器空间模型，并把整个Java堆空间分割成为多个规模相同的空间区域（Region）。虽然仍保留了新生代和老年代这两个概念，但整个新生代和整个老年代不再看成是两个物理空间相隔离的区域了，而变成了许多个地址不一定连续的空间集合体。G1回收器内存模型结构如图5.12所示。

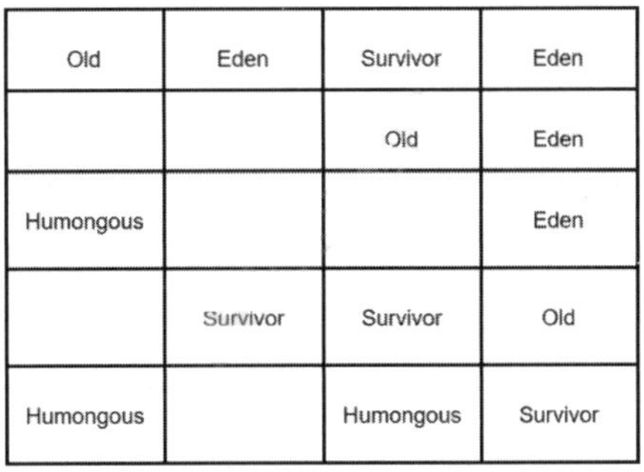

Old	Eden	Survivor	Eden
		Old	Eden
Humongous			Eden
	Survivor	Survivor	Old
Humongous		Humongous	Survivor

图5.12　G1回收器内存模型结构

这些Region的范围都可以通过G1HeapRegionSize参数进行精确设定，但其必须为2的整数幂，范围为1~32MB。JVM会根据堆内存的初始大小与最大内存值之间的平均值计算分区的内存尺寸，根据一般的堆内存大小预计可以划分出约2000个Region，而该分区的堆尺寸一旦设置完成，那么在系统启动之后就无法再对它进行修改。

G1回收器中有一特殊的区域，称为Humongous区域。如果一个对象占用的空间超过了分区容量50%以上，G1回收器就认为这是一个巨型对象，默认将其分配在老年代。但是，如果它是一个短期存在的巨型对象，就会对垃圾回收器造成负面影响。为了解决这一问题，G1划分了一个Humongous区，专门用来存放巨型对象。如果一个Humongous区装不下一个巨型对象，那么G1会寻找连续的Humongous区进行存储。为了能找到连续的Humongous区，有时不得不启动Full GC。

综上，G1回收器具备如下特性。

（1）并行和并发：G1可以有效发挥多处理器或者多内核工作环境下的系统硬件能力，如通过多CPU进行垃圾处理，从而大大减少STW的系统停顿时间。其他回收器通常需要暂时停顿应用线程以使其开展GC动作，但是G1回收器仍然能够使用并发机制促使整个应用程序几乎不间断持续工作。

（2）分代收集：G1可以独立管理整个Java堆内存空间，并通过不同的方法处理新创建的对象，以及曾经存活过一段时间并经过多次GC的老对象，从而得到更佳的回收效率。

（3）空间整合：从整个空间角度说，G1回收器是直接通过标记-整理算法实现的；从两个Region来看，它是基于复制算法完成的。这也表明G1回收器正常工作期间并不会形成大量内存空间中的碎片，因为它在回收后仍可继续提供较为规整的内存。该设计特点有助于应用程序长期持续工作，并在分配大对象时应用程序不至于无法得到连续的内存空间，从而提早触发新的GC操作（CMS具有的较为严重的问题之一）。

（4）可预期停顿： G1相比CMS回收器有独特的优点，即G1回收器除了追求低停滞时间之外，还能创建可预期的停顿时间模型（伙伴算法）。可以让用户自定义地指出JVM中GC消耗的时间阈值，这基本上就是一个实时垃圾回收器的基本特征。

（5）独立管理堆中的内存：G1回收器本身可以不需要其他回收器的协助，即可以独立管理整个堆内存，并且其可以通过不同处理方法同时独立管理一些新创建的内存对象及已经存活很长一段时间的老对象，以便得到更好的收集处理效率。

（6）大型内存堆处理：设计它的本意是希望尽可能减少在处理巨堆（大于4GB）时产生的时间停顿。相对于CMS，其优势是内存碎片的生成率大大降低及回收速度提高等。

G1回收器执行流程如图5.13所示。

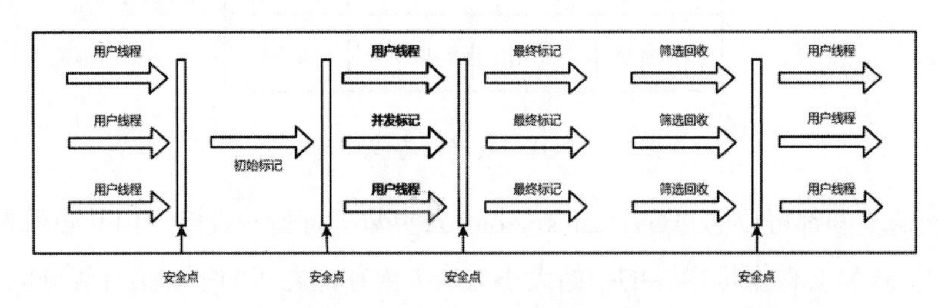

图5.13　G1回收器执行流程

（1）初始标记（Initial Marking）：仅是标记GC Roots 能直接关联到的对象，并且修改TAMS（Nest Top Mark Start）的值，让下一阶段用户程序并发运行时，能在正确的Region中创建对象。此阶段需要停顿线程，但耗时很短。

（2）并发标记（Concurrent Marking）：从GC Root 开始对堆中对象进行可达性分析，找到存活对象。此阶段耗时较长，但可与用户程序并发执行。

（3）最终标记（Final Marking）：为了修正在并发标记期间因用户程序继续运作而导致标记产生变动的那一部分标记记录，虚拟机将这段时间的对象变化记录在线程的Remembered Set Logs

中，最终标记阶段需要把Remembered Set Logs的数据合并到Remembered Set中。该阶段需要停顿线程，但可并行执行。

（4）筛选回收（Live Data Counting and Evacuation）：首先根据各个Region中的回收成本与价值进行排序，然后按照用户最希望的GC停顿时间建立回收计划。此阶段其实已经能够实现和用户程序同时并发运行，但只能处理一部分Region内存，时间可以由用户自己掌控，而此时停顿用户线程也将提高垃圾回收速度。

开启G1回收器的方式为“-XX:+UseG1GC”。例如，-XX:+UseG1GC -Xmx32g -XX:MaxGCPauseMillis=200，其中设置堆内存的最大空间为32G，设置GC的最大暂停时间为200ms。如果想要调优GC的时间，那么在堆内存大小一定的情况下，只需要修改-XX:MaxGCPauseMillis即可。

综上所述，如果应用程序的响应时间比总吞吐量更重要，并且垃圾回收暂停时间必须更短，那么应优先选择并发的G1回收器。

5.2.9　ZGC 升级回收器

ZGC是JDK 11版本中由Oracle开发的一个全新且可伸缩的低延迟垃圾回收器，其可以并发地执行所有需要执行的线程，包括应用程序线程和GC线程，而几乎不需要出现STW。

ZGC主要应用于那些要求极低延时（例如少于10ms的暂停时间）或需要使用非常大的数据堆（TB数量级）的应用程序，用户可以通过“-XX:+UseZGC”参数进行启用。

ZGC回收器的回收特点如下。

（1）ZGC的目标是垃圾回收停顿时间不超过10ms。

（2）ZGC不论是在比较小的堆（几百MB）还是大堆（TB级）中均毫无压力。

（3）ZGC与G1相比，进一步提高了响应时间，但吞吐量下降不超过15%。

（4）ZGC具有面向巨型堆的低延迟垃圾回收算法。

ZGC回收器的主要技术有着色指针、读屏障、并发处理、基于Region、内存压缩（整理）。

总体来说，ZGC是一个支持并发但不支持分代、基于Region分区化、支持NUMA架构的压缩回收器，并且由于其只会在枚举根对象阶段同时产生STW，因此GC引起的停顿时间并不会伴随堆空间中存活对象数量的增加而变长。

ZGC回收器的设计核心是读屏障和着色指针，两者结合使用，本质上就是采用64位指针中未使用的位空间存储元数据的指针信息，所以这也是ZGC中的垃圾回收线程能和用户线程并发执行的主要原因。

从线程角度来说，直接读取Java对象的引用变量的操作就是读屏障。和最简单的读取对象内存地址一样，通过读屏障可以读取着色指针内的数据，从而判断在线程读出指针的地址值前是否进行一些计算操作。例如，对象很可能已经被垃圾处理器移动，这时读屏障就能够感知到这些情况并实施某些必要的动作。

在垃圾回收的整理内存阶段（含移动Java对象），会计算可回收或复用的区域，回收或复用这部分内存。这有利于降低堆分配内存的开销，同样意味着我们不需要重新实现一个标记-整理算法来执行Full GC。

通过垃圾回收屏障，不仅能够大幅降低JVM运作工作时的系统性能开销，同时也能让虚拟机中的解释器和即时编译器中的GC实现变得更简单且易于优化。

目前会在着色指针中存储与标记和重定位信息有关的核心数据，但如果着色指针仍然有足够未被利用的内存空间，那么还能在其中保存其他相关信息，如与读屏障相关的数据信息等。这会为实现更多的应用特性打下良好的技术基础。

在这种复杂多变的内存处理环境下，通过着色指针能够保存追踪的数据，便于垃圾回收器在每次移动着色对象时，把一些较低访问频次的对象移动到不常访问的存储区域内。

当业务场景会消耗比较大的堆内存空间的时候，并且还想以响应时间优先，那么可以选择支持并发的垃圾回收器，推荐使用JVM参数“ -XX:+UseZGC”，开启ZGC回收器。

上述介绍主要是针对选择垃圾回收器所建立的理论基础，而实际的性能水平仍取决于堆栈中内存的多少，以及为应用程序维护的实时内存量、处理器当时的运行速度和负载状态等因素。

如果推荐的回收器不能满足所期望的性能，那么首先应尝试调节堆和分代大小，以达到期望的目标。如果性能上还是不够，那么可以尝试另外一种回收器，如通过并发回收器以缩短暂停时间，或通过并行回收器提高多处理器硬件上的总吞吐量。

5.2.10 Shenandoah GC

Shenandoah GC回收器是JDK 12版本中新增的一个为更接近“低停顿”时间目标而设计的垃圾回收器。此外，它被称为停顿时间与堆空间大小无关的垃圾回收器，这就意味着无论堆空间是500MB、5GB还是500GB，其垃圾回收的停顿时间都是一样的。

Shenandoah GC的垃圾回收阶段通常由两个STW阶段及两个并发阶段所构成，在初始化标记阶段，首先会扫描GC Roots对象，并在此时进行STW。后续在并发标记阶段，Shenandoah GC与Java应用线程同时进行，此时无须进行STW阶段。最后标记阶段，再次执行STW，进行并发Evacuation阶段。下面具体分析Shenandoah GC的执行过程。

初始化标记阶段，目的是为并发标记准备资源和应用线程，然后扫描GC Roots对象。这是整个垃圾回收生命周期中的首次停顿，该阶段的主要工作是对所有GC Roots对象进行扫描，所以停顿时间主要取决于GC Roots集合大小。

并发标记阶段中，它将遍历整个Heap堆的范围，通过以GC Roots集合对象为起点，检查所有可能被引用的对象，在这个阶段与应用程序一起工作，即并发处理。这一阶段的消耗时间主要取决于存活对象的数量和堆空间中对象引用链路之间的时间复杂度。在此阶段应用依然可以分配新数据，但堆内存的使用率会逐渐增加。

最终标记处理阶段中，预清理所有存在待处理标记/更新队列中的对象，重新扫描存在GC Roots中的对象，完全结束之前的并发标记。这一阶段最终决定了需要被清理（evacuated）的对象集合Region，因此它是为下一个阶段做准备工作。这是整个并发回收生命周期的第二个停顿阶段，该停顿阶段的一部分工作将于并发清理阶段中继续进行，其中最为耗时的是清空队列及需要扫描GC Roots对象的集合。

并发清除阶段回收清除的是即时垃圾区域，即时垃圾区域是指并发标记后探测不到存活对象的区域。从垃圾收集集合中复制存活的对象到其他Region中，这一阶段能再次和应用线程一起运行，所以应用依然可以继续分配内存。这一阶段持续的时间主要取决于选中的垃圾收集集合大小。（例如，整个堆划分为128个Region，如果有16个Region被选中，则其耗时肯定会超过8个Region被选中的情况。）

初始化更新引用阶段，此阶段除了确认垃圾回收线程对应用程序所产生的垃圾是否都已完成回收，同时也为后续并发清除阶段的垃圾回收做准备。这是整个GC生命周期中的第三次停顿，同时也是停顿时间最短的一次。

并发引用更新阶段再次遍历整个对象堆，以并发方式更新所有并发清除阶段中被移动的对象上的引用地址。这一阶段的处理时间主要由堆内存中扫描对象的数量决定，与扫描对象之间的引用链的结构复杂度没有关系，因此该处理过程基本上是一个线性扫描过程。它通常会与应用程序并发运行。

最终更新引用阶段，通过对已有的GC Roots对象再次更新引用，从而回收“被标记”集合中的Region，因为此时堆已不再对这些Region中的对象进行引用，当前阶段是整个GC周期中最后一个阶段，其持续时间主要取决于GC Roots对象的数量。

现代服务器比以前的拥有更多的内存和处理器，SLA应用需要保证平均响应时间（RT）在500ms之内。为了达到这一目标，需要有一个足够高效的GC算法，允许程序在可用内存中运行，并且经过优化后，永远不会让正在运行的程序的停顿时间超过5ms。

综上，Shenandoah GC回收器中使用了一种称为Shenandoah的GC回收算法，这种算法对于更看重响应时间并且能预测短暂停顿的应用而言，是一种更理想的垃圾处理算法，但其目标并不是处理所有JVM的停顿问题。

注意：清除阶段的操作能与正在工作中的应用线程同时进行，以便缩短停顿时间。

5.3 垃圾回收的类型

在整个Java内存区域中存在不同的内存块区域，并且它们都拥有不同的GC回收器及垃圾回收算法，其中垃圾回收方式根据不同的区域可以划分为Minor GC（新生代 GC）、Major GC（老年代

GC）和Mixed GC等。

5.3.1 Minor GC

Minor GC指处于新生代的垃圾回收动作，由于大多数的Java对象都具有朝生夕灭的特点，使得新生代的Minor GC出现得相当频繁，但通常它的垃圾回收速度亦相当的快。

JVM为每个新创建的对象定义了一个对象年龄属性（age），初始值是零。对象在Eden区中每经历过一个Minor GC后不能被处理掉，但能被Survivor区所接纳，就会被移回到Survivor空间中，从而将对象年龄加1。

当其年龄增加到一定程度（默认为15）时，就会被晋升到老年代中。对象晋升老年代的年龄阈值可以通过参数“-XX:MaxTenuringThreshold”进行设置。

Eden和Survivor区都已经实现了标记和复制的整理操作，其完全取代了标记+整理和标记+清理操作。Eden和Survivor区不会产生内存碎片，写入的指针始终驻留于可用内存池的顶部。执行Minor GC操作时，不会对方法区造成影响。从方法区到新生代的引用被直接认为是GC Roots，从新生代到方法区的引用则会在标记阶段中直接忽略。

Minor GC会触发STW，停止应用程序的线程。但对于大部分应用程序来说，停顿导致的延迟都是可以忽略不计的。

大部分在Eden区中的对象都可以被看作“垃圾对象”，并且永远也不会被复制到Survivor区或老年代；但如果Eden区中的大部分新生对象都不满足被回收的要求，那么在执行Minor GC中所消耗的的时间也会比STW时间长，因为对象复制的成本特别高。

Minor GC触发时机：当Eden区的空间不足以存放对象时就会触发Minor GC，而Survivor区不足时不会引发Minor GC。

5.3.2 Major GC

Major GC指发生在老年代的垃圾回收机制，其消耗的时间比Minor GC多很多。此外，人们还经常提Full GC，这里简单介绍这两种GC方式。

Major GC：主要目的是方便清理存在老年代的对象，Major GC的执行时间通常比Minor GC的时间长10倍以上。其实，许多Major GC是由Minor GC引起的，所以在许多情形下把这两种垃圾回收机制分离是不太可能的。

发生在老年代的Major GC，通常会同时伴随着至少一次Minor GC。例如，使用Parallel Scavenge回收器的收集策略里就有直接执行Major GC的策略。

Full GC：针对整个新生代、老年代、方法区的全局范围的垃圾回收操作。由于Minor GC的时间较短，因此一般将Full GC和Major GC等同起来。Full GC触发机制的主要有以下几种。

（1）老年代内存空间不足。

（2）方法区内存空间不足：当永久代或者元数据内存空间不够时，可能会引发Full GC，直接引发对Class、Method元数据的卸载。

（3）通过Minor GC后将进入老年代的对象平均内存仍大于老年代的剩余可用内存。

（4）从Eden区、Survivor区（From Space）区向Survivor区（To Space）复制时，如果对象大小超过了To区的空闲内存，则会将该对象转存至老年代并且老年代的空闲内存小于该对象的大小。

（5）应用程序调用System.gc方法时，手动执行Full GC，但并不是一定执行。

5.3.3　Mixed GC

Mixed GC是G1回收器及之后新版本回收器所特有的一种回收处理方法，其和之前Major GC/Full GC的不同之处在于，Mixed GC只能回收部分老年代的Region。

Old Region可以自动放到CSet（Collection Set）里，有很多参数可以控制。例如，G1HeapWastePercent这个参数，当发生Minor GC后，允许内存中存在垃圾对象的百分比，如果达到这个值就会自动触发一次Mixed GC。

G1MixedGCLiveThresholdPercent参数（JDK 8及以后默认值为85%），它控制老年代Region中的存活对象百分比，Region中存活的对象低于该阈值时才会被回收，达到或超过该阈值的Region会被放入CSet。

通常在Mixed GC之前会进行一次Minor GC，而这么做的主要目的就是提高执行效率，因为Mixed GC将复用Minor GC后的GC Roots集合的扫描结果，因此这个“Stop The World”的过程还是必要的，但总体上来讲减少了暂停应用线程的时间。

Mixed GC的回收过程通常可以被理解为发生在Minor GC后附加的全局并发标记，全局并发标记主要用于老年代Region（包含H区）中所有的对象，其中主要包括：

初始标记阶段中标记GC Roots根对象的集合，会发生STW，一般来说会复用Minor GC的暂停时间，初始标记阶段中会设置好所有Region的NTAMS标记值。

GC Roots根的Region扫描阶段，垃圾回收线程可以和应用线程并发执行。它主要用于扫描在初始化标记和因Minor GC而转移到Survivor区的对象，并标记Survivor区中的对象。所以此阶段的Survivor分区又会被称为根分区（Root Region）。

并发标记阶段会并发标记所有非空的Region的存活对象，也就是使用了SATB算法，标记各个Region。

最终标记阶段主要处理SATB缓冲区，以及对于并发标记阶段结束后未能标记到的所有被漏标的对象，同时产生STW。

对象清除阶段，整理堆分区，调整相应的RSet，如果识别到了空的Region，则会清理这个Region的RSet。这个过程会STW，清除阶段之后，还会对存活对象进行转移（复制算法），转移到其他可用分区，所以当前的分区就变成了新的可用分区，复制转移主要是为了解决分区内的内存碎片问题。

5.4 方法区

方法区（Method Area）是除了Java Heap堆内存外的另一个线程之间共享的内存区域，其主要包含运行时常量池（Runtime Constant Pool）、静态常量池（String Constant Pool）、字符串常量池等相关数据和信息。随着JVM技术的不断发展，字符串常量池和静态变量等数据也已经逐步转移到了堆内存中。

5.4.1 静态常量池

静态常量池简称为Class常量池，主要是Class字节码文件中的常量池（Constant Pool），其中不仅包含字符串、基本类型字面量，还包含类、方法的元数据信息，它们占用Class字节码文件的绝大部分空间。当Java源代码被编译成Class字节码之后，Class常量池便会在Class文件中生成。结合第4章内容，静态常量池与Class字节码文件之间关联的基本结构关系如图5.14所示。

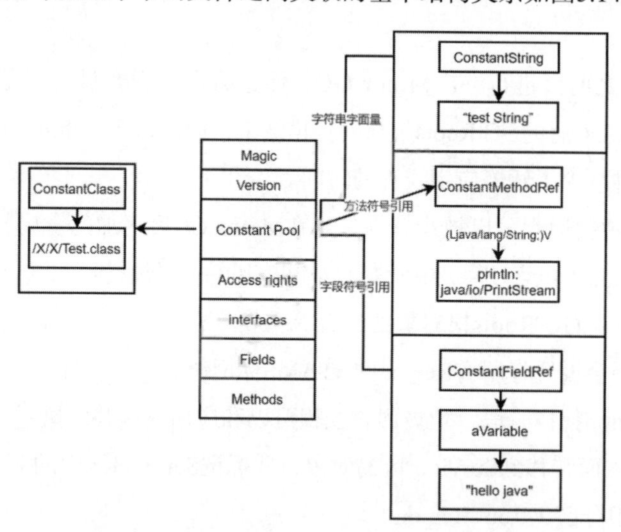

图5.14　静态常量池与Class字节码结构关系

Class常量池中主要包含两部分信息：存放“Java前端编译器”生成的各种字面量（字符串变量、被声明为final的常量、基本数据类型的值）和符号引用（类的版本和接口的全限定名、字段的名称和描述符、方法的名称和描述符），这两部分内容将在类加载之后进入方法区的运行时常量池中。

5.4.2　字符串常量池

字符串常量池主要是在类加载校验、准备完毕后进行字符串常量的存储。

不同JDK版本的字符串常量池所在的位置也在不断地变化，JDK 1.3~JDK 1.6版本的字符串常量池的位置如图5.15所示。

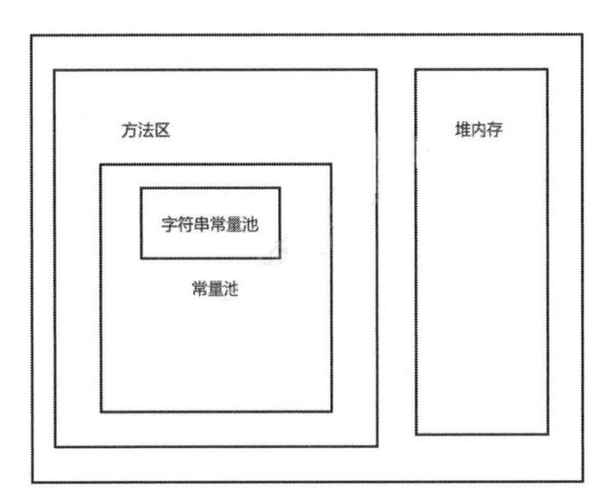

图5.15　JDK 1.3~JDK 1.6版本的字符串常量池的位置

在JDK 1.7中，字符串常量池和静态变量从方法区转移到了堆中，运行时常量池还在方法区中，如图5.16所示。

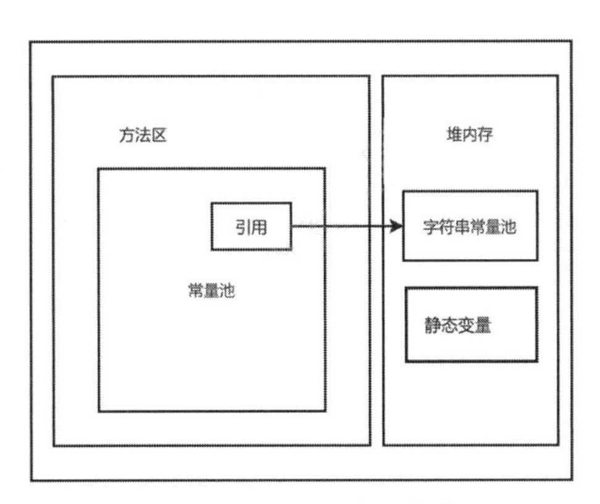

图5.16　JDK 1.7版本以上的字符串常量池的位置

如图5.16所示，在JDK 1.7版本后，字符串常量池中存放的只是引用地址值而不再是具体内存实例对象，其对应的内存对象存储在堆中分配的一块内存空间中，然后把该实例对象（字符串）的地址值作为其所引用的数据值保存在字符串常量池中。

创建字符串的基本过程：建立字符串前，先检测该字符串在常量池中是否存在，如果存在则将获得其引用，不存在则创建字符串并将其存储，然后返回新对象引用。建立字符串常量池的优点如下。

（1）节省内存空间：所有相同的字符串常量被合并，只占用一个字符串的内存空间。

（2）节省运行时间：比较字符串时，==比equals()快。对于两个引用变量，只用==判断引用是否相等，即判断实际值是否相等。

JVM里实现的字符串常量池是一个StringTable类，底层是一个哈希表，Java 8之后其中存的是驻留字符串的引用，即堆中的字符串实例被该StringTable引用之后就成为“驻留字符串”。

字符串常量池是一种固定大小的Hashtable，默认容量为1009。一旦放进字符串常量池的字符串数量过多，将会产生很严重的哈希冲突，进而造成哈希桶的链表大幅度变长，这将直接导致在调用intern时性能大幅下降。

可以使用JVM参数“-XX:StringTableSize”设置StringTable的大小。

- JDK 6中的StringTable是固定的，即1009，所以如果常量池中的字符串过多，就会导致效率下降很快。
- JDK 7中的StringTable的长度默认值是60013。
- JDK 8中的StringTable的长度可设置的最小值是1009。

5.4.3 运行时常量池

运行时常量池是整个方法区中非常关键的部分之一，其主要用来防止频繁地创建和销毁对象。运行时常量池的基本结构如图5.17所示。

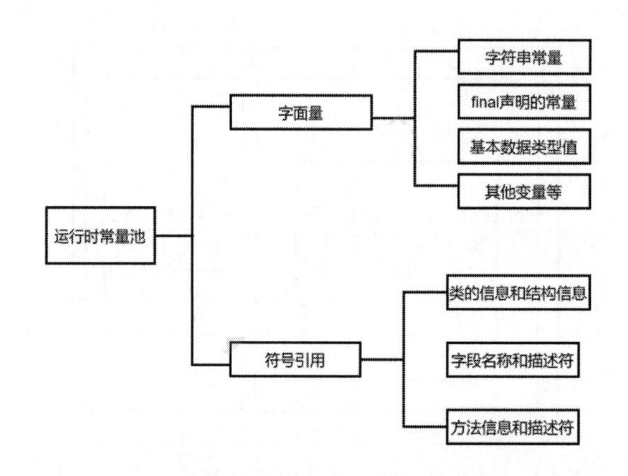

图5.17　运行时常量池的基本结构

JVM通过类加载器将Class字节码加载到内存中，将Class常量池中的内容存放到运行时常量池中（保存在方法区中）。一般而言，人们常说的常量池指的是方法区中的运行时常量池。针对不同的版本，运行时常量池的内存结构略有不同。

静态常量池中保存的数据只是字面量和符号引用，即其保存的不是对象实例，而只是对象的符号引用值。在加载阶段，把所有在静态常量池中的符号引用值都转存在运行时常量池中。

经过解析（Resolve）阶段以后，将符号引用替换成直接引用，在进行解析的过程中将要查找字符串常量池，并且要确保在运行时串常量池中引用的字符串是否和字符串常量池中所引用的值是相同的。

运行时常量池相对于静态常量池的一个重要特点就是动态特性，而且Java语言中并没有要求常量数据只能在编译期间才能生成，即并非只有代码预置入的Class常量池的内容才可以进入方法区的动态常量池。可以把一个新创建的常量直接存入运行时常量池中，而这种机制被开发者使用最多的就是String类的intern方法（字符串驻留机制）。

在日常开发过程中常常会用到的动态反射技术，实际上就是利用运行时常量池动态获取类的相关信息，主要包含Class文件元信息描述、Class类编译后的代码数据、引用类型数据、类文件常量池的其他数据等，这对Java的动态性起着至关重要的作用。

5.4.4　不同版本的方法区

JDK 7版本的JVM方法区采用的仍然是虚拟机自身的内存空间，方法区的内存结构如图5.18所示。

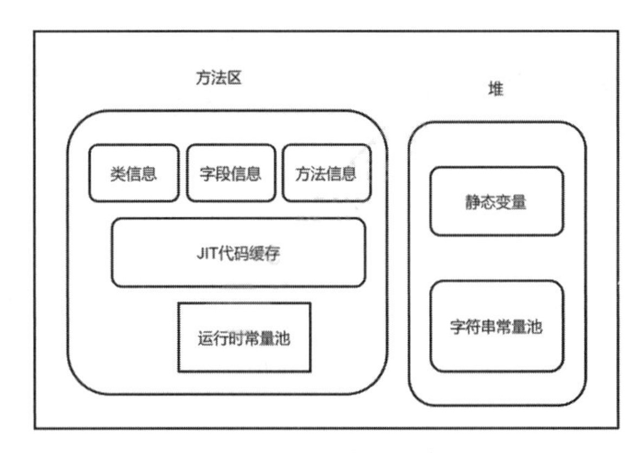

图5.18　JDK 7版本的内存结构

到了JDK 8版本，JVM废除了永久性而采用元空间（Metaspace），这时整个字符串常量池还在堆的内存中，运行时常变量池还在方法区，只不过整个方法区的实现方式从原有的永久性变成了元空间，并且采用的不再是虚拟机的堆内存，而是本地内存空间，如图5.19所示。

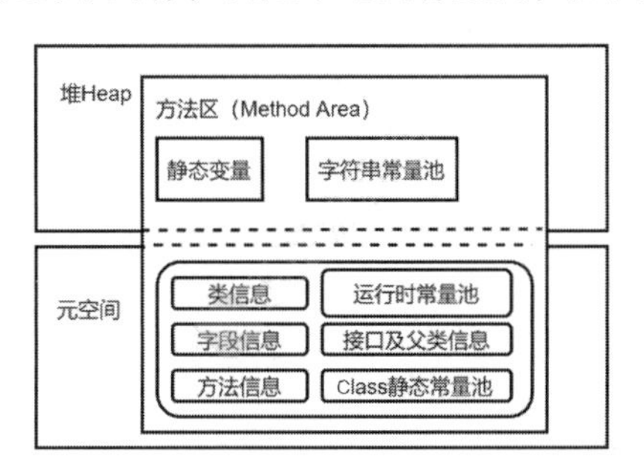

图5.19　JDK 8版本的内存结构

注意：一般的静态常量池产生于编译器，但也有一些常量会在执行时分配（JVM加载Class字节码之后进行分配）。

5.4.5 方法区对象的回收条件

方法区的垃圾回收对象主要有两种类型，分别是对常量对象的回收及对废弃Class类的回收。当常量对象不再被任何其他对象所引用时，它会被标记为无用常量，该常量便可以被回收。

方法区中的类必须同时符合以下3种要求才可被标记为无用的类：

（1）Java堆中不存在该类的任何实例对象。

（2）加载该类的类加载器已经被回收。

（3）该类对应的Class对象不再被任何对象所引用且不会通过反射机制访问该类的方法或者属性的时候。

一般情况下，当类同时符合上述3个要求时就能被判定进行回收，但这并不是绝对的，需要通过参数进行控制，JVM给出的“-XnoClassgc”就用于控制是否回收。

5.5 执行引擎子系统

假如将JVM对等于计算机系统，那么对计算机系统而言，执行引擎就是直接构建于处理器（CPU）、寄存器（Register）、指令集及操作系统层面之上组件，所以执行引擎子系统是JVM中最接近底层且最为神秘的内核组件部分。但是JVM的执行引擎是由其自身实现的，它自己制定了指令集与执行引擎相关的架构体系，主要作用是将编译后的Class字节码翻译成为机器码，最后执行机器指令并输出结果。

5.5.1 解释执行

从表面来看，JVM的执行引擎主要是为了运行Class字节码；实际上，执行引擎的主要任务是在JVM启动时，按照预定义的规则对Class字节码逐行解析，把每条字节码指令都“翻译”成相应系统架构的本地机器指令，主要起着“跨平台”的作用。

解释执行其实就是Java解释器通行翻译解释Class字节码并将其转换为机器码，同时通行执行对应的机器指令。

执行引擎主要通过两种解释器解释Class字节码，包括字节码解释器与模板解释器（编译执行模式，下一节会介绍），它们在运行过程中可能会触发即时编译，这会涉及几种即时编译器，具体内容后面会进行详细介绍。

字节码解释器的主要任务就是逐行对指令代码进行解析执行，因为字节码指令中的基本单位就是虚拟机器栈中的栈帧，指令执行的基本单位是操作数栈，在一条字节码指令被解析完毕之后，接着再通过在PC寄存器中找到的下一条将要运行的字节码指令进行解析，所以JVM的执行引擎也叫作“基于栈的字节码解释执行引擎”。

在JVM中，解释器主要由Interpreter解释器模块和Code机器码模块构成。

- Interpreter：实现解释器中最为核心的功能，也是指令转换的功能基础。
- Code：主要用于管理JVM在运行时生成的本地机器指令。

JVM可以设置程序执行方式，默认情况下JVM采用解释器与即时编译器并存的架构。当然，可以通过虚拟机参数显式地指定在运行时是完全采用解释器模式执行，还是完全采用即时编译器执行，抑或是两者的混合模式。

使用JVM参数“-Xint”可设置完全采用解释器模式执行程序。

注意：解释器非常像一个精通其他国家语言的“翻译官”，其将Class字节码文件中的指令“翻译”为不同系统平台的机器指令。例如，HotSpot虚拟机是用C++及C语言编写的，而解释就是将Class字节码转成C++/C语言代码，再将C++/C语言代码编译成本地代码，所以绝大多数Class字节码指令的底层实现都使用C++语言代码。综上，执行Class字节码其实就是执行对应的C++/C语言代码，而执行C++/C语言代码之前会将其编译成本地可执行代码，然后执行。

5.5.2　编译执行

编译执行是一种指令执行的优化手段，上面提到的模板解释器其实采用的就是编译执行模式，其直接将一段或多段Class字节码指令预编译成本地机器码，供后面程序调用执行，从而大大地提高了执行效率和性能。

编译执行其实是将所有Class字节码指令直接生成为本地机器码之后再执行的方案。JVM初始化时，会直接将Class字节码指令对应的本地机器码加载到内存中，然后直接执行对应的本地机器码即可，这样完全省略了Class字节码转C++/C语言及编译成为本地机器码这一步骤，提高了执行速度。

模板解释器虽然执行速度很快，但由于其需要将代码全部编译成本地代码，因此编译需要收集的信息比较多，编译速度比较慢，从而导致虚拟机启动得很慢。使用JVM参数“-Xcomp”可以指定完全采用即时编译器模式执行程序，但执行过程中如果即时编译出现错误，最终解释器会代替其执行指令。

5.5.3　混合执行

JVM的执行模式其实是前面介绍的这两种模式的混合体，也就是既存在解释执行又存在编译执行，可以称为混合执行。

解释执行时，逐条运行所有的Class字节码指令，一旦在JVM中出现一个方法被频繁地调用，那么该方法被称为热点方法。JVM会将该方法的Class字节码用即时编译器预编译成本地机器码，等到下次运行时便可直接调用该机器码，因此编译执行时是以方法为单位的。

不同服务和场景，其对系统服务的执行速率和启动速度的要求是不相同的。例如，对于移动端的应用程序，用户通常最期待应用程序拥有最快的启动速度；对于服务器的应用程序，则对程序的执行速率有相当高的要求。因此，Java 7的虚拟机中采取了分层编译方法，引入了两种不同类型的即时编译器，具体如下。

（1）C1编译器：为Client编译器，面向对启动性能有要求的用户端，编译时间短，优化策略简单。

（2）C2编译器：为Server编译器，面向对峰值性能有要求的服务器端，编译时间长，优化策略复杂。

具体来说，在编译热点方法时先采用C1编译器，在运行中热点方法还会被C2编译器再次优化编译。

为了克服解释执行和编译执行这两种方式所存在的问题，在大多数场景下我们会采用字节码解释器+模板解释器（即时编译器）的混合模式共同执行程序，具体涉及编译器层面的内容，后面会进行详细介绍。

5.6 对象描点标记的方法

不管哪一种处理方法，如Minor GC、Major GC（Full GC）、Mixed GC等，在实施回收处理之前，垃圾回收器的首要任务就是辨别出哪些对象仍然保持存活状态，以及哪些对象需要被回收。

下面介绍两种基础的回收算法：引用计数器算法和可达性分析算法。

5.6.1 引用计数器算法

引用计数器算法思路：为Java对象绑定一个引用计数器，如果还有另外一个Java对象对其进行引用，那它所对应的计数器就会加一；对其引用一旦被清除，计数器又会减一。因此，只要一个对象绑定的计数器为零时，该对象就处于被回收的状态。该算法在很多情况下都是一种不错的选择，但是在我们常用的JVM中并没有采用。

引用计数器算法的优点：实现简单，判断效率高。

引用计数器算法的缺点：很难解决对象之间循环引用的问题，如下面这个案例。

```
public Class CycleClassTest {
    Class CyleClassTest1{
      public CyleClassTest2 b; //循环引用关系
    }
    Class CyleClassTest2{
```

```
    public CyleClassTest1 a; //循环引用关系
  }
  public static void main(String[] args){
    CyleClassTest1 a = new CyleClassTest1();
    CyleClassTest1 b = new CyleClassTest2();
    a.b=b; //循环引用
    b.a=a; //循环引用
  }
}
```

5.6.2　可达性分析算法

可达性分析算法思路：将通过一系列称为GC Roots的对象作为起始点，向下搜索，搜索走过的路径称为引用链，当一个对象到GC Roots没有使用任何引用链时，则说明该对象是不可用的。主流商用程序语言都通过可达性分析算法判定对象是否存活。通过图5.20可以清晰地感受GC Roots与对象引用的关系链。

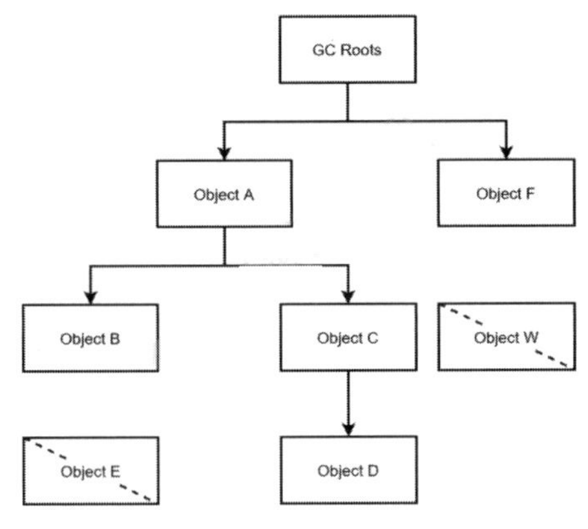

图5.20　可达性分析引用链

GC Roots对象的种类如下：

（1）JVM栈（栈帧中的本地变量表）中引用的对象。

（2）方法区中静态变量引用的对象。

（3）方法区中常量引用的对象。

（4）本地方法栈（Native方法）中JNI引用的对象。

可达性分析算法优点：计算对象间相互引用的存活条件会比较严谨和准确，同时能够解决循环数据结构之间相互引用的问题。

可达性分析算法缺点：实施比较复杂且常常要求线程分析大量引用数据，耗费大量计算时间；分析的过程中必须发生GC停顿（引用之间的关系不会发生变化），即暂停所有正在应用程序中运行的线程。

通过可达性分析算法可以分析出哪些对象可以被回收，但对某一个对象进行回收至少要经历两个标记阶段，如图5.21所示。

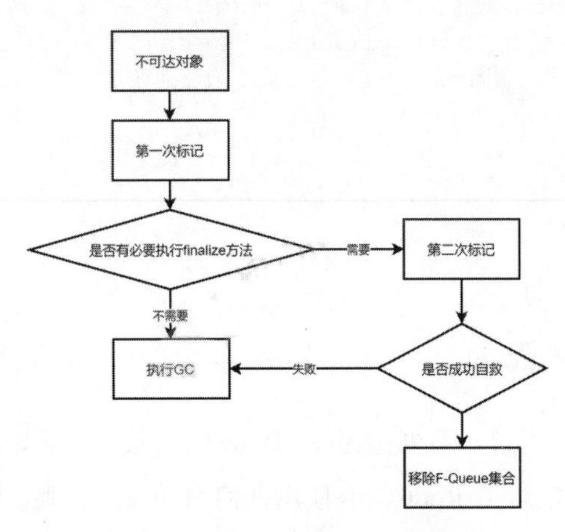

图5.21　标记分析两个阶段

第一次标记阶段：主要分为两个子阶段，分别是可达性分析和判断是否需要执行finalize方法，具体如下。

（1）若一个对象在可达性分析之后没有发现和GC Roots对象之间相连的引用关系，那么它将可能被用来作为第二个阶段筛选的入口数据源，进而再一次筛选过滤。

（2）判断此对象（不存在任何引用）是否有必要执行finalize方法。例如，当该对象没有覆盖finalize方法或者finalize方法已经被JVM执行过时，则判定为可回收对象；否则，如果该对象有必要执行finalize方法，则会被放入F-Queue队列中，之后JVM会异步创建低优先级的finalizer线程来调用这个方法。

第二次标记阶段：GC对F-Queue队列中的对象进行二次标记。如果对象在finalize方法中重新与引用链上的任何一个对象建立了关联，那么第二次标记时会将其移出GC-Queue队列集合，如果此时对象还没有成功逃脱，那么只能被回收。

finalize方法是Object类的方法，对象的finalize方法只会被JVM自动调用一次，通过finalize方法对自身进行引用操作，从而逃脱GC的回收。

注意：其实Java不提倡通过在应用程序中直接调用finalize方法来实现自救。由于finalize方法执行的事件不明确，甚至是否被执行也不明确，加上其执行代价特别高，以及可能会对GC产生特别糟糕的影响，因此无法确保各个对象的调用顺序，故一定要慎用。

5.6.3　引用的深入研究

Java体系中的对象引用类型总体分为4种，分别是强引用（Strong Reference）、软引用（Soft Reference）、弱引用（Weak Reference）、虚引用（Phantom Reference），根据引用能力的强度依次减弱。

（1）强引用：Java中默认的引用就是强引用，只要强引用还存在，垃圾回收器就永远不会回收该引用类型的对象，即使通过System.gc方法也不能回收，只有对象不再存在强引用的情况下才回收。

```
String objReferenceStr = new String("Hello world"); // 强引用对象
```

（2）软引用：主要针对那些有用但非必需的对象（内存敏感的缓存）。只要内存空间足够，对象就会保持不被回收；反之，当宿主进程的内存空间不足时，对象就会被GC回收，如在抛出OutOfMemoryError之前才会被回收。采用SoftReference类实现软引用，同样System.gc方法也不能回收该类引用对象。

```
// 软引用的字符串对象
SoftReference<String> testStrc1 = new SoftReference<String>(new String
("Hello world"));
```

（3）弱引用：主要用来描述非必需的对象，当垃圾回收器进行回收时就会清除此类对象。采用WeakReference类实现弱引用。很多场景会采用WeakHashMap实现弱引用机制，如ThreadLocal等。弱引用调用System.gc方法即可完成回收。

```
WeakReference<String> testStrc2 = new WeakReference<String>(new String
("Hello world"));
System.gc(); // 通过 JVM 的 gc 进行垃圾回收
System.out.println(sr.get());// 输出一定为 null
```

（4）虚引用：一个对象是否存在虚引用，完全不会对其生存时间造成影响，其唯一目的就是该对象被回收时收到一个系统通知， 采用PhantomReference类实现。PhantomReference的get方法总是返回空，所以无法得到它引用的对象，通过new关键字创建完之后就会直接回收。

```
ReferenceQueue queue = new ReferenceQueue (); // 引用队列
PhantomReference pr2 = new PhantomReference (object,queue); // 虚引用创建机制
```

5.7 GC垃圾回收算法

5.7.1 标记-复制算法

标记-复制算法的基础是将整个堆内存空间划分为两个相等的区域，同一时刻只可以使用其中

一个区域。在执行垃圾回收时，会遍历当前正在使用的内存区域（50%），把正在使用的对象复制到另外一个内存区域中。此算法每次只处理正在使用的对象，因此复制成本比较小，同时复制过去以后还能进行内存压缩和整理，所以不会出现内存碎片问题。

但是，标记-复制算法有一个较为严重的缺点，即需要两倍内存空间，它会浪费50%的内存资源，属于用空间来换时间的方案。

标记-复制算法将正在使用的内存区域划分为3种类型：未使用内存块、可回收内存块和已使用内存块（不可回收）。首先通过可达性分析算法分析哪些内存块可以被回收，哪些内存块不可被回收。回收前的内存状态如图5.22所示。

然后把已使用（不可回收）的对象复制到另外一块同样大小的内存块中，再把可回收的内存块进行回收，这样做的好处是不用考虑内存碎片；坏处就是内存变成两块之后，每次只能用50%的内存，此外如果存活的对象过多，复制的成本也会过高。回收之后的内存状态如图5.23所示。

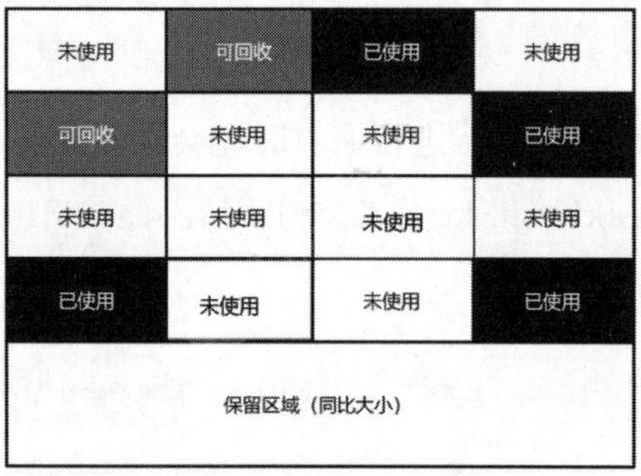

图5.22　标记复制回收前

图5.23　标记复制回收后

在开发实践中，新生代中的对象98%以上都是“朝生夕死”的，并不需要按照1比1来划分内存空间，一般是将内存空间划分为一个较大的Eden区和两个较小的Survivor区，每次只使用Eden区和其中一个Survivor区。当进行内存回收时，将Eden区和其中一块Survivor存活的对象复制到另一块Survivor区中，最后清理完Eden区和刚才使用的Survivor区。

目前在Hotspot虚拟机中，Eden区和Survivor区的默认比例是8比1。这样可避免50%的内存处于空闲，每次最多只有1/10的内存空间被浪费。

5.7.2　标记 - 清除算法

标记-清除算法是所有JVM中最基本的回收算法，其大致包括两个阶段：首先进行标记，然后进行清除。标记-清除算法的弊端也相当明显，它会产生大量的内存碎片。

首先标记所有存活对象，在标记完成后统一回收不再存活的对象，此时可能会形成不连续的内存碎片。一旦程序中内存碎片过多，将会造成在接下来的程序运行时无法分配到一个相对较大的连续内存空间，从而不得不触发一个GC。

第一阶段：从引用GC Roots根节点开始标记所有被引用的对象，并且将内存块分为可回收状态、已使用状态和未使用状态，如图5.24所示。

第二阶段：遍历整个堆内存空间，GC回收器可能会将未标记的对象全部进行清理。此时该算法不仅需要暂停应用线程，同时还将生成大量的内存碎片，如图5.25所示。

未使用	可回收	未使用	未使用
可回收	未使用	未使用	已使用
未使用	未使用	已使用	未使用
已使用	可回收	未使用	已使用

图5.24　标记清除回收前

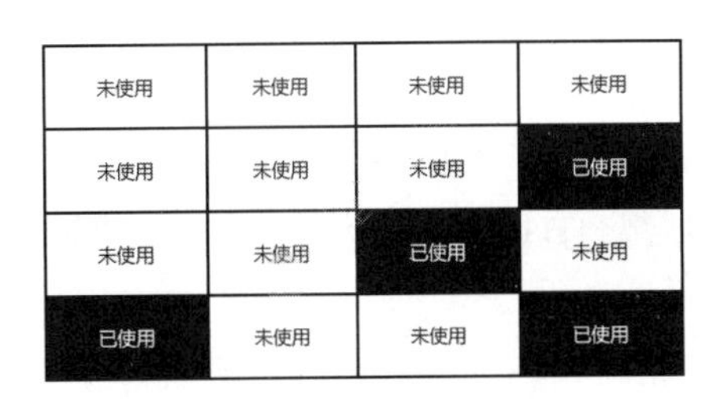

图5.25　标记清除回收后

5.7.3　标记 - 整理算法

标记-整理算法结合了标记-清除和标记-复制两个算法的优点，其也被划分成两个阶段。

第一阶段：从GC Roots根节点开始遍历并且标记所有被引用对象，此部分操作与标记-清除算法相同，如图5.26所示。

第二阶段：遍历整个堆内存空间，并清理未标记的堆对象，同时对所有已存活对象进行“压缩”（把存活对象都向另外一端进行移动，按照顺序排放，用一个指针作为分隔点），之后会彻底清理该指针另外一侧的所有垃圾对象，如图5.27所示。本算法既有效避免了标记-清除算法的大量碎片存储问题，同时也有效避免了标记-复制算法产生的内存空间浪费问题。

已使用	已使用	未使用	已使用
未使用	可回收	未使用	可回收
未使用	未使用	可回收	未使用
未使用	可使用	未使用	未使用

图5.26　标记整理回收前

已使用	已使用	已使用	未使用
未使用	未使用	未使用	未使用
未使用	未使用	未使用	未使用
未使用	未使用	未使用	未使用

图5.27　标记整理回收后

综上所述，一般新生代中执行垃圾回收后，会有少量的对象存活，此时选用标记-复制算法，只要付出少量的存活对象复制成本就可以完成垃圾回收操作；老年代中因为对象存活率较高，没有额外的内存空间分配，就需要使用标记-清除或者标记-整理算法进行垃圾回收。除此之外还需要总体规划内存的分配，那么就要引入将要介绍的综合性回收算法：分代回收算法。

5.7.4 分代回收算法

应用程序创建的大部分对象生成之后很快就会变成“垃圾对象”，只有较少一部分对象能够存活很长时间，根据对象能够存活的时间周期作为对象分配在新生代或老年代区的依据和条件，在不同的区域代中采用不同的回收算法，从而提高内存空间及时间层面的利用率。

分代回收算法是对对象生命周期进行分析后得出的垃圾回收算法，把运行时数据区划分成新生代、老年代、方法区，对应不同生命周期的对象可以通过不同的分析算法进行处理。现在很多主流的垃圾回收器都会直接或者间接地采用此回收算法。

5.8 小结

学完本章后，必须了解和掌握的知识点如下：

1．堆内存的组成结构和原理。

2．JVM申请内存及分配内存的流程。

3．常用的JVM的堆内存空间的参数配置。

4．新生代和老年代的回收器，以及回收器的内部原理和算法。

5．GC日志的组成部分及其思想和方案。

6．GC层面的JVM参数及相关的参数原理。

7．Minor GC、Major GC和Mixed GC的概念和原理。

8．JVM中方法区的概念和原理。

9．执行引擎子系统中的解释执行、编译执行和混合执行的原理。

10．JVM中的对象描点标记原理。

11．JVM中的垃圾回收算法原理。

第 6 章

永远线程安全的区域

JVM 的运行时数据区内除了有堆内存这种共享性的内存区外，还有另一个不同类型的内存区域，称为线程私有区域或者线程安全区域，主要由虚拟机栈（VM Stack）、本地方法栈（Native Method Stack）及 PC 寄存器等构成。它们会伴随着线程开始和结束进行创建和销毁，不会涉及垃圾回收相关的问题。本章将深入介绍它们的特性和原理。

注意：本章内容包含虚拟机栈反编译案例场景及开发属于自己的本地方法案例。

本章涉及的主要知识点如下：

- 虚拟机栈的特性及其组成结构。
- 虚拟机栈的实现及运行原理。
- PC 寄存器的定义及本地方法栈的运行原理。
- 虚拟机栈的参数配置和异常场景的分析思路。

6.1 虚拟机栈和PC寄存器

本节首先介绍虚拟机栈的基本原理和特性，只有先理解原理、特性、数组概念后，才能从数组的原理中找到学习的技巧。

6.1.1 虚拟机栈的介绍

虚拟机栈负责方法的调用，可支持多个线程同时执行任务，但底层实现依赖于每个虚拟机线程栈内的栈帧（Stack Trame）和虚拟机线程的PC寄存器，虚拟机栈与线程一一对应。

栈帧是用来存储程序执行过程中产生的临时数据和结果的数据模型，从逻辑角度来看，其是虚拟机栈的基本组成元素，就如同人类由无数个细胞构成一样。栈帧主要管理整个运作流程，就像运动轨迹上的每个动作节点，但有时又被用于直接管理动态链接（Dynamic Linking）、方法返回值和异常分派（Dispatch Exception）。一个栈帧由局部变量表（Local Variable Table）、操作数栈（Operand Stack）、动态链接（Dynamic Linking）、返回地址（Return Address）等组成。每个堆栈方法在开始被调用到运行完成的整个过程中，都需要对应一个虚拟机栈的栈帧，从栈帧的入栈作为开始点并以出栈作为结束点。经典的栈帧逻辑结构如图6.1所示。

图6.1　经典的栈桢逻辑结构

6.1.2 局部变量表

局部变量表是一组带有值的调用变量的局部存储空间，用来存储调用方法的入参参数和方法内部的局部变量。当编译器成功完成编译后，生成对应的Class字节码，Class字节码中的code属性内部的max_locals数据项就决定了该方法需要分配的局部变量的最大数据空间。局部变量表内部以变量槽（Variable Slot）为基本单位，每个slot都可以存放以下8种基本数据类型：boolean、byte、char、short、int、float、reference和returnAddress。

slot存储数据是按照32bit长度的内存空间存储数据的，当然slot属于标准，在不同的虚拟机实现和操作系统的环境下，也会有不同的表现形式，但差异不大。针对boolean、char、short、int、float、byte这六种基本类型无须多解释，reference类型主要表示对象实例的引用地址（基本上会是对象在堆内存中的首地址），从而可以读取klass pointer所对应方法区中的元数据信息。returnAddress（返回地址）这种类型已经相当少见了，因为它之前主要是为了提供服务能力，如jsr、jsr_w、ret等，它指向某个字节码指令的起始地址。而JVM之前使用了一些定向指令作为异常的数据处理操作，现在已经使用异常表来代替。最后说一下long和double类型，它们属于64bit数据类型，从读写方式来讲会采用两次连续32bit的读取方式，但因为考虑处于在虚拟机栈中，所以不存在线程安全的问题。（具体细节可以看一下long和double的非原子性协议。）此外slot自身还能够反复使用，但是为了提高性能和空间效率，如果PC计数器达到了多个变量的作用域范围（超过单个变量的作用域范围），那么就会把此slot交给其他的变量使用，但副作用就是会影响垃圾处理能力，导致垃圾回收无法彻底完成，以至于与GCRoots仍保持关联。

虚拟机的局部变量表搜索范围通常为0~max slot值，如访问的是32bit的变量则索引第*n*个slot的数据，如果是64bit的变量则索引第*n*个和第*n*+1个位置的slot数据。

注意：Java语言的数据类型和JVM的数据类型从本质上来说是有差距的，以上表述只是为了方便理解。另外，局部变量的初始值必须指定，不存在准备阶段和初始化阶段。

6.1.3　操作数栈

操作数栈又称参数读写操作栈，属于后入先出的LIFO栈。操作数栈与局部变量表相同，但是每个操作数栈的最大操作深度可以是编译执行阶段的每个code表的属性中的max_stacks数据项，且可以为任意一种数据类型。32bit的数据类型占用栈容量1，而64bit的数据类型占用栈容量2，但是在执行方法的任何时刻内，都不能超过max_stacks数据项所设置的阈值。

操作数栈中的栈帧在刚被创建的时候是空的。虚拟机提供了一些字节码指令用于从局部变量表或者对象实例的字段中复制常量或变量值到操作数栈中；也提供了一些指令，用于从操作数栈取走数据、操作数据和把操作结果重新入栈。在方法调用时，操作数栈也用来准备调用方法的参数及接收方法返回结果。

iadd字节码指令的主要功能是将两个int类型的数值相加，但在执行之前操作数栈的栈顶就已经存放了两个前面的指令放入的int类型数值。在iadd指令运行时，两个int值在操作栈中出栈，相加求和后，再把求和结果重新入栈。在操作数栈中，一个计算过程通常由多个子运算过程（Subcomputations）相互嵌套执行，而一个子运算过程的结果也可能被外部其他计算过程所复用。

操作数栈内部的每个成员（Entry）都能得到存储在JVM中所定义的任何数据类型的操作数值，因此所指定的该操作数栈及其内部的数据类型都需要被正确地计算使用。在这里，正确计算使用是指该操作数栈的成员操作数据类型必须与栈顶的数据类型相匹配。有一些特殊场景还可以考虑入栈两个int类型的数据或两个float类型数据当作long类型的值去使用，并通过操作iadd指令方式去对它们的值进行正确求和。只有一小部分虚拟机指令（如dup和swap指令）可以不关注操作数的具体数据类型，把所有存储在运时数据区中的数据当作裸类型（Raw Type）数据来计算处理。另外，这种指令不允许修改数据，更不可以拆分数据（例如，将long类型拆分为两个int类型），并且其操作的数据一致性（安全性）将会通过使用Class文件的校验过程来执行强制性保障。

注意：在概念模型中，虽然虚拟机栈栈帧之间的执行操作是完全独立的，但是虚拟机栈上会有相应的优化工作，将局部变量表和操作数栈的区域内存进行共享和复用，以降低参数的传递量及增加数据利用率。

6.1.4 动态链接

动态链接，针对所有的栈帧均有一组与之对应且指向运行时常量池的动态引用，使用它与调用的方法之间建立一个关联关系，我们称为动态链接。在Class文件里，描述某个方法调用了其他方法或者访问其他成员变量的值，我们称为符号引用（Symbolic Reference），而这种动态链接的主要功能就是将符号引用所表示的值转换为实际调用方法的直接引用地址。类在加载过程中将把未被解析的符号引用进行解析处理，从而把对引用变量的访问方式转换为访问这些引用变量所在的内存地址的偏移量，这就属于链接解析。

因为它以动态链接的方式存在，当通过后期变量绑定（Late Binding）对应的方法或属性时，即使它们发生变化，也不会给原来调用的方法造成任何的影响，一般用于在运行时执行调用的场景，例如，invokeDynamic方式调用并非使用编译后对象，而是调用运行时候的target对象。

6.1.5 返回地址

返回地址（Return Address），当方法执行结束后并进行原路返回的过程中，有两种方式返回并退出的方法，一种方式是使用JVM中的执行引擎，当遇到基于方法原路返回的字节码指令，此时方法可能会存在有返回值或无返回值的形式（会根据不同的退出方法对应的返回指令决定的）并返回到调用它的方法处，这种叫作方法正常调用完成，此时返回地址值是PC计数器中的指令地址值；另外一种是遇到athrow字节码指令抛出异常且无法被捕获的场景，并且返回地址不会存储数据，因为依靠的是异常处理器表且不会有返回值。

方法正常调用完成指的是在方法的运行过程中，没有任何异常抛出（包括直接从JVM中抛出的异常和运行时通过throw语句显式抛出的异常）。在这种场景下，当前栈帧担任着恢复调用状态的作用，此状态包含了调用处的局部变量表、操作数栈及程序计数器等。使调用者的程序可以在被调用方法返回后（被调用者会将返回值推入调用者栈帧的操作数栈内），仍然可以顺利地执行。

方法异常调用主要指执行过程所出现的异常场景，通常是指在方法的执行过程中，某个指令导致JVM抛出异常，但抛出异常所在方法中并没有办法解决该异常问题。或者在整个执行过程中遇到了athrow字节码指令显式地将异常抛出，在此方法内部也不能把异常捕获住。一旦出现了方法异常调用，那一定不会有方法返回值返回给它的调用者。

6.1.6 PC 寄存器

JVM需要能够支持多个线程同时运行，因此任何虚拟机线程均必须拥有一个PC（Program Counter）寄存器。在任意时间内虚拟机线程只会执行一个方法的指令，这个正在被执行的方法称为该线程所对应的当前运行方法（Current Method）。如果这个方法不是Native的，那PC寄存器就需要保存JVM中正在执行的字节码指令的地址，若此方法本身就是Native的，那么对于PC寄存器的值就是undefined。

PC寄存器的容量至少能够存储一条returnAddress类型的数据或者一个与平台相关的指针地址的值。

6.2 虚拟机执行机制介绍

本节介绍虚拟机在一些特殊场景下的执行机制，进一步地探索在执行引擎层面上执行方法的调用，包括对象的初始化方法和程序异常处理、方法解析和分派等。

6.2.1 初始化方法的场景

Java语言有很多保留字及符号定义规范，在此不做赘述。JVM本身也有多种规范要求，但在JVM执行的初始化时，大家会发现一种特殊情况，针对类构造器和实例构造器而言，执行的方法名称很特殊，分别是〈clinit〉和〈init〉。通过JVM规范可知，其属于编译器在编译阶段定义的，无法通过程序编码的方式实现。〈init〉实例构造器通过执行invokespecial指令来调用，其只有在实例正在构造时，实例初始化方法才可以被调用访问。

〈clinit〉（类构造器）由JVM自身隐式调用，没有任何虚拟机字节码指令可以调用该方法，只在类的初始化阶段被虚拟机自身调用。

此方法通常在“初始化阶段”的时候分配静态变量及常量的内存空间，之后当在JVM第一次加载Class文件时会进行调用，包括静态变量初始化语句和静态块的执行，与实例变量和实例代码块的执行方式相类似，命名也是由编译器在编译阶段进行定义而非程序定义实现。Class文件中把该方法名称命名为〈clinit〉，而且这种方式也并不是在类或接口中定义和初始化的，因此无法被字节码指令调用，从而也就无法被JVM识别与调用。

编译器会自动收集类中的所有类变量的赋值动作和静态代码块中的代码且合并执行，它的收集顺序是由语句在源文件中出现的顺序所决定的，静态代码块只能访问到定义在静态语句块之前的变量，较为靠前的静态语句块可以赋值（修改变量值）但不能访问定义在其之后的变量。

注意：以上说明的两个构造器的名称都属于非合法的Java方法名，平时开发的时候，需要严谨遵守Java语言规范定义名称。invokespecial这个指令后续章节会进一步地介绍。

6.2.2 异常处理的场景

JVM的异常主要由Throwable及其子类Exception和Error机制构成，抛出异常的本质实际上就是对程序控制权的实时性、全局性的转移，使程序能够从错误异常抛出的执行点直接跳转至执行处理过的错误异常区继续执行。

在虚拟机视角范围内的异常场景主要有两种：同步异常和异步异常。

大多数的异常是由于当前线程执行的某个功能引发的，这种异常称为同步异常；与之相对的，异步异常是指在程序的任意地方执行而导致的异常。JVM中异常出现的原因有以下3个。

（1）虚拟机执行被侦测的程序，如出现非正常的程序运行状况，这时异常可能会紧接着在该字节码执行指令后直接抛出。例如：

①类在加载或者链接时出现错误。

②字节码指令违反Java语言语义，会出现如数组越界或者流资源关闭状态后读取等。

③使用某些资源时产生资源限制，如使用了太多内存或者权限不够。

（2）athrow字节码指令被执行，可以理解为手动抛出异常或者系统运行抛出异常。

（3）导致异步异常的出现，有以下原因。

①调用Thread的stop或suspend方法。

②JVM实现的内部程序错误，此种情况对开发人员来说几乎不可控。

其中原因①和②发生的具体场景如下。

当线程调用了stop或者suspend方法时，可能影响到关联的线程状态或者资源，还有可能影响在同一个线程组中的线程，此时其他线程中出现的异常就是异步异常，因为这些异常可能出现在程序执行过程的任何位置。

虚拟机的内部异常也被认为是一种异步异常，抛出属于VirtualMachineError 的子类的异常对象实例，有以下4类。

（1）InternalError：由虚拟机自身实现的软件程序出错或硬件程序出错，两者均可能造成各种InternalError异常的直接发生，它们几乎可以直接发生在应用程序运行中的任意一个地方。

（2）OutOfMemoryError：如果一个JVM消耗光了所有被分配的内存资源和物理资源，并且内存回收器子系统也可能无法自动回收足够的物理内存，则虚拟机将主动抛出OutOfMemoryError异常。

（3）StackOverflowError：当虚拟机程序耗尽了线程内部全部的栈空间，多数是因程序无限制地递归调用，导致超过创建栈帧的阈值，那么虚拟机将会抛出StackOverflowError异常。

（4）UnknownError：在某个异常或者错误已经发生，而JVM无法准确判断其具体是哪种异常或错误原因的情况下，将会抛出UnknownError异常。

由于无法预测虚拟机会出现哪些内部错误或者资源受限的情况，也不可能精确指出虚拟机发生这些异常的时机，以上VirtualMachineError的子类异常可能会出现在JVM运作过程中的任意时刻，因此也称为异步异常。

面对异常的实时捕获功能，JVM如果需要进入其中的任何一种异常处理机制，那至少要配置为一个对应的异常捕获处理器（Exception Handlers），异常捕获处理器主要描述各种方法执行过程中的有效异常作用域（通过字节码偏移量进行描述）、可以被处理的异常类型、处理异常的方法和该方法所在的位置。要完全确定一个异常捕获处理器能否可以执行处理一个异常，需要有两个必要条件，一是异常发生的范围必须在异常作用域内，二是异常的类型是异常捕获处理器所声明能够进行处理的异常类型（包含异常的子类）。当有异常被抛出时，JVM可以查询当前方法中可能包含的异常列表（Exception Table)，如果能发现一个可处理该异常的异常处理器，那么会把代码中的控制权直接跳转到异常处理器所包含的处理异常的各个逻辑分支中。

注意：以上介绍的同步异常和异步异常与Java语言的checked和unchecked异常是不一样的，此处是从虚拟机的角度分析异常的，而非开发者的视角。

6.2.3　方法的调用分派

方法调用不代表执行，主要负责确定执行的方法及版本，暂时不涉及执行内部的具体内容。方法调用主要是通过静态链接解析（类加载阶段确定）和动态链接解析（运行时阶段确定），进行解析计算最终的调用地址（可能在类加载阶段确定或者是运行时阶段确定），目前有5种调用字节码指令。

（1）invokevirtual指令：主要用于分析调用对象的实例方法，并按照调用对象的实际类型进行分派（虚方法分派）。其最常用的分派方式就是实例分派方式（相当于C++中“虚方法”）。

（2）invokeinterface指令：主要用于调用接口中定义的方法，会在指令执行时自动查找某个已经实现过该接口的对象，并在其中找到合适的实现方法后进行方法调用。

（3）invokespecial指令：用于调用某些需要特殊处理的实例方法，包括对象的实例初始化方法〈init〉、私有型的方法及父类方法。

（4）invokestatic指令：用于调用静态方法（类方法）及static修饰的方法。

（5）invokedynamic指令：为了实现动态类型语言（Dynamically Typed Language）支持而进行的改进之一，解决了上面4条invoke指令方法分派规则固化在虚拟机之中的问题，把查找目标方法的决定权从虚拟机转移到具体用户代码之中，让用户（包含其他语言的设计者）有更高的自由度，Java 8的lambda及MethodHandle都是受益于此。

对方法的调用工作大致包括两部分：方法解析与方法分派（Dispatcher）。

（1）方法解析：由于在虚拟机中调用目标方法的Class字节码常量池中只是符号引用（Symbolic References），其在虚拟机中无法实际执行，因此必须分解为直接引用地址。这便是人们熟悉的虚拟机中的“链接阶段-符号解析”基本过程。

（2）方法分派：与方法解析不同，方法分派主要侧重于定位执行的方法，但其与解析有同样的目的。方法分派的好处在于可以将方法定位延迟到运行阶段，而并非只是固定的编译或者解析等这些静态阶段。方法分派分为静态分派和动态分派。

1. 静态分派

```
Map dataMap = new HashMap<String,String>();// 定义 HashMap 对象， 引用为 Map
```

分析上面这种定义模式，Map是引用变量，称为静态类型；HashMap对象称为实际类型或者动态类型。两者变化的范围不同，静态类型一般变化在声明阶段，在编译阶段已知；而动态类型可能在任何时间段发生变化（final类型除外），所以可能会在运行阶段才能真正确定其类型。

```
Map dataMap = new HashMap<String,String>();// 定义 HashMap 对象， 引用为 Map
public void testStaticDispatcher(Map paramMap){......}
public void testStaticDispatcher(HashMap 〈String,String〉 paramMap){......}
```

如果运行上面的这两个重载方法，那么实际上JVM或者编译器会选择调用哪个testStaticDispatcher方法呢?

在这里给大家揭晓正确答案：public void testStaticDispatcher(Map paramMap)，因为编译器在执行重载方法的判定时，采用的依据就是静态类型，也就是Map类的参数去执行对应的方法，只要牢固记住这个规则就可以避免后面再发生此类错误了，因此使用静态类型来定位方法的方式就叫作静态分派。静态分派更多的是由编译器决定的而并非JVM，方法重载就是一个很好的案例，当然还有较多相关优先级的规则，此处不做过多赘述。

2. 动态分派

动态分派的实现场景是重写（Override），方法的定位及执行机制由实际类型决定，这一点与重载完全相反。

```
Map dataMap1 = new HashMap<String,String>();// 定义 HashMap 对象， 引用为 Map
Map dataMap2 = new LinkedHashMap<String,String>();// 定义 LinkedHashMap 对
象，引用为 Map
dataMap1.put("1","2");// 调用 Map 的 put 方法， 实际调用的是 HashMap 的 put 方法
dataMap2.put("1","2");// 调用 Map 的 put 方法， 实际调用的是 LinkedHashMap 的 put
方法
```

这里的实现显然无法采用静态类型的定位方式去执行，需要按照实际类型去调用执行，这也充分解释了动态分派（多态）的机制。

注意：从分派角度来说，还存在以单分派和多分派的角度进行区分的情况，单分派是针对只有一种目标的方式进行选取，而多分派则是超过一种方法的选取场景。Java语言就是一种静态多分派与动态单分派的编程语言。

6.3 小结

学完本章后，必须了解和掌握的知识点如下：

1. 虚拟机栈的组成部分。
2. 虚拟机栈帧的组成部分。
3. 虚拟机局部变量表、操作数栈的作用。
4. PC寄存器的作用。
5. Java对象的实例初始化方法和类初始化方法。
6. JVM处理和捕获操作异常的机制。
7. JVM机执行方法之前需要经历的步骤。
8. 方法调用的分派和解析。
9. 方法分派的类型及区别。

第 7 章

虚拟机字节码指令集

本章介绍 JVM 执行体系中的字节码指令。只要读者认真阅读本章内容，必然能够对字节码指令集有所认识。本章内容较为烦琐和固化，学习起来可能会有一定难度。

注意：从指令处理的角度来讲，Class 字节码指令集是指示计算机正常运行的处理命令，执行指令程序就是按照顺序执行处理命令的程序，而执行指令程序的整个工作过程就是计算机的指令处理流程。本着追本溯源的思想，我们将进行 Java 字节码指令的学习。字节码在整个 JVM 中的地位基本等同于实体机中的机器码，并且所有在 Java 虚拟机上面执行的应用程序最后都必须要被转换成字节码，而对应在实体机上运行的程序最后也都要被编译成机器码。

本章涉及的主要知识点如下：

- 字节码指令的分类及特性。
- 字节码指令的含义及对应的场景。
- 一些较为特殊的字节码指令，包括异常指令和同步指令。
- 非常核心的方法调用指令和返回指令。
- 方法调用指令的执行案例（静态方法、实例方法、接口方法、动态方法等）。

7.1 字节码指令概述

指令包括两方面的内容：操作码和操作数，其中操作码决定所要完成的运算，而操作数指进行计算的数据及所在的单元地址。虚拟机的字节码指令集也采用这种模式，其中Class文件相当于JVM的机器语言，既是源代码信息的完整表述形式，也是物质载体。方法内的代码被存储在code属性中，字节码指令序列便是对方法的调用过程。

7.1.1 字节码指令概述

根据JVM规范定义，虚拟机字节码指令是以一个字节（8bit）长度代表着某种特定操作含义的操作码（Opcode），以及0到n个操作数组成。操作数（Operand）代表此种操作所必需的执行参数。

JVM中的许多指令中并不包含操作数，而只是一些操作码。操作数的数量及长度取决于操作码，如果一个操作数的长度超过了一个字节，那么它将大端排序存储，即高位在前的字节序。

因此，若要把一个16bit的无符号整数用两个8bit的无符号字节存储起来（姑且将这两个字节数据命名为byte1和byte2），那么该16bit无符号整数的值就是（byte1<<8）| byte2。如果这样处理，就必须在运行时从字节流中重建出具体数据结构，这将会有一定程度的性能损失。

一般来说单字节码指令必须以单字节对齐，但tableswitch和lookupswitch这两种指令例外，由于它们必须以4byte为地址单位，因此它们是要进行对齐填充的。实际上，Class字节码放弃编译后代码的操作数对齐，也就不需要额外的字段和符号进行填充占位，同时限制长度和放弃对齐也减少了编译后的代码长度，传输和执行效率大大提升。

另外，JVM设计规范中限定的操作码宽度必须是1字节(0~255)，所以也就导致了操作码数量无法达到256条。

综上所述操作码数就是8bit的二进制数，在Class文件中只会存在数字形式的操作码。但是，为方便人们识别，每个操作码中都会有一个对应的助记符书写形式，后文中所有指令的说明都以助记符形式表达，同时要明确，实际的运行过程并不存在助记符，都是根据操作码的值来执行。指令的作用是功能逻辑运算，因此需要考虑数据类型，所以数据指令的基本设计原则就是指令逻辑和数据类型之间的结合。

字节码指令集大致有8种类型，如图7.1所示。接下来会对每种指令进行介绍，指令基本上就是围绕指令集的逻辑功能及数据类型进行设计的。

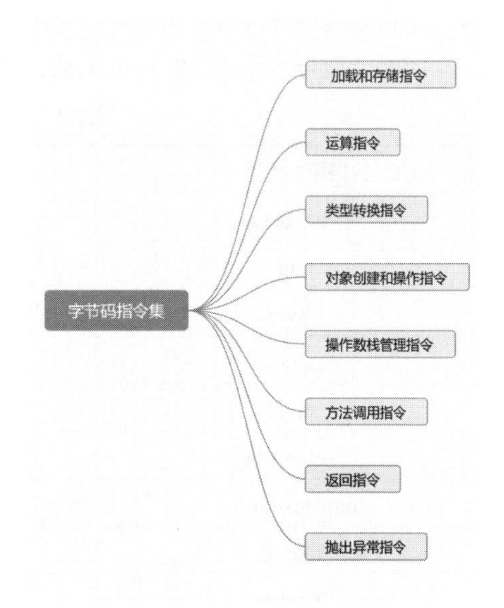

图7.1　字节码指令集的类型

7.1.2 指令的数据类型

在字节码指令集中，指令都会有对应的操作控制所对应的数据类型。在Java技术体系中，数据类型主要包括整数类型、非整数类型和引用类型等，如图7.2所示。

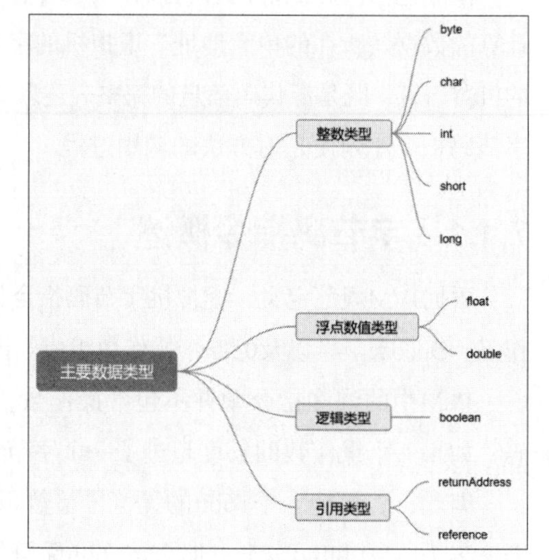

图7.2 主要数据类型

对于整数类型，通常程序定义都以一个英文字母的缩写形式来进行代替（boolean除外）。

例如，用iload指令来表示在局部变量表中加载int类型的数据且传递到一个操作栈中，fload表示在局部变量表中加载一个float类型的数值并传递到操作栈中。所以，在执行大多数指令的时候，都需要有对应的数据类型进行表示（用于区分不同数据类型的依据）。其中有几个参数能够把不支持转换的数据类型自动转换为被支持的数据类型，主要数据类型及其对应的英文缩写关系如表7.1所示。

表7.1 主要数据类型关系

byte	short	int	long	float	double	char	reference	boolean
b	s	i	l	f	d	c	a	无

当然，还有一部分并不明确的特殊字符用来指代数据类型的情况，如arraylength，它本身并不是一个代表数据类型的特殊字符，操作数也只是一个数组类型的对象。

实际类型与运算类型的对应关系，如表7.2所示。

表7.2 实际类型与运算类型的对应关系

实际类型	运算类型	分类
boolean	int	1
int	int	1
byte	int	1
short	int	1
float	float	1
reference	reference	1
returnAddress	returnAddress	1
long	long	2
double	double	2

此外，JVM机指令（如pop和swap指令）和具体类型无关，这些指令也必须受到运算类型分类限制；另一部分无条件跳转指令的goto也和数据类型无关。

经过上面的介绍，相信大家应该也知道了指令执行的数据类型有哪些及特征，接下来介绍指令对应的计算机操作关系，这样可以方便大家认识和了解指令含义，如表7.3所示。

表7.3　指令执行关系处理

指令缩写	指令全称	指令描述
push	push	推动入栈
load	load	加载装载
const	const	常量数据读取入栈
store	store	存储、保存数据
add	add	加法
sub	sub	减法
mul	multiplication	乘法
div	division	除法
inc	increase	自增加
rem	remainder	取余
neg	negate	取反否定
sh	shift	移位变换
and	and	且、与
or	or	或
xor	exclusive OR	异或
cmp	compare	比较
return	return	返回
eq	equal	相等
ne	not equal	不相等
lt	less than	小于
le	less equal	小于等于
gt	greate than	大于
ge	greate equal	大于等于
if	if	判断
goto	goto	跳转
invoke	invoke	调用
dup	dump	复制、卸载
2	to	转换、转成

理解表7.3对后续记录和分析字节码指令有很大的帮助，并且不局限于Java技术体系。结合数据类型与指令集可以列举出相关的核心指令集，如图7.3所示。

opCode	byte	short	int	long	float	double	char	reference
Tipush	bipush	sipush						
Tconst			iconst	lconst	fconst	dconst		aconst
Tload			iload	lload	fload	dload		aload
Tstore			istore	lstore	fstore	dstore		astore
Tinc			iinc					
Taload	baload	saload	iaload	laload	faload	daload	caload	aaload
Tastore	bastore	sastore	iastore	lastore	fastore	dastore	castore	aastore
Tadd			iadd	ladd	fadd	dadd		
Tsub			isub	lsub	fsub	dsub		
Tmul			imul	lmul	fmul	dmul		
Tdiv			idiv	ldiv	fdiv	ddiv		
Trem			irem	lrem	frem	drem		
Tneg			ineg	lneg	fneg	dneg		
Tshl			ishl	ishl				
Tshr			ishr	lshr				
Tushr			iushr	lushr				
Tand			iand	land				
Tor			ior	lor				
Txor			ixor	lxor				
i2T	i2b	i2s		i2l	i2f	i2d		
l2T			l2i		l2f	l2d		
f2T			f2i	f2l		f2d		
d2T			d2i	d2l	d2f			
Tcmp				lcmp				
Tcmpl					fcmpl	dcmpl		
Tcmpg					fcmpg	dcmpg		
if_TcmpOP			if_icmpOP					if_acmpOP
Treturn			ireturn	lreturn	freturn	dreturn		areturn

图7.3　JVM虚拟机指令集

注意：操作数是按局部变量的序号位置分配，自0起，所有局部变量都以slot为单位进行分配，即位置序号是n的局部变量slot值。另外，一般实例方法的局部参数中的第一个参数（下标为0）是this，指向对象本身的实例的引用。

7.1.3　加载和存储指令

加载与存储指令是从栈帧的局部变量表与其他操作数栈之间来回传递的方法。

1. 局部变量加载到操作数栈的指令

（1）iload、iload_<n>：代表局部变量（int类型的整数）加载到操作数栈中。

（2）lload、lload_<n>：代表局部变量（long类型的整数）加载到操作数栈中。

（3）fload、fload_<n>：代表局部变量（float类型的浮点数）加载到操作数栈中。

（4）dload、dload_<n>：代表局部变量（double类型的浮点数）加载到操作数栈中。

（5）aload、aload_<n>：代表局部变量（reference类型的对象）加载到操作数栈中。

这里的<n>代表当前栈帧中局部变量表的索引值，执行指令操作后会把位于索引n位置的数据入栈到当前线程的栈顶。

下面对指令_<n>进行简单说明。iload_<n>表示一组指令（iload_<0>，iload_<1>，iload_<2>，iload_<3>，……，iload_<n>）。

尖括号之间的数值指定了具有隐含操作数的数据类型：<n>表示正整数，<i>表示int类型数据，<l>表示long类型数据，<f>表示float类型数据，<d>表示double类型数据。当属于byte、char和short类型的数据时，则采用int类型的指令形式进行表示。

2. 数值从操作数栈中存储的变量到局部变量表的指令

（1）istore、istore_<n>：代表局部变量（int类型的整数）加载到局部变量表中。

（2）lstore、lstore_<n>：代表局部变量（long类型的整数）加载到局部变量表中。

（3）fstore、fstore_<n>：代表局部变量（float类型的浮点数）加载到局部变量表中。

（4）dstore、dstore_<n>：代表局部变量（double类型的浮点数）加载到局部变量表中。

（5）astore、astore_<n>：代表局部变量（reference类型的对象）加载到局部变量表中。

store后面的<n>代表的数值就是当前栈帧中局部变量表代表的索引值，在对栈进行store索引操作的同时，会将一个操作数栈顶的数据出栈，并且数值存储在局部变量表索引值为n的位置中。

3. 常量加载到操作数栈的指令

（1）bipush、sipush：加载取值范围为-128~127的int整数参数采用bipush指令；加载取值范围为-32768~32767的int整数参数采用sipush指令，需要注意的，这里是从常量池中获取值。

（2）ldc、ldc_w、ldc2_w：都是从运行时常量池中将对象压入操作数栈中。其中，前两个指令功能一致，主要针对int、char、float、String，区别是ldc_w是宽索引；最后一个针对long、double。

（3）aconst_null：将空（null）对象的引用地址值进行压入栈。

（4）iconst_m1、iconst_<i>、lconst_<l>：将int整数型常量加入操作数栈。

（5）fconst_<f>、dconst_<d>：将浮点数的常量值加入操作数栈中。

const操作就是将对应类型的常量数据入栈到操作数栈的栈顶。例如，iconst_10表示将int类型的常量10入栈到操作数栈顶。

4. 扩充局部变量表的访问索引的指令

wide：宽索引字节码的指令通常是单字节的，对局部变量来说，最多容纳256个局部变量，wide命令通常用来扩展局部变量数量，如将8位索引再次扩展8位，即16位。

注意：ldc、ldc_w、ldc2_的操作数是将要操作的数值或者常量池行号。假设实例方法（非static

的静态方法）在局部变量表中以第零位的slot进行索引，传递方法所属对象实例的引用“this”，而其他参数则根据局部参数表的顺序进行排列。宽索引是指常量池行号索引的字段长度，ldc的索引只有8位，ldc_w的索引则有16位。

7.1.4 运算指令

运算指令用来对两个操作数栈上的操作数进行某种类型的运算，从而将结果重新存入操作数栈顶。运算指令主要分为两类：整型运算指令与浮点型运算指令。不管是哪类运算指令，均采用了JVM的数据类型，但因为不能直接支持byte、short、char和boolean类型的运算指令，所以采用int类型的运算指令代替。运算指令集如表7.4所示。

表7.4 运算指令集

运算指令类型	运算指令
加法指令	iadd、ladd、fadd、dadd
减法指令	isub、lsub、fsub、dsub
乘法指令	imul、lmul、fmul、dmul
除法指令	idiv、ldiv、fdiv、ddiv
求余指令	irem、lrem、frem、drem
取反指令	ineg、lneg、fneg、dneg
移位指令	ishl、ishr、iushr、lshl、lshr、lushr
按位或指令	ior、lor
按位异或指令	ixor、lxor
局部变量自增指令	iinc
比较指令	dcmpg、dcmpl、fcmpg、fcmpl、lcmp

JVM没有明确规定整型数据溢出的情况，但规定了在处理整型数据时，只有除法指令和求余指令出现除数为0时会导致虚拟机抛出ArithmeitcException异常。

移位运算中，左移只有一种，规则为丢弃最高位，向左边移位，右边空出来的位置补零。右移有两种：逻辑右移，丢弃最低位，向右边移位，左边空出来的位置补零；算术右移，丢弃最低位，右边移位，左边空出来的位置补原来的符号位置（补最高位）。

运算的u表示的是逻辑移位，d和f开头分别代表double和float类型的。

cmpg与cmpl的唯一区别在于对NaN的处理方式，更多详细内容可以查看虚拟机相关规范。

7.1.5 类型转换指令

类型转换指令可以将两种不同的数值类型进行相互转换。这些转换操作一般用于实现用户代码中的显式类型转换或者解决字节码指令集不完备的问题。因为数据类型相关指令无法与数据类型完全对应，如byte、short、char、boolean使用int，所以一定要进行转换。

JVM天然支持基本数据类型的宽化类型转换，如int转换到long、float、double等；而对于窄化数据类型转换，则必须用显式转换指令。

类型转换主要包括宽化转换和窄化转换，存储长度变宽或者宽化即常说的安全转换，不会导致超过目标类型的最大阈值而丢失数据信息；相对地，窄化则意味着将很大可能丢失数据精度等。宽化转换指令和窄化转换指令的形式为“操作类型2 (to) 目标类型”，指令如表7.5和表7.6所示。

表7.5　宽化转换指令

转换指令	指令介绍
i2l、i2f、i2d	int类型转换到long、float或者double类型
l2f、l2d	long类型转换到float、double类型
f2d	float类型转换到double类型

表7.6　窄化转换指令

转换指令	指令介绍
i2b、i2c、i2s	int类型转换到boolean类型、int类型转换到char类型、int类型转换到short类型
l2i、f2i、d2f	long类型转换到int类型、float类型转换到int类型、double类型转换到float类型
f2l、d2i、d2l	float类型转换到long类型、double类型转换到int类型、double类型转换到long类型

高范围类型窄化转换为低范围整数类型时，转换过程为丢弃除最低位几个字节以外的内容。而浮点类型窄化转换为整数类型时也会丢失相应的精度数据。无论是宽化转换还是窄化转换，都不会导致JVM抛出运行时异常。

7.1.6　对象创建和操作指令

Java类的实例对象或者数组都是对象引用类型，但是JVM的字节码令却是不同的，对象创建后，可以通过对象访问指令获取对象实例或者数组实例中的字段或者数组元素。

类变量声明时，通过static关键字修饰和定义类中的静态字段，采用getstatic从类中获取静态字段的值，采用putstatic设置类中静态字段的值，而普通的成员实例变量使用getfield就可以获取实例对象中的field属性字段值，putfield则可以设置实例对象中的field属性字段值。

创建对象指令如表7.7所示。

表7.7　创建对象指令

创建对象指令	指令介绍
new	创建类实例
newarray	数据类型为基本数据类型的新数组
anewarray	数据类型为引用类型的新数组
multianewarray	创建新的多维数组

获取对象实例及类属性变量操作指令如表7.8所示。

表7.8　访问类变量和实例变量指令

转换指令	指令介绍
Getfield、putfield	获取和设置实例变量属性
Getstatic、putstatic	获取和设置类变量属性
Baload、caload、saload、iaload、faload、daload、aaload	把一个数组的一个元素加载到操作数栈，不同的前缀对应不同的类型
Bastore、castore、iastore、sastore、fastore、dastore、aastore	把一个操作数栈的数组元素值作为参数存储在数组中，不同的前缀对应不同的类型
arraylength	取数组长度
Instanceof、checkcast	检查类实例类型

7.1.7　操作数栈管理指令

JVM中控制操作数栈的相关命令主要有pop、pop2、dup、dup2、dup_x1、dup2_x1、dup_x2、dup2_x2及swap等，其中较为核心的指令主要集中在出栈或复制栈顶元素及交换栈顶元素这几个方面，接下来会针对这些指令进行介绍，如表7.9所示。

表7.9　访问类变量和实例变量的指令

操作数栈管理指令	指令介绍
pop、pop2	将操作数栈、栈顶一个或两个元素出栈
dup、dup2、dup_x1,dup2_x1,dup_x2,dup2_x2	复制栈顶的一个或两个数值并将复制值或双份的复制值重新压入栈顶
swap	交换栈顶端的两个数值

7.1.8　控制转移指令

控制转移指令能够使JVM有条件或者无条件地跳转到指定的位置执行程序，而不是继续执行程序。

控制转移指令包括条件跳转、复合条件跳转及无条件跳转。

（1）boolean、byte、short、char类型都是统一采用int类型的比较指令。

（2）long、float、double类型的条件分支比较，运算指令通常会返回一个整型数值到操作数栈中，然后在栈中进行int类型的条件分支比较，经过比较运算指令之后会进行条件分支间的跳转。

在许多场景下JVM对int类型的条件分支支持最为丰富，并且所有基于int类型的条件分支都包含符号的比较运算。

接下来这6个指令就是上面说的long、float和double类型的条件分支比较指令，它们会对当前栈顶元素进行判断，只有栈顶的元素才能作为操作数，条件跳转指令如表7.10所示。

表7.10　条件跳转指令

跳转指令	指令介绍
ifeq	当栈顶int类型元素，等于0时跳转
ifne	当栈顶int类型元素，不等于0时跳转
iflt	当栈顶int类型元素，小于0时跳转
ifle	当栈顶int类型元素，小于等于0时跳转
ifgt	当栈顶int类型元素，大于0时跳转
ifge	当栈顶int类型元素，大于等于0时跳转

ifnull和ifnonnull主要是针对空和非空条件下进行判断是否跳转，如表7.11所示。

表7.11　两个操作数的比较指令

跳转指令	指令介绍
if_icmpeq	比较栈顶两个int类型数值的大小当前者等于后者时跳转
if_icmpne	比较栈顶两个int类型数值的大小当前者不等于后者时跳转
if_icmplt	比较栈顶两个int类型数值的大小当前者小于后者时跳转
if_icmple	比较栈顶两个int类型数值的大小当前者小于等于后者时跳转
if_icmpge	比较栈顶两个int类型数值的大小当前者大于等于后者时跳转
if_icmpgt	比较栈顶两个int类型数值的大小当前者大于后者时跳转
if_acmpeq	比较栈顶两个引用类型数值的大小当前者等于后者时跳转
if_acmpne	比较栈顶两个引用类型数值的大小当前者不等于后者时跳转

此外还有其他的条件指令，复合条件分支和无条件分支如表7.12所示。

表7.12　复合条件分支和无条件分支

跳转指令	指令介绍
tableswitch	switch指令条件跳转，case值属于分布的场景
lookupswitch	switch指令条件跳转，case值属于分布不连续的场景
goto	无条件跳转
goto_w	宽索引形式无条件跳转
jsr	下一条指令地址压入栈顶
jsr_w	宽索引形式下一条指令地址压入栈顶
ret	返回由指定局部变量所给出指令地址

7.1.9　方法调用指令和返回指令

方法调用指令主要有如下5条。

（1）invokevirtual指令：用于调用对象的实例方法，根据对象的实际类型进行分派（虚方法分派），这也是Java语言中最常见的方法分派方式。

（2）invokeinterface指令：主要用于调用接口方法，它会在执行时寻找某个实现这种接口的对象，在找到合适的实现方法后进行调用。

（3）invokespecial指令：通常用于表示调用某些需特别处理的实例对象方法，包括实例初始化对象方法、私有方法、父类实例方法。

（4）invokestatic：用于调用静态方法（类方法实现）。

（5）invokedynamic：用于调用动态链接的方法，它在运行时才会进行方法派遣和方法调用，如Lambda表达式、MethodHandle句柄运行机制。

方法返回指令也按照返回值的种类划分，主要包括以下几种。

（1）ireturn：只有返回值属于short、char、byte、boolean或者int类型时才被使用。

（2）lreturn：当返回值是long类型时使用。

（3）freturn：当返回值是float类型时使用。

（4）dreturn：当返回值是double类型时使用。

（5）areturn：当返回值是数组或者引用对象时使用。

此外，方法返回指令还有一个return指令，供声明返回结果为void类型的方法、实例构造器、类和接口的构造器使用。

7.1.10 抛出异常指令

Java应用程序中抛出异常的形式主要有两种，一种为手动显式抛出异常，主要由athrow指令实现；此外还有一种，当JVM在执行命令时侦测到程序中的异常状态时，虚拟机会自动抛出异常。

JVM同样也支持同步方法和同步代码块，这两种同步指令结构都可以通过管程（Monitor）进行支持。

同步方法的整个实现过程不一定使用字节码指令进行控制，但虚拟机已经能够从运行时常量池方法表中的ACC_SYNCHRONIZED访问标志来区分方式是否属于同步方法。

（1）当方法调用时，调用指令会检查方法的ACC_SYNCHRONIZED访问标志是否被设置，如果已设置，执行线程将先持有Monitor，然后执行方法，最后在方法完成（无论是正常完成还是非正常完成）时释放管程。

（2）在方法执行期间，执行线程持有了Monitor，任何线程都无法再获得同一个Monitor。此外，如果同步方法执行期间抛出了异常，并且在方法内部无法处理此异常，则该同步方法持有的Monitor将在异常抛到同步方法之外时自动释放。

同步代码块通常由Java的synchronized语法糖进行修饰，JVM的指令集中有monitorenter和monitorexit两条指令来支持 synchronized同步锁的语义，正确实现 synchronized关键字需要Java编译器与JVM两者协作，并且在方法调用期间每个Monitor的退出都与前面的Monitor进入相关联匹配。

（1）monitorenter：进入Monitor范围进行加锁锁定。

（2）monitorexit：退出Monitor范围进行释放锁定。

此外，当存在try-catch时，会多出一个monitorexit指令，防止锁无法正常释放。

7.2 字节码指令执行案例分析

本节对字节码指令的实际执行场景进行分析，包含静态方法执行案例和实例方法执行案例、接口方法执行案例、动态方法执行案例。

7.2.1 静态方法执行案例

下面是针对静态方法执行案例，在案例中，调用了String类的valueOf方法及对应反编译后的结果。

```
public Class Example {
       // 获取相关数据值
       public String getValue(int a, int b){
         // 将 int 类型转换为 String 类型的方法
          return String.valueOf(add(a,b));
       }
       // main 方法执行操作
        public static void main(String[] args){
           Example t = new Example();
           // 调用相关静态方法 getValue
       String str = t.getValue(1,2);
       }
       // 相加相关的整数对象
       private int add(int a, int b){
       return a + b;
       }
}
```

由此可见，静态方法的调用是通过invokestatic指令实现的。编译后的指令集如下：

```
public java.lang.String getValue(int, int);
   Code:
      0: aload_0   // 加载下标为 0 的操作数， 这里指的是 Example 对象
      1: iload_1   // 加载索引下标为 1 的 int 类型的操作数
      2: iload_2   // 加载索引下标为 2 类型的操作数
      3: invokespecial #2    // 调用 add 私有方法机制，属于 invokespecial 方法，
      #2 指向常量池索引值为 2 的常量数据
      6: invokestatic  #3    // 调用 String.valueOf() 方法， #3 指向常量池索引
```

```
    值为 3 的常量数据
    9: areturn    //返回字符串对象
```

7.2.2 实例方法执行案例

invokevirtual调用实例方法的源码如下：

```
public Class Example2{
       // add 方法操作
       private int add(int a, int b){
           return a + b;
       }
       //将 int 类型转换为 String 类型的方法
       public String getValue(int a, int b){
           return String.valueOf(add(a,b));
       }
       //main 方法执行操作
       public static void main(String[] args){
           Example2 t = new Example2();
           String str = t.getValue(1,2);
       }
}
```

在main方法中调用了getValue方法，反编译结果如下：

```
public static void main(java.lang.String[]);
   Code:
      0: new             #7    //创建对象操作
      3: dup                  // 加载相关常量数据信息
      4: invokespecial   #8      //调用构造器及父类构造器
      7: astore_1 //加载 1 到局部变量表
      8: aload_1 //加载 1 到操作数栈
      9: astore_2 // 加载 2 到局部变量表
     10: aload_1 // 加载 2 到操作数栈
     11: iconst_1 // 加载常量值 1 到 操作数栈顶
     12: iconst_2 // 加载常量值 2 到 操作数栈顶
     13: invokevirtual #9 // 调用 getValue 方法
     16: return
```

7.2.3 接口方法执行案例

invokeinterface调用接口方法的源码如下：

```
//接口方法
public interface ByteCodeInvoke {
```

```
  //调用接口方法
  void invoke();
}
//example 方法类实现
public Class Example3 implements ByteCodeInvoke {
  @Override
  public void invoke() {
        System.out.println("123");
  }
  public static void main(String[] args){
       Example3 t = new Example3 ();
       Action a = t;
       a.invoke();
  }
}
```

在main方法中声明了接口ByteCodeInvoke，并调用了a.invoke方法。反编译结果如下：

```
public static void main(java.lang.String[]);
   Code:
      0: new             #7
      3: dup
      4: invokespecial #8    // 调用父类构造器
      7: astore_1     // 加载局部参数 t
      8: aload_1      // 加载到操作数栈 Action a
      9: invokeinterface  #12,  1 //调用接口方法
     10: return
```

由此可见，调用一个接口的方法是通过invokeinterface指令实现的。

7.2.4　动态方法执行案例

invokedynamic主要用于实现动态方法调用点，其源码如下：

```
public Class Example4 {
public static void main(String[] args){
  Example4 t = new Example4 ();
  t.createThread();
   }
   public void createThread(){
       Runnable r = () -> System.out.println("123");
   }
}
```

main方法中调用了一个createThread方法，内部使用Lambda表达式实现了Runnable接口。反编译的部分结果如下：

```
0: invokedynamic #13,  0
       5: astore_1
       6: return
```

由此可以看出，Lambda表达式是通过invokedynamic指令实现的。

上面是对几种方法所调用的字节码命令的说明，但其实在每种命令后都对应更复杂的方法调用和运算，故后续章节会深入阐述这些方法调用命令的具体实现和工作原理。

7.3 小结

学完本章后，必须了解和掌握的知识点如下：

1. 字节码指令的概念及类型。
2. 字节码指令的数据类型。
3. 字节码指令用于加载、存储、运算符的操作并阐述其类型转换的概念和原理。
4. 字节码指令的对象创建和操作概念。
5. 字节码指令的控制转移指令、方法调用、返回操作。
6. 字节码指令的抛出异常和同步实现机制。

第 8 章

JVM 运作原理深入分析

本章主要介绍 JVM 知识体系中对象内存的分配和 GC 回收的依据（GCRoots），以及应用线程的 STW（Safe Point 和 Safe Region 的概念和原理），通过 ASM 操作 Class 字节码技术案例等。

注意：本章内容大多是之前内容中没有介绍到的遗漏知识点及知识盲点，希望读者可以结合之前的 JVM 知识进行整合，以便拥有更加完整的技术知识体系。

本章涉及的主要知识点如下：

- **定位 GCRoots 及 GCRoots 的种类、原理、流程等。**
- **Safe Point 的概念和作用。**
- **Safe Region（安全区域）作用。**
- **内存分配及回收策略，包括对象的分配内存规则、大对象直接迁入老年代、年龄达到阈值进入老年代、空间担保分配机制、动态年龄分配机制。**
- **ASM 操作 Class 字节码，包括 ASM 修改 Class 字节码及真实案例。**

8.1 内存分配及回收的依据

本节内容介绍GC内存回收的前提依据，通过GCRoots的选择依据和分类进行详细的介绍，在GC过程中STW暂停用户线程的实现，包括Safe Point（安全点）和Safe Region（安全区域）的概念和原理等。

8.1.1 GCRoots 的类型和识别

JVM的GC回收算法中使用的是可达性分析算法，而可达性分析算法的最核心阶段就是定位根对象并且遍历标记存活对象，因此根对象是垃圾回收算法中确定一个对象是否可以回收的基本依据。

可达性分析算法：可以把整个堆空间理解为一个图，那么以一组根路径的对象作为遍历分析的起点，由这些对象从上向下进行遍历搜索，遍历对象所经过的搜索路径就可以称为引用链路（Reference Chain），如果搜索的对象与对应的根对象之间没有引用链路时，则说明该对象不再被引用了，也表示该对象不会被继续使用了，那么在垃圾回收阶段时就会被回收。反之则说明对象还存在着引用，属于存活的对象。而对应的根对象，我们称为GC Roots。

关于GCRoots的种类有很多，主要分为以下几类。

（1）虚拟机栈（栈帧中的所有局部变量表）中引用的对象，Java方法中的变量或者方法形参。

（2）本地方法栈的JNI（Native方法）引用的对象，全局JNI引用、局部JNI方法中的变量或者方法形参。

（3）方法区或常量池中的静态属性引用的对象，一般指被static修饰的对象。

（4）synchronized对应的锁对象，Monitor Used用于同步监控的对象（JVM层面）。

（5）每个类都有的Class实例对象（JVM层面），如图8.1和图8.2所示。

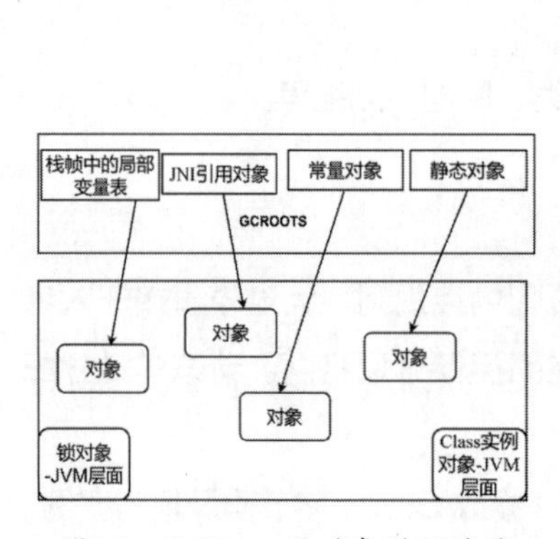

图8.1　GCRoots的对象引用关系

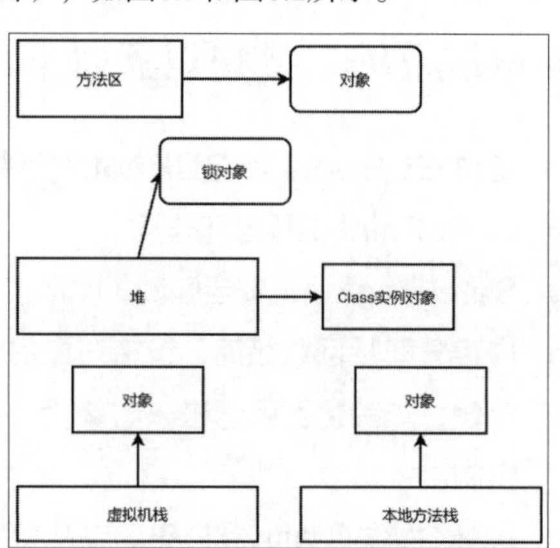

图8.2　GC Roots的对象引用分布

虚拟机栈中引用的对象主要是实例变量或者局部参数信息等，例如：

```
Class Sample{
private Object tail;
public String test(String tail2){
}
}
```

方法区中静态属性的对象，是类中使用static方式声明的字段，例如：

```
Class Sample1{
    private static Object tail;
}
```

方法区中常量的对象，简单地说是一个在类中用final声明的引用类型字段，例如：

```
Class Sample2{
    private final Object tail;
}
```

虚拟机栈中被引用的对象也可以被作为GC Roots。Java程序中的指令都必须在虚拟机的指令栈中进行，而每次程序方法的调用都必须进行一次（push）入栈。栈帧中包含局部变量表和操作数栈，在局部变量表中可以存储带有引用值的类型（reference）的对象，而被引用的变量对象可以直接作为GC Roots的子对象，不过随着方法返回后执行出栈操作，这些引用对象会被销毁。

注意：通过自定义的一个类加载器加载所需加载的Class类，对应的Class类本身并不作为类的GC Roots根对象，除非相应的Class类的实例对象成为GC Roots对象。（此种场景表示该对象所关联的GC Roots根不止一个，例如，还可能关联了该对象所对应的Class类对象。）

8.1.2　Safe Point

Java程序运行时并非在所有位置都能暂停下来执行GC的。从JVM规范中可知，只有在特定的位置才可以执行GC，而这些位置称为Safe Point。

之所以会需要Safe Point，主要是因为查找过程中需要暂停用户线程，而Java程序不可能运行每条指令时都执行一次GC。这样就可以让程序尽可能一直安全地跑下去，不会让太多垃圾对象占据JVM内存。

从线程的角度来看，Safe Point是一个程序执行点，位于执行线程对应的代码指令中。大多数调用点都能当Safe Point。但是，Safe Point的选择和数量对程序性能的影响十分重要，如果数量过少，很有可能会造成GC等待时间很长；如果数量太多，也可能造成正常工作时的性能问题。

当GC过于频繁或者逆转优化过多时，那么JVM会以“是否让程序长时间执行的特征”作为选择Safe Point的依据，从而减少GC的频次以及逆优化所带来的问题。通常会选择一些运行时间比较长的程序作为Safe Point，比如方法的调用、循环跳转、异常跳转等。

从全局的角度来看，所有线程必须在GC运行之前在安全点阻塞。（作为一种特殊情况，运行JNI代码的线程可以继续运行，因为它们只使用句柄，但在这期间，它们必须阻塞而不是加载句柄的内容。）

如何在GC将要发生的时刻，确保所有用户线程都运行到最近的安全点并暂停呢？这里有两种方式可以实现，分别是抢占式中断和主动式中断。

（1）抢占式中断：无论程序执行到哪里，先直接尝试执行中断，然后检查当前执行指令是否已经在，如果不在就恢复线程继续执行，然后再次中断直到再次达到GC。但此方案由于过于浪费资源，频繁检查安全点及可控性较差，还可能会造成安全问题，因此大多数JVM已经不采用此种方案。

（2）主动式中断：相比传统抢占式中断来说，该方案不再需要强制执行中断线程，而是在线程需要进行GC时，在Safe Point上设置一个状态检测的标志位，线程只需要自动去轮询安全标志设置即可，当线程执行指令到达Safe Point时（也就是轮训到了该标识位后），线程会主动中断自己，进而执行GC流程。

一般来说，Safe Point就是指在线程执行某个类对应的方法时，此时无论是线程还是对应的类对象的状态是完全一致的（不变的），JVM能够安全可靠地完成操作，比如GC、Deoptimization（逆优化）等。接下来对于这两种Safe Point进行分析。

（1）GC safepoint（垃圾回收安全检查点），要建立此种类型的Safe Point，必须知道在对应的程序所包含的相关数据信息，包含调用栈信息、寄存器的信息及包含的GC指针地址和程序指令地址等。如要触发一次GC，那么JVM中的所有用户线程都必须到达GC safepoint。

（2）Deoptimization safepoint（逆优化安全检查点），要建立此种类型的Safe Point，需要知道对应的程序所包含的执行状态，包含所有锁信息、局部变量及这些局部变量是在栈帧中的某个slot还是在某个寄存器中。如要触发一次Deoptimization，需要执行Deoptimization的线程要到达safepoint之后才可以开始。

接下来介绍两个与Safe Point相关的JVM参数。

（1）-XX:+PrintSafepointStatistics：表示开启打印Safe Point的基本统计数据信息。

（2）-XX:PrintSafepointStatisticsCount=n：可以设置打印每个Safe Point上的统计数据信息的次数，如-XX:PrintSafepointStatisticsCount=1，代表着打印1次。

注意：当GC发生时，每个线程只有进入了Safe Point才算是真正挂起，即真正停顿。但非Safe Point有时也可能被忽视，因为目前编译的Java代码与C/C++代码都在Safe Point之间分别进行多次优化，而跨Safe Point时则很少有机会进行优化。

8.1.3　Safe Region

针对主动式中断，Safe Point无法处理因线程未到达Safe Point而陷入休眠（Sleep方法等）或等待状态（加锁等）的情形，主要因为它没有在运行，所以就无法去轮询GC Safe Point检查点对应的标识位，为了解决这个问题，JVM引入Safe Region（安全检查区）。

Safe Region是程序中所对应的一块代码区域或者是线程的某种执行状态（如Wait、TimeWait等），并且在Safe Region中，线程执行与否并不影响对象引用的状态。在线程执行到Safe Region中的代码时，首先会标识自己已经加入了Safe Region中，并通知JVM可以执行GC操作的状态，在线程准备离开Safe Region前会检查JVM是否已经完成了GC，如果完成了就继续执行，否则就要等待GC结束之后才可以离开Safe Region。

反过来想一下就是，假如线程本身就不再执行，那何必去中断或暂停它呢？因为它本身就不会使对象的引用发生变化。

注意：在Safe Region中发生GC都是可以的，因为引用不曾改变。这就是扩大版的Safe Point，即它会把暂停的相关代码点设为Safe Region。

8.1.4　GC 回收的二次过滤机制

本章节主要介绍GC清除对象的过滤机制，在可达性算法中不可达的对象，并不是一定立刻要被回收，还需要再进行一次选择过滤机制。

要真正宣告对象“死亡”，需经过如下两个过程。

（1）经可达性分析算法分析之后，过滤出没有发现引用链的对象，放到待回收的对象池中，等待GC线程回收即可。但是在此之前，还需要进行第二阶段的过滤。

（2）在回收对象之前，GC回收器会先检查对象是否写了finalize方法，一旦有对象重写并在方法里成功建立了自我引用关系，则马上从回收队列中移除该GC对象，以免被回收。注意，一个类的finalize方法只能执行一次，所以可能会发生同样的代码首次“自救”完成，但第二次自救失败的情形（第二次压根不会执行）。如果类重写了finalize方法并且还没有调用过，那么就把该对象放在一个称为F-Queue的队列里，等待finalize线程执行，但是finalize并不一定会执行，主要是因为如果里面存在死循环的话，可能会导致F-Queue队列处于等待状态，更严重时会造成内存崩溃，这点千万要注意。

8.2　内存分配及回收的策略

本章主要介绍应用程序锁创建的对象分配到JVM内存中的规则，主要面向分代回收算法中存储的对象。此外还有一些特殊场景的介绍和分析，如大对象直接迁入老年代、对象年龄达到了相关阈值后直接迁入老年代、新生代的担保分配机制、动态年龄分配机制等。

8.2.1 对象分配内存的规则

要了解Java对象分配内存的规则及顺序，需先了解JVM的内存布局和结构关系，如图8.3所示。

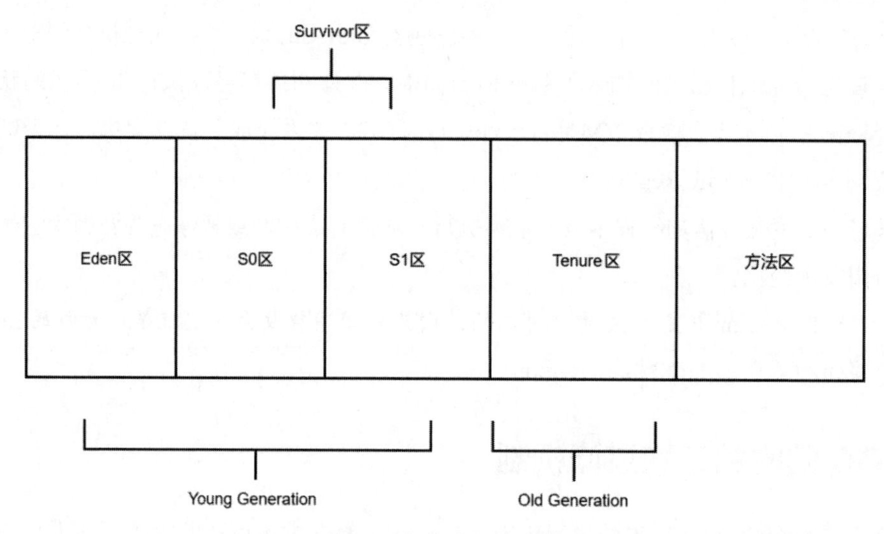

图8.3 内存结构关系图

JVM内存分配策略如图8.4所示。

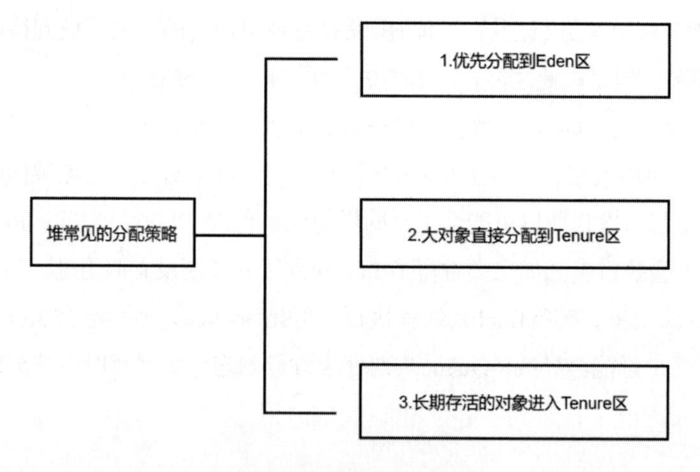

图8.4 内存分配策略

对象可以优先分配在新生代的Eden区内。一般情况下，当一个对象先在Eden区内进行分配，但是没有足够的空间进行分配内存的时候，JVM可能会先进行一次Minor GC（Young GC），来尝试释放一些内存空间。

长期存活的对象进入老年代。虚拟机为每个对象定义了一个年龄计数器，如果对象经过了1次Minor GC，那么对象会进入Survivor区，之后每经过一次Minor GC，对象的年龄加1，直到达到阈值后，对象进入老年代区。

此外，针对对象的分配，简言之就是在堆上分配（但也可能经过JIT编译后被拆分为标量类型数据间接地在栈上分配）。最开始对象主要会分配在新生代的Eden区中，如果启动了本地线程分配缓冲区（Thread local allocation buffer），简称为TLAB，将会优先分配在TLAB中，少数情况也可能直接分配在老年代，分配的规则并不是固定的模式，其策略取决于当前使用的是哪种垃圾回收器及JVM中相关的内存配置参数。因此考虑优化内存分配机制，在堆内存之外还可以再加入一个TLAB分配机制（栈上分配机制）。

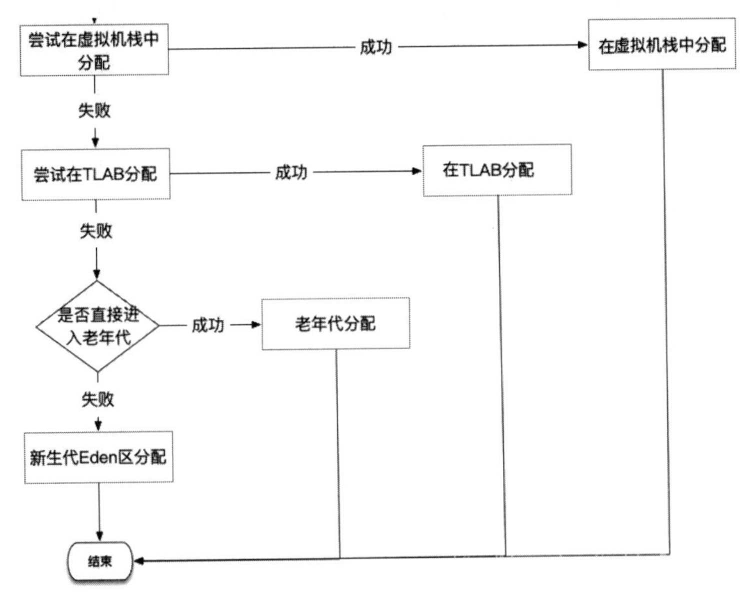

图8.5　内存分配总体机制

8.2.2　大对象直接迁入老年代

大对象是指需要大量连续内存空间的Java对象，最典型的大对象就是很长的字符串及数组。

虚拟机提供了一个JVM参数：-XX:PretenureSizeThreshold，其可以设置大对象的大小。如果对象超过设置大小，则不会进入年轻代，而是直接进入老年代分配。这样做的目的是避免在Eden区及两个Survivor区之间发生大量的内存复制。该参数只在 Serial 和ParNew两个收集器中有效。

例如，-XX:PretenureSizeThreshold=1000000（单位是字节），设置该参数的目的是避免为大对象分配内存时因进行复制操作而降低效率。

8.2.3 年龄达到阈值进入老年代

Java对象当达到一定年龄后会直接进入老年代，这个年龄的分界阈值可以通过参数-XX:MaxTenuringThreshold进行设置。

既然虚拟机采用了分代收集的思想来管理内存，那么内存回收时就必须能识别哪些对象应放在新生代，哪些对象应放在老年代中。为了做到这一点，JVM给每个对象创建一个年龄（Age）计数器。

如果对象在Eden出生并经过第一次Minor GC后仍然能够存活，并且能被Survivor容纳，将被移动到Survivor空间中，并将对象年龄设为1岁。对象在Survivor中每经过一次Minor GC，年龄就增加1岁，当它的年龄增加到一定程度（默认为15岁）时，就会被晋升到老年代中。

对于需要长时间使用的对象，并且使用的频率很高，经过分析后可以使用下面的配置将对象复制的次数减少，直接提前进入老年代。

JVM参数：-verbose:gc -Xms20M -Xmx20M -Xmn10M -XX:SurvivorRatio=8 -XX:+PrintGCDetails-XX:MaxTenuringThreshold=5。

8.2.4 新生代担保分配机制

新生代使用的是复制回收算法，但为了内存利用率，只会使用其中一个Survivor的空间来作为轮换备份，因此当出现大量对象在执行Minor GC后仍然存活的情况时（最极端就是内存回收后新生代中所有对象都存活），就需要老年代进行分配担保，让Survivor无法容纳的对象直接进入老年代。与生活中的贷款担保类似，老年代要进行这样的担保，前提是老年代本身还有容纳这些对象的剩余空间，一共有多少对象会活下去，在实际完成内存回收之前是无法明确知道的，所以只好取之前每次回收晋升到老年代对象容量的平均值作为参考，与老年代的剩余空间进行对比，决定是否进行Full GC来让老年代腾出更多空间，这就是所谓的担保分配机制。

新生代在每次执行Minor GC之前都会计算老年代的剩余空间，如果剩余空间小于新生代中现有的对象大小之和（包括垃圾对象），就会判断-XX:-HandlePromotionFailure的参数是否设置为true，JVM会检测之前每次晋升到老年代的对象的平均大小是否大于老年代的剩余空间；如果大于，则需要进行一次Full GC，如果小于，那只会进行Minor GC。

如果HandlePromotionFailure设置为false，则也要进行一次Full GC（老年代和新生代均执行垃圾回收操作），如果回收完还是没有足够的空间存放新的对象就会发生“OOM”。

但如果老年代的可用空间大于新生代里现有的所有对象大小之和，则说明属于安全的分配机制，无须考虑担保分配失败的场景。

上面提到计算平均值进行比较其实是一种动态概率的手段，也就是说如果某次Minor GC存活后的对象突增，远远高于平均值时，依然会导致担保失败（Handle Promotion Failure）。如果出现

HandlePromotionFailure失败，那就只好在失败后重新发起一次Full GC。虽然担保失败时绕的圈子是最大的，但大部分情况下都还是会将HandlePromotionFailure开关打开，避免Full GC过于频繁。

注意：如果执行Minor GC之后剩余存活的对象仍要挪动到老年代中，但对应的对象大小还是大于老年代可用空间，那么也会触发Full GC，如果执行Full GC结束后，还是没有空间存放对应的对象，则还会发生“OOM”。

8.2.5　动态年龄分配机制

为了能更好地适配不同场景下的内存分配问题，JVM也不会总是规定对象的年龄超过Max-TenuringThreshold值之后才可以晋升的老年代，如果Survivor区中同一年龄阶段的所有对象大小的总和超过了Survivor空间的50%（-XX: TargetSurvivorRatio可以指定），那么年龄超过或者等于此年龄阶段的对象就可能会直接进入老年代。

举个例子，针对Survivor区中的一批年龄为*n*的对象，当它们的总数达到了整个Survivor区域的50%，那么此时就会将所有年龄为*n*或以上的对象直接放入老年代。这个规则其实就是希望那些可能长期存活的对象，尽快步入老年代。对象的动态年龄判断机制通常是在执行Minor GC之后才触发的。

8.3　小结

学完本章后，必须了解和掌握的知识点如下：

1. JVM内存分配及回收依据：GCRoots的类型和识别。
2. JVM 的Safe Point、Safe Region、GC的二次过滤机制。
3. 内存分配和内存回收的策略及其相关特性规则。
4. 大对象直接迁入老年代的场景和条件。
5. 年龄达到阈值进入老年代的场景和条件。
6. 新生代担保分配机制和动态年龄分配机制的场景和条件。

第 9 章

JVM 分析工具大全

本章重点介绍一些可实操的 JVM 性能监测和分析工具与组件，主要包括 JDK 中自带的一些常用工具，阿里开源的 Java 错误诊断工具 Arthas，一些图像化界面的 JVM 分析工具，以及 JVM 性能调优利器 XXFox。

注意：XXFox 非常重要，因为从参数角度而言，进行调优系统服务是非常有效果和直观的，同时不需要开发人员记忆过多的参数，是 JVM 服务系统的调优利器和“脚手架”，希望读者重点关注。

本章涉及的主要知识点如下：

- jps 进程监控工具。
- jstat 性能监控工具。
- jinfo 参数配置监控工具。
- jmap 内存监控工具。
- jstack 线程监控工具。
- 图形化界面的 JVM 分析工具：VirtualVM、MAT、Jconsole。
- Java 应用程序诊断工具 Arthas。
- JVM 性能调优利器 XXFox。
- 在线 SAAS 服务分析工具的介绍。

9.1 JVM分析工具概述

JDK及其自带的各种性能监测和常用故障修复管理工具有jps、jstat、jinfo、jmap、jhat、jstack等。更多内容请参考官方文档JDK 16，网址为https://docs.oracle.com/en/java/javase/16。

9.1.1 jps

jps（JVM Process Status Tool）是JVM进程状态监控工具，其主要目的是帮助开发者查看当前机器运行的Java进程信息，可追踪到本地虚拟机唯一的进程ID（Local Virtual Machine Identifier，LVMID）、虚拟机启动执行主类名、文件路径等。

指令格式：jps [-q] [-mlvV] [<hostid>]。

主要参数说明如下。

（1）[q]：仅会打印虚拟机标识，并且会省略每个主类的初始名称。

（2）[m]：打印在虚拟机进程启动时所传递给主类main方法的所有启动环境参数。

（3）[l]：打印启动时正在执行主类的全限定名，如果正在运行的是一个jar包服务，则进程输出的为jar包的地址路径。

（4）[v]：打印虚拟机启动时的JVM参数。

次要参数说明如下。

[<hostid>]：远程地址，可选参数，指的是特定主机的IP或者域名，也可以指明具体协议端口，不指定则会输出当前机器的基本信息，如指定的hostId，则对应服务器必须开启jstatd功能服务。

jps：指令没有任何参数操作。

```
$ jps
23334 Jps
24966 Example1
```

jps -l：输出虚拟机执行主类名称。

```
$ jps -l
23334 sun.tools.jps.Jps
24966 com.sample.jvm.test.Sample
```

jps -m：JVM展示服务运行时会传递给main方法的运行参数。

```
$ jps -m
23334 Jps -m
24966 Example1
```

从上面可以看出，-m作为打印出main方法的参数信息。

jps -v：输出虚拟机进程启动时的JVM参数。

```
$jps -v
23334  Example1 -Dvisualvm.id=356714240389310 -Xmx1024m -Xms1024m
-XX:+PrintGCDetails -javaagent:/usr/libo/lib/java/rt.jar=45213:/usr/
libo/data/bin -Dfile.encoding=UTF-8
12978  Jps -Dapplication.home=/usr/local/java/config/data -Xms1024m
```

jps -q：只输出本地虚拟机的唯一进程ID，并且省略主类的类名。

```
$ jps -q
23334
24966
```

9.1.2 jstat

jstat是基于JVM的信息监视管理工具（JVM Statistics Monitoring Tool），主要用于收集JVM运行中各个方面的统计数据，包括自身或者目标JVM中的Class类加载情况、各个进程内存存储区域中的GC概况和信息数据统计、JIT编译器相关数据信息统计及程序运行时的数据。

指令格式：jstat [option vmid [interval[s|ms] [count]]]。

主要参数说明如下。

（1）[interval]：可选参数，表示间隔时间，即多久输出一次信息，默认单位为ms。

（2）[count]：可选参数，表示查询次数，即总共输出多少次信息。如果省略这两个参数，说明只查询一次。

（3）[vmid]：标识想要查询监控的虚拟机进程ID。

（4）option：可选参数选择加多，如表9.1所示。

表9.1　jstat可选参数集

参数	说明
-Class	监视系统内Class类的加载与卸载的数量、类所占用空间大小和类加载耗费的时间
-compiler	获得一个32位的任意整数，代表Array的每个维度中元素的数量大小
-printcompilation	输出被JIT编译器所编译的结果信息
-gc	监视Java堆状态
-gccapacity	监视Java堆状态，并关注堆中各个区域用到的资源最大/最小值
-gcutil	监视Java堆状态，并随时关注需要利用的堆存储的空间参数及占总存储空间的比例，即百分比
-gccause	与gcutil的功能相同，但会额外输出基于前一次GC所产生的问题及其原因

续表

参数	说明
-gcnew	监视新生代 GC 状况
-gcnewcapacity	实时监视堆中所有新生代码的GC运行状况，并随时关注堆中使用到的最大、最小存储空间
-gcold	监视老年代 GC 状况
-gcoldcapacity	监视老年代 GC 状况，关注使用到的最大、最小空间
-gcmetacapacity	输出元空间可用到的最大、最小空间

jstat-gc PID：可以实时查看整个内存空间使用状况、垃圾回收的使用情况等信息，用于实时分析整个GC使用情况，可以统筹分析整个Java堆栈的状态，其中包含一个Eden区、两个Survivor区、老年代等内存容量、已经在使用的内存空间、GC使用时间的总体合计数据等。

```
$ jstat -gc 15621 1000 5
```

GC的结果统计信息如图9.1所示。

```
S0C     S1C     S0U    S1U      EC       EU        OC         OU       MC       MU      CCSC    CCSU    YGC       YGCT   FGC
13824.0 13312.0 3714.9  0.0   295424.0 247476.8  113664.0   48440.9   101592.0 97233.5 13056.0 12329.7    22     0.239
13824.0 13312.0 3714.9  0.0   295424.0 247476.8  113664.0   48440.9   101592.0 97233.5 13056.0 12329.7    22     0.239
13824.0 13312.0 3714.9  0.0   295424.0 247476.8  113664.0   48440.9   101592.0 97233.5 13056.0 12329.7    22     0.239
13824.0 13312.0 3714.9  0.0   295424.0 247476.8  113664.0   48440.9   101592.0 97233.5 13056.0 12329.7    22     0.239
13824.0 13312.0 3714.9  0.0   295424.0 247476.8  113664.0   48440.9   101592.0 97233.5 13056.0 12329.7    22     0.239
```

图9.1　GC的结果统计信息

结果中每个字段的说明如下。

```
S0C：一号幸存区（Survivor Space）总体存储空间大小。
S1C：二号幸存区（Survivor Space）总体存储空间大小。
S0U：一号幸存区（Survivor Space）已使用存储空间大小。
S1U：二号幸存区（Survivor Space）已使用存储空间大小。
EC：伊甸区（Eden Space）总体存储空间大小。
EU：伊甸区（Eden Space）已使用存储空间大小。
OC：老年代（Old Gen）总体存储空间大小。
OU：老年代（Old Gen）已使用存储空间大小。
MC：方法区总体存储空间大小。
MU：方法区已使用存储空间大小。
CCSC：压缩类总体存储空间大小
CCSU：压缩类已使用存储空间大小。
YGC：年轻代垃圾回收（Young GC）的总次数。
YGCT：年轻代垃圾回收（Young GC）所消耗的总时间。
FGC：老年代/整个堆内存空间的垃圾回收次数。
```

通过案例的jstat 指令，查看进程号15621的堆内存使用、垃圾回收统计信息，且每隔1000ms输出一次，总共打印5次。

jstat -Class PID：监视类装载、卸载数量、总空间及类装载耗费的时间。

```
$ jstat -Class 15621
Loaded  Bytes  Unloaded  Bytes     Time
   600  1204.4        0    0.0      0.27
```

结果中每个字段的说明如下。

```
Loaded: 加载 Class 的数量。
Bytes : 所占用空间大小。
Unloaded : 未加载数量。
Bytes: 未加载占用空间。
Time : 消耗时间。
```

jstat -compiler PID：显示当时JVM中的即时编译器编译完成的方法数量与耗时。

```
Compiled   Failed    Invalid   Time    FailedType  FailedMethod
120            0          0    1.44    1              com/xxx/test  doExcute
```

结果中每个字段的说明如下。

```
Compiled : 编译数量。
Failed : 失败数量。
Invalid : 不可用数量。
Time : 消耗时间。
FailedType : 失败类型。
FailedMethod : 失败的方法。
```

jstat -gccapacity PID：输出的统计信息数据与GC大致一样，但其监控内容主要是其在Java堆中各个监控区域用到的最大/最小存储空间。

```
$ jstat -gccapacity 15621
```

gccapacity的结果统计信息如图9.2所示：

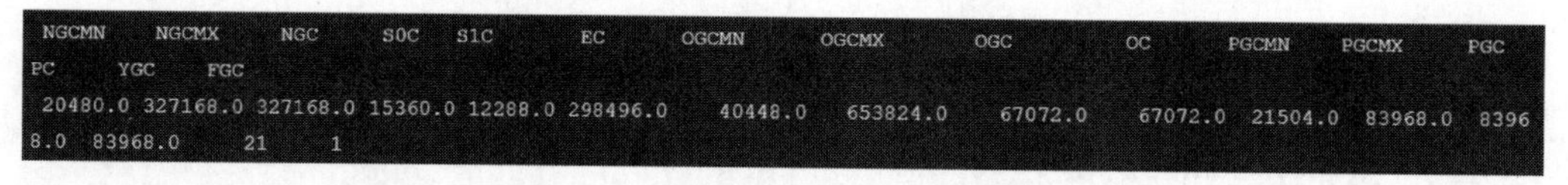

图9.2 gccapacity的结果统计信息

结果中每个字段的说明如下。

```
NGCMN : 新生代最小容量。
NGCMX : 新生代最大容量。
NGC : 当前新生代容量。
S0C : 第一个幸存区已使用存储空间大小。
S1C : 第二个幸存区已使用存储空间大小。
EC : 伊甸区的大小。
OGCMN : 老年代最小容量。
OGCMX : 老年代最大容量。
```

```
OGC：当前老年代已经使用的内存大小。
OC：当前老年代内存大小。
MCMN：最小元数据容量。
MCMX：最大元数据容量。
MC：当前元数据空间大小。
CCSMN：最小压缩类空间大小。
CCSMX：最大压缩类空间大小。
CCSC：当前压缩类空间大小。
YGC：年轻代 GC 次数。
FGC：老年代 GC 次数。
```

jstat -gcnew PID：监视新生代GC状况、内存分配和回收状态数据。

```
$ jstat -gcnew 15621
```

gcnew新生代空间的数据统计结果如图9.3所示。

S0C	S1C	S0U	S1U	TT	MTT	DSS	EC	EU	YGC	YGCT
10240.0	10752.0	0.0	4816.0	5	15	10240.0	229376.0	180940.0	9	0.068

图9.3　gcnew新生代空间的数据统计结果

结果中每个字段的说明如下。

```
S0C：一号幸存区存储空间大小。
S1C：二号幸存区存储空间大小。
S0U：一号幸存区已使用存储空间大小。
S1U：二号幸存区已使用存储空间大小。
TT：对象在新生代存活的次数。
MTT：对象在新生代存活的最大次数。
DSS：期望的幸存区大小。
EC：伊甸区大小。
EU：伊甸区使用大小。
YGC：年轻代垃圾回收次数。
YGCT：年轻代垃圾回收消耗时间。
```

jstat-gcnewcapacity PID：输出的内容与-gcnew大致一样，但其主要输出使用最大和最小存储空间。

```
$ jstat -gcnewcapacity 15621
```

gcnewcapacity新生代空间的数据统计结果如图9.4所示。

NGCMN	NGCMX	NGC	S0CMX	S0C	S1CMX	S1C	ECMX	EC	YGC	FGC
65536.0	1040896.0	301568.0	346624.0	10240.0	346624.0	10752.0	1039872.0	229376.0	9	2

图9.4　gcnewcapacity新生代空间的数据统计结果

结果中每个字段的说明如下。

```
NGCMN：新生代最小容量。
```

```
NGCMX：新生代最大容量。
NGC：当前新生代容量。
S0CMX：最大幸存 1 区大小。
S0C：当前幸存 1 区大小。
S1CMX：最大幸存 2 区大小。
S1C：当前幸存 2 区大小。
ECMX：最大伊甸区大小。
EC：当前伊甸区大小。
YGC：年轻代垃圾回收次数。
FGC：老年代垃圾回收次数。
```

jstat -gcold PID：监视老年代GC状况。

```
$ jstat-gcold 15621
```

gcold老年代空间的数据统计结果如图9.5所示。

MC	MU	CCSC	CCSU	OC	OU	YGC	FGC	FGCT	GCT
40368.0	38558.7	5296.0	4911.1	129536.0	17753.8	9	2	0.116	0.184

图9.5　gcold老年代空间的数据统计结果

结果中每个字段的说明如下。

```
MC：方法区的内存空间大小。
MU：方法区使用内存空间的大小。
CCSC：压缩类空间大小。
CCSU：压缩类空间使用大小。
OC：老年代的内存空间大小。
OU：老年代使用内存空间的大小。
YGC：年轻代垃圾回收次数。
FGC：老年代垃圾回收次数。
FGCT：老年代垃圾回收消耗时间。
GCT：垃圾回收消耗总时间。
```

jstat-gcoldcapacity PID：与-gcold大致一样，但主要输出所使用空间的最大和最小值。

```
$ jstat -gcoldcapacity 15621
```

gcoldcapacity老年代空间的数据统计结果如图9.6所示。

OGCMN	OGCMX	OGC	OC	YGC	FGC	FGCT	GCT
131072.0	2082304.0	129536.0	129536.0	9	2	0.116	0.184

图9.6　gcoldcapacity老年代空间的数据统计结果

结果中每个字段的说明如下。

```
OGCMN：老年代最小容量。
OGCMX：老年代最大容量。
OGC：当前老年代大小。
OC：老年代大小。
```

```
YGC：年轻代垃圾回收次数。
FGC：老年代垃圾回收次数。
FGCT：老年代垃圾回收消耗时间。
GCT：垃圾回收消耗总时间。
```

jstat -gcmetacapacity PID：监视元数据空间内存情况（JDK 1.8之后）。

```
$ jstat -gcmetacapacity 15621
```

gcmetacapacity 元空间的数据统计结果如图9.7所示。

MCMN	MCMX	MC	CCSMN	CCSMX	CCSC	YGC	FGC	FGCT	GCT
0.0	1085440.0	40368.0	0.0	1048576.0	5296.0	9	2	0.116	0.184

图9.7　gcmetacapacity 元数据空间的数据统计结果

结果中每个字段的说明如下。

```
MCMN：最小元数据容量。
MCMX：最大元数据容量。
MC：当前元数据空间大小。
CCSMN：最小压缩类空间大小。
CCSMX：最大压缩类空间大小。
CCSC：当前压缩类空间大小。
YGC：年轻代垃圾回收次数。
FGC：老年代垃圾回收次数。
FGCT：老年代垃圾回收消耗时间。
GCT：垃圾回收消耗总时间。
```

jstat -gcutil PID：统计所有垃圾回收的数据。

```
$ jstat -gcutil 15621
```

gcutil 数据统计结果如图9.8所示。

S0	S1	E	O	M	CCS	YGC	YGCT	FGC	FGCT	GCT
0.00	44.79	78.88	13.71	95.52	92.73	9	0.068	2	0.116	0.184

图9.8　gcutil数据统计结果

结果中每个字段的说明如下。

```
S0：幸存 1 区当前使用比例。
S1：幸存 2 区当前使用比例。
E：伊甸区使用比例。
O：老年代使用比例。
M：元数据区使用比例。
CCS：压缩使用比例。
YGC：年轻代垃圾回收次数。
YGCT：年轻代垃圾回收消耗时间。
FGC：老年代垃圾回收次数。
FGCT：老年代垃圾回收消耗时间。
```

```
GCT：  垃圾回收消耗总时间。
```

jstat -printcompilation PID：主要用于输出已经采用JIT编译器进行编译的代码及方法。

```
$ jstat -printcompilation 15621
```

printcompilation 数据统计结果如图9.9所示。

```
Compiled  Size  Type Method
    4353   126     1 org/apache/tomcat/util/net/NioEndpoint$Poller events
```

图9.9　printcompilation数据统计结果

结果中每个字段的说明如下。

```
Compiled：最近编译方法的数量。
Size：最近编译方法的字节码数量。
Type：最近编译方法的编译类型。
Method：方法名标识。
```

此外，jstat还有很多其他指令，限于篇幅，这里不再介绍，有兴趣的读者可以去官网（https://docs.oracle.com/en/java/javase/16）进行深入的理解和学习。

9.1.3　jstack

jstack（Java Stack Trace Tool）通过统计一个JVM栈中的线程快照信息，从而直接产生一个JVM中当前的线程快照数据，该数据文件通常称为thread dump或者java core。

Java Stack（Java栈数据）是对JVM内各种应用线程中正在进行的方法堆栈的汇总。生成堆栈快照的首要目的就在于定位线程中发生长期停滞的主要因素，如死锁、活锁、深度递归、死循环、大量请求外部资源而引起的长期等待等。

指令格式：jstack [option] <pid>。

[option]参数说明如下。

（1）-F：当正常输出的请求不被响应时，强制输出线程堆栈。

（2）-m：如果调用本地方法（Native），则可以显示 C/C++ 堆栈信息。

（3）-l：除了显示堆栈之外，还可以显示对象锁的所有附加条件信息。

jstack -l pid：主要用于查询锁住线程的信息。

```
$ jstack -l 12342 | more
```

采用Linux标准输出命令，导入文件中，定义其扩展名后缀为.prof。

```
$ jstack -l 12342  > threaddump.prof
```

jstack数据结果如图9.10所示。

```
DestroyJavaVM" #41 prio=5 os_prio=0 tid=0x00000000216ac000 nid=0x25654 waiting on condition [0x0000000000000000]
  java.lang.Thread.State: RUNNABLE

  Locked ownable synchronizers:
        - None

"http-nio-8088-Acceptor" #40 daemon prio=5 os_prio=0 tid=0x00000000216af000 nid=0x9b94 runnable [0x0000000023efe000]
  java.lang.Thread.State: RUNNABLE
        at sun.nio.ch.ServerSocketChannelImpl.accept0(Native Method)
        at sun.nio.ch.ServerSocketChannelImpl.accept(ServerSocketChannelImpl.java:422)
        at sun.nio.ch.ServerSocketChannelImpl.accept(ServerSocketChannelImpl.java:250)
        - locked <0x00000007709db800> (a java.lang.Object)
        at org.apache.tomcat.util.net.NioEndpoint.serverSocketAccept(NioEndpoint.java:469)
        at org.apache.tomcat.util.net.NioEndpoint.serverSocketAccept(NioEndpoint.java:71)
        at org.apache.tomcat.util.net.Acceptor.run(Acceptor.java:106)
        at java.lang.Thread.run(Thread.java:748)

  Locked ownable synchronizers:
        - None
```

图9.10　jstack数据结果

9.1.4　jmap

jmap命令用于生成堆转储快照（称为heapdump）。

jmap不仅可以快速获取堆转储的内存快照，而且还可以查看finalize对应的执行队列、Java堆和方法区等更多详尽的数据，如能够查看当前内存空间中的每个对象占据的数量及当前内存空间是否被占用、当前使用的是哪种垃圾回收器等。此外如果不使用jmap命令，还可以直接利用-XX:+HeapDumpOnOutOfMemoryError参数实现当JVM产生内存溢出时直接创建一个内存快照。

命令格式：jmap [option] <pid>。

[option]参数说明如下。

（1）-dump：表示当前操作是导出内存dump文件。

（2）-finalizerinfo：主要会显示GC过程中F-Queue队列中所有将要被Finalizer进行回调finalize方法的对象。

（3）-heap：监控Java堆详细信息，如回收器配置、虚拟机参数配置、分代内存存储数据。

（4）-histo：显示堆中对象数据信息，包括类信息、实例数量、统计容量等。

（5）-permstat：显示永久代内存状态，JDK 1.7及之前版本拥有永久代。

（6）-F：JVM中的进程系统对-dump选项不进行响应式操作，直接强制生成一个快照。

jmap -heap PID：查看当前时刻进程号为14563的堆内存信息。

```
$ jmap -heap 14563
```

具体结果如下。

```
Heap Configuration:
   MinHeapFreeRatio = 0   //JVM 最小空闲比例， 可由 -XX:MinHeapFreeRatio=<n>
参数设置， JVM heap 在使用率小于 n 时， heap 进行收缩
```

```
   MaxHeapFreeRatio = 100  //JVM 最大空闲比率，可由 -XX:MaxHeapFreeRatio=<n> 参数设置，jvm heap 在使用率大于 n 时，heap 进行扩张
   MaxHeapSize = 2095054848 (1998.0MB)  //JVM 堆的最大大小可由 -XX:MaxHeapSize =<n> 参数设置
   NewSize = 44040192 (42.0MB)  //JVM 新生代的默认大小可由 -XX:NewSize=<n> 参数设置
   MaxNewSize= 698351616 (666.0MB)  //JVM 新生代的最大大小可由 -XX:MaxNewSize =<n> 参数设置
   OldSize= 88080384 (84.0MB)  //JVM 老年代的默认大小可由 -XX:OldSize=<n> 参数设置
   NewRatio = 2  //新生代：老年代=1：2，可由-XX:NewRatio=<n>参数指定New Generation 与Old Generation heap size的比例
   SurvivorRatio= 8  //survivor:eden = 1：8, 即survivor space是新生代大小的1/(8+2)[因为有两个survivor区域]。可由-XX:SurvivorRatio=<n>参数设置
   MetaspaceSize= 21807104 (20.796875MB)  //元空间的默认大小，超过此值就会触发Full GC，可由-XX:MetaspaceSize=<n>参数设置
   CompressedClassSpaceSize = 1073741824 (1024.0MB)  //类指针压缩空间的默认大小可由-XX:CompressedClassSpaceSize=<n>参数设置
   MaxMetaspaceSize= 17592186044415 MB //元空间的最大大小可由-XX:MaxMetas-paceSize=<n>参数设置
   G1HeapRegionSize= 0 (0.0MB)  //G1回收器的Region大小由-XX:G1HeapRegion Size=<n>参数设置
Heap Usage:
PS Young Generation  // 新生代区域分配情况
Eden Space: //Eden 区域分配情况
   capacity = 86653248 (85.5MB)
   used     = 8646488 (8.532035827636719MB)
   free     = 80706760 (76.96796417236328MB)
   9.978989272089729% used
From Space: // 其中一个 Survivor 区域分配情况
   capacity = 42467328 (40.5MB)
   used     = 15497496 (14.779563903808594MB)
   free     = 26969832 (25.720436096191406MB)
   36.49275037977431% used
To Space:  // 另一个 Survivor 区域分配情况
   capacity = 42991616 (41.0MB)
   used     = 0 (0.0MB)
   free     = 42991616 (41.0MB)
   0.0% used
PS Old Generation // 老年代区域分配情况
   capacity = 154664960 (147.5MB)
   used     = 98556712 (93.99100494384766MB)
   free     = 56108248 (53.508995056152344MB)
   63.722715216167906% used
```

jmap -dump PID：导出当前PID的heap内存文件。

```
jmap -dump:live,format=b,file=/home/myheapdump.hprof  14563
```

参数介绍如下。

（1）live：加上live代表只导出存活的对象。

（2）format：导出数据的文件格式。

（3）file：导出数据的文件名及路径位置。

（4）14563：java进程ID。

这里生成的heapdump文件可以用后面介绍的VisualVM等可视化工具打开，然后对其中的内容进行分析。

9.1.5 jinfo

jinfo（Configuration Info for Java）是具有JVM中的配置参数信息采集功能的监控管理工具，主要用来检测并管理虚拟机的各种配置参数信息。

命令格式：jinfo [option] <pid>。

[option] 参数说明如下。

（1）-flag <name>：查询JVM进程某个配置项的值。

（2）-flag [+/-]<name>：开启/关闭虚拟机进程某个配置项。

（3）-flag <name>=<value>：动态设置虚拟机进程某个配置项的值。

（4）-flags：输出JVM进程非默认的配置项及用户启动时设置的虚拟机参数。

（5）-sysprops：输出当前JVM内部的系统运行参数。

说明：如果不传入参数，则输出该进程的所有配置信息。

jinfo -flags PID：输出虚拟机选项值。

```
$ jinfo -flags 26472
VM Flags:-XX:CICompilerCount=2 -XX:InitialHeapSize=43176832
-XX:MaxHeapSize=43176832 -XX:MaxNewSize=31327512
-XX:MinHeapDeltaBytes=231231 -XX:NewSize=7214319 -XX:OldSize=15877435
-XX:+PrintGCDetails -XX:+UseCompressedClassPointers
-XX:+UseCompressedOops -XX:+UseFastUnorderedTimeStamps
-XX:+UseParallelGC
```

jinfo -flag PID：输出当前选项值。

```
$ jinfo  -flag OldSize 26472
-XX:OldSize=15877435
```

9.1.6 jhat

jhat（JVM Heap Analysis Tool）是JVM在堆转储中的快照文件分析常用工具，其可以和jmap搭配使用，解析由jmap dump转储产生的快照文件。因为在某些功能上相对简陋，而且有些操作执行起来比较耗时，所以一般不太建议使用。笔者推荐大家使用MAT或者Visual VM这种更加优秀的工具。

命令格式：jhat <dump.file>。

dump.file：分析jmap生成的快照文件。

例如，解析生成dump文件可以用如下命令。

```
jhat 2020-12-02.dump
```

jhat指令会启动Http Server，之后在浏览器打开 http://localhost:7000，即可查看相应的数据解析内容。

注意：在实际应用开发中，很少有人会在已有部署的应用程序的服务器上直接解析dump文件，执行分析工作一般比较复杂且耗时，而且非常消耗硬件资源，如果在其他服务器上，则没有必要考虑命令行分析工具带来的资源损耗问题。

9.2 常用JVM图形化分析工具概述

9.2.1 Jconsole

Jconsole（Java Monitoring and Management Console，JVM监视和管理控制台），它是JDK自带的一款内置应用程序监视与内存性能跟踪分析管理工具，在%JAVA_HOME%/bin目录下可快速发现Jconsole的可执行文件，并能够轻松连接远程应用程序与本地应用程序，也可以同时监控几个JVM实例。

Jconsole可以对运行的Java应用程序的资源耗费情况与性能表现进行监测，还可统计计算相关图形报表，并提供可视化界面。其本身所占用服务器内存也非常少，可以说基本不消耗。它可以结合jstat，通过JTop插件更有效监测java内存的变化状况，以及产生变化的原因。当项目追踪内存泄漏问题时，非常实用。

启动命令：jconsole [-interval=n] [-notile] [-pluginpath <path>] [-version] [connection ...]。

核心参数如下。

（1）interval：将数据刷新的周期间隔窗口设定为is（它的默认值为4s)。

（2）notile：初始不平铺窗口 (对于两个或多个连接)。

（3）pluginpath：指定 Jconsole 查找插件的路径。

（4）version：输出程序版本。

（5）connection = pid || host:port || JMX URL (service:jmx:<协议>://...)。

①pid：目标进程的进程 ID。

②host：远程主机名或 IP 地址。

③port：远程连接的端口号。

启动Jconsole服务之后，可以看到JVM进程列表页面，如图9.11所示。

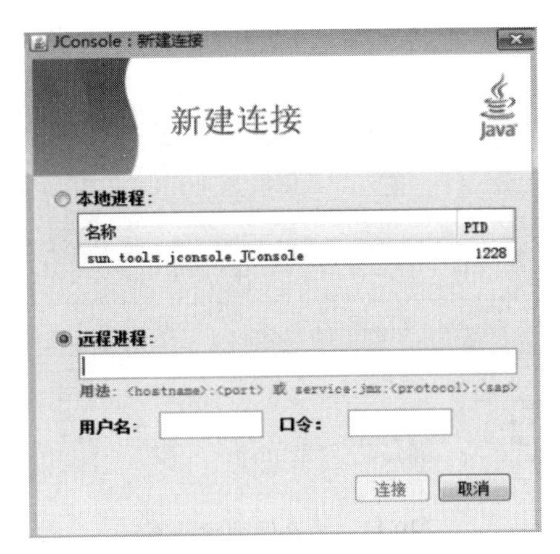

图9.11　Jconsole启动访问

选择想要监控的JVM后，会进入监控主页面，Jconsole监控模型包括概览、内存、线程、类、VM概要和MBean。

概览包含JVM堆内存使用量、线程、类加载信息、CPU占用率等，开发者可以通过这些统计图表查看数据变化，如图9.12所示。

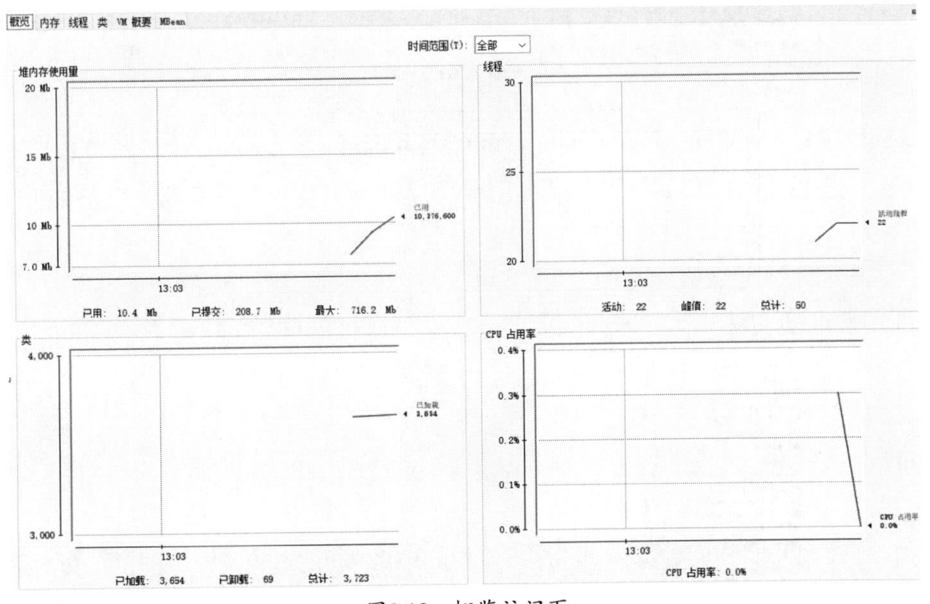

图9.12　概览访问页

内存通过监控检查整个内存的管理状况及GC内存回收使用情况。内存选项卡的效果相当于可视化的jstat命令，主要是用来监控垃圾回收器所管理的内存情况，如图9.13所示。

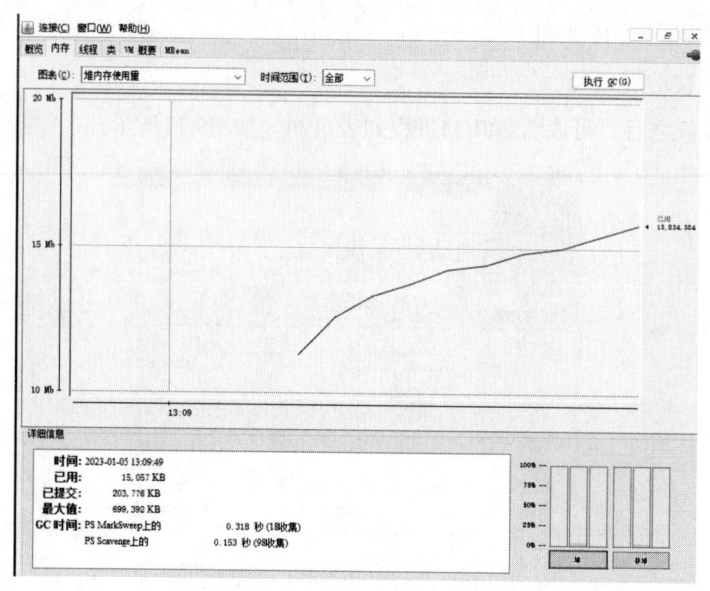

图9.13　内存统计访问页

"内存"选项卡中还有"执行GC"按钮，单击该按钮可以随时处理内存垃圾。该统计表格主要展示了JVM中多个不同时间点的内存使用状况（堆与非堆的内存使用状况）。

线程监控用于查看程序中线程的情况，如果把"内存"选项卡看作可视化的jstat命令，那么"线程"上面的功能则相当于可视化的jstack命令，遇到线程停顿时可以使用该选项卡进行监控分析，如图9.14所示。

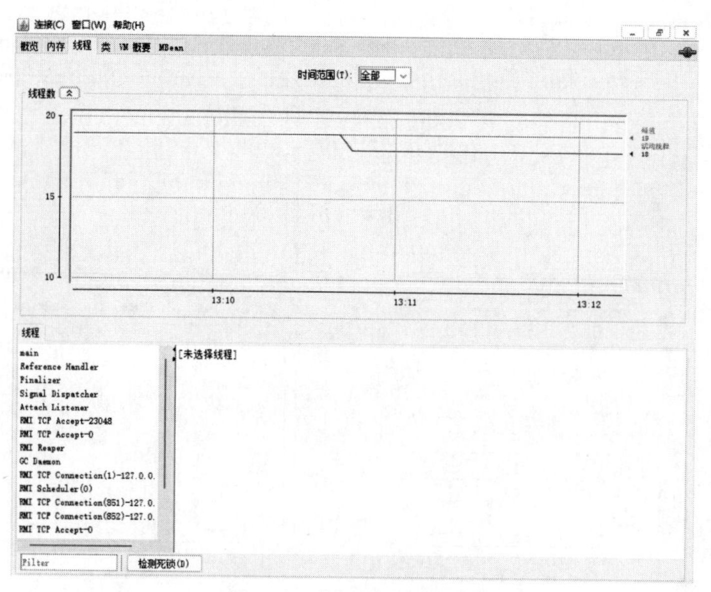

图9.14　线程统计访问页

图9.14显示活动线程的数量随时间的推移统计计算。

（1）靠上线条（实际效果红色）：峰值线程数。

（2）靠下线条（实际效果蓝色）：活跃状态下线程数。

线程监控部分提供了3个有用的操作。

（1）findMonitorDeadlockedThreads：检测死锁，如果一个线程陷入死锁状态，那么此操作就会返回死锁的线程ID（可能是多个）。

（2）getThreadInfo：返回线程的消息，包含堆栈的跟踪与线程锁的信息，一般指某个线程是否占用锁及线程间的资源争用状况。

（3）getThreadCpuTime：统计对应的线程所占用的CPU时间，此外还包含了部分守护线程和非守护线程的数量信息。

类加载监控用于单独查看程序中类的加载和卸载情况，如图9.15所示。

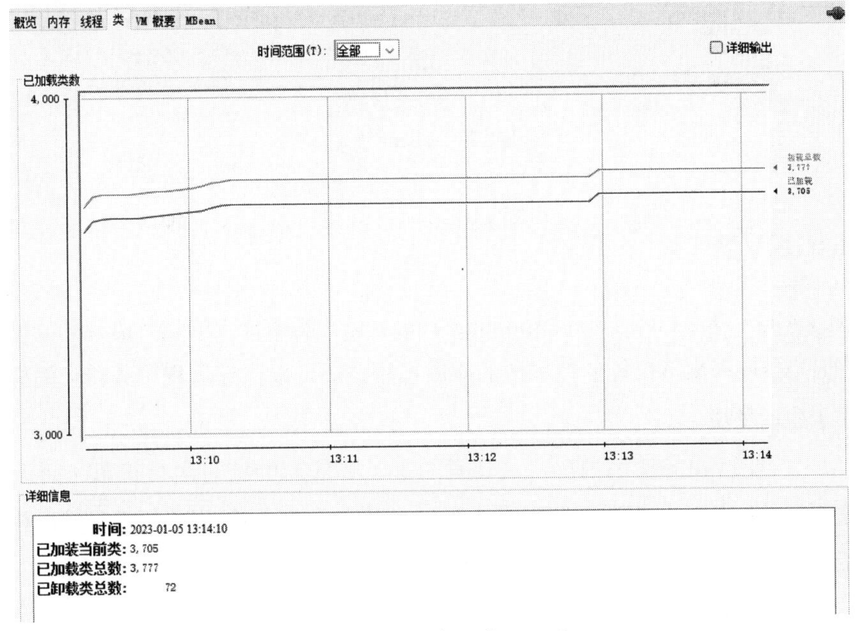

图9.15　类加载统计访问页

- 线条1（图9.15中处于重叠，实际为红色）：总体加载过的类总数（包括后来卸载的）加载的类。
- 线条2（图9.15中处于重叠，实际为蓝色）：当前存在的加载的类（不包括卸载的类）。

底部的部分主要是显示类的加载信息，包含JVM加载类的数量、当前已经加载和卸载的数量，跟踪class类所加载的详细信息，可以勾选顶部的复选框进行设置。

查看 JVM的概要及运行参数，如图9.16所示。

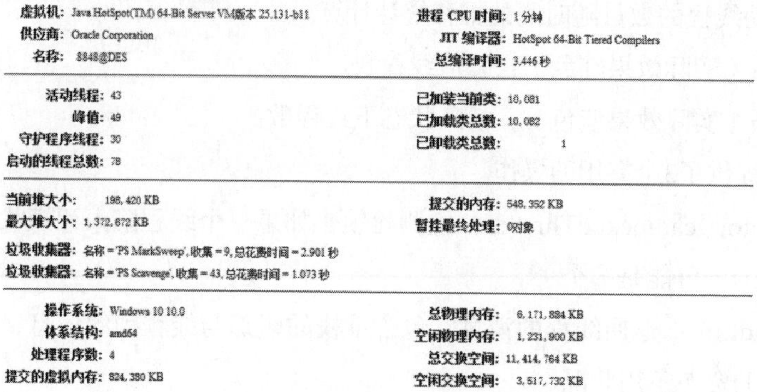

虚拟机： Java HotSpot(TM) 64-Bit Server VM版本 25.131-b11
供应商： Oracle Corporation
名称： 8848@DES
进程 CPU 时间： 1分钟
JIT 编译器： HotSpot 64-Bit Tiered Compilers
总编译时间： 3.446秒
活动线程： 43
峰值： 49
守护程序线程： 30
启动的线程总数： 78
已加装当前类： 10, 081
已加载类总数： 10, 082
已卸载类总数： 1
当前堆大小： 198, 420 KB
最大堆大小： 1, 372, 672 KB
提交的内存： 548, 352 KB
暂挂最终处理： 0对象
垃圾收集器： 名称 = 'PS MarkSweep', 收集 = 9, 总花费时间 = 2.901 秒
垃圾收集器： 名称 = 'PS Scavenge', 收集 = 43, 总花费时间 = 1.073 秒
操作系统： Windows 10 10.0
体系结构： amd64
处理程序数： 4
提交的虚拟内存： 824, 380 KB
总物理内存： 6, 171, 884 KB
空闲物理内存： 1, 231, 900 KB
总交换空间： 11, 414, 764 KB
空闲交换空间： 3, 517, 732 KB

图9.16　JVM概要及运行参数

显示所有在platform. MBeanserver上注册的MBeans信息，如图9.17所示。

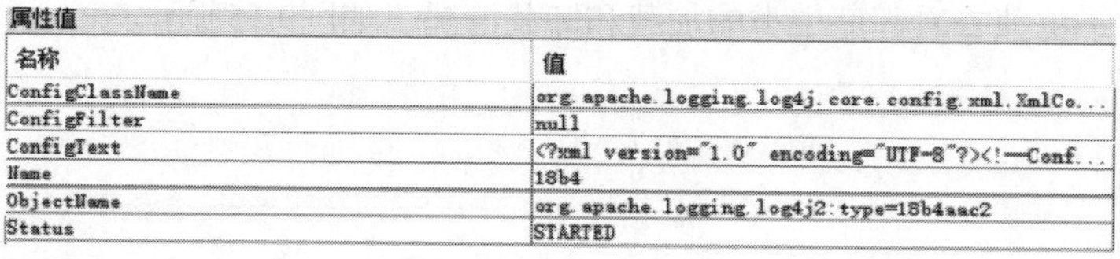

属性值

名称	值
ConfigClassName	org. apache. logging. log4j. core. config. xml. XmlCo...
ConfigFilter	null
ConfigText	<?xml version="1.0" encoding="UTF-8"?><!—Conf...
Name	18b4
ObjectName	org. apache. logging. log4j2: type=18b4aac2
Status	STARTED

图9.17　MBean信息

9.2.2 VisualVM

VisualVM（All-in-One Java Troubleshooting Tool）是功能最强大的运行监视和故障处理程序。与Jconsole相似，VisualVM不仅能监控本地的应用程序，还可以监控远程服务器上的应用。远程监控一般不会用于生产环境。

VisualVM来监控JVM的使用情况，这样有助于了解JVM的实时运行状态从而进行优化和调整，通过收集程序的初始运行配置和线程堆栈dump、堆内存dump等相关信息，输出相关应用程序快照的分析统计结果，图9.18显示的是VisualVM启动后的首页。

本地
VisualVM
IntelliJ Platform (pid 10036)
快照
Java™ VisualVM
VisualVM 主页
Java SE 参考概览
VisualVM 入门指南
Java SE 6 故障排除指南
VisualVM 故障排除指南
Java™ 2 SE 5.0 故障排除
VisualVM 扩展入门指南
监视和管理 Java SE 6
ORACLE

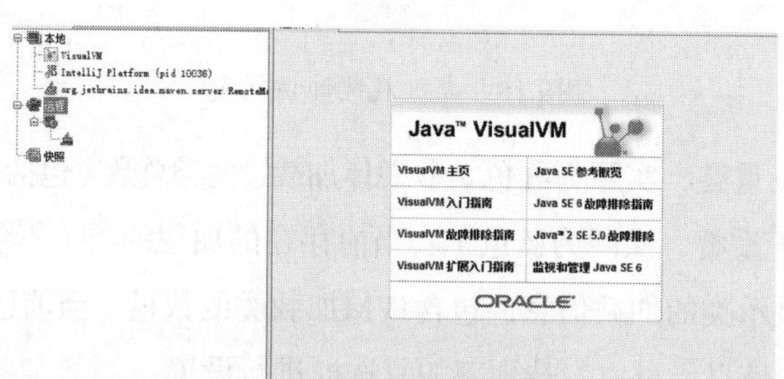

图9.18　首页数据信息

使用VisualVM监控某个远程服务器的JVM应用，前提条件是被监控的应用必须开启JMX服务，它监视应用程序的CPU、GC、堆、永久代（JDK 1.7及以前）/元空间（JDK 1.8及以后）及线程的使用情况，如图9.19所示。

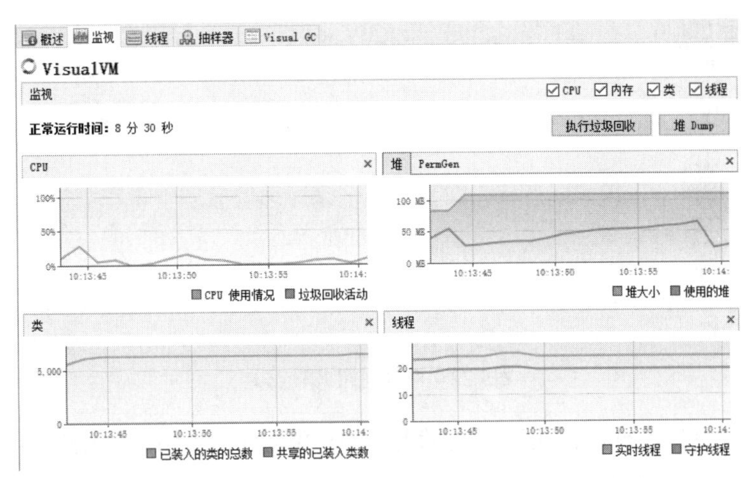

图9.19　监视数据信息

VisualVM可检查在JVM中添加的装载类及对象信息等，有助于我们分析内存利用状况，其基本效果等同于jstat分析GC回收情况。jmap分析堆中对象的分布和使用情况，具体情况如图9.20、图9.21和图9.22所示。

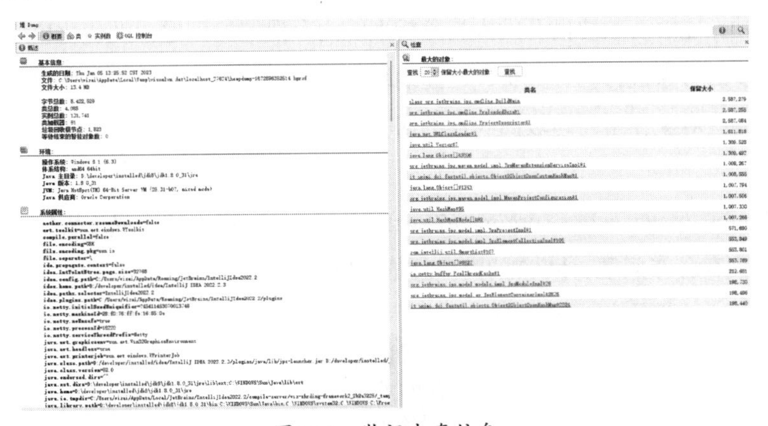

图9.20　监视内存信息

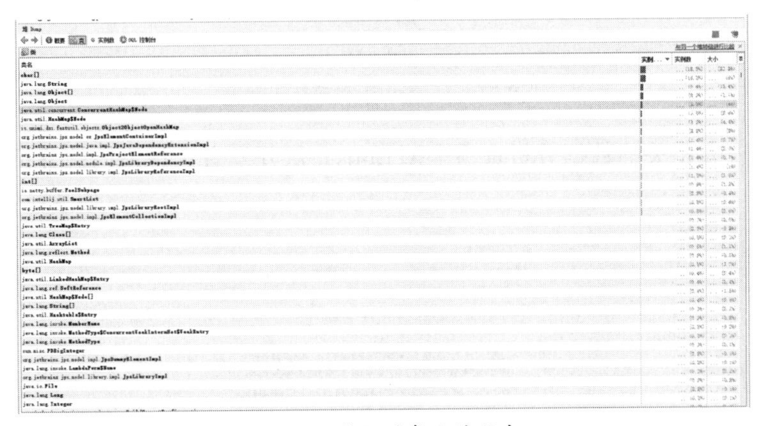

图9.21　监视对象统计信息

图9.22　对象引用统计信息

从图9.20~图9.22可以分析出程序的运行状况，如对象之间的引用关系链路，以及相关对象所创建的数量和对象所占的内存大小。

9.2.3　MAT

MAT（Memory Analyzer Tool，内存分析工具）是基于Eclipse的Java堆应用内存系统分析工具，功能十分强劲，能够有效协助开发人员分析系统内存泄漏的问题以及优化应用系统的内存。它可以针对数量众多的对象进行内存分析，迅速地统计出JVM内存中每个对象所占用内存的大小，可以分析出究竟是哪些对象在阻碍垃圾回收器的回收工作，并且能够使用报表的方式输出导致内存问题的对象。

下载地址：https://www.eclipse.org/mat/downloads.php，下载安装完成之后，可以导入相关的内存dump文件分析内存分布问题，MAT的内存总览分析如图9.23所示。

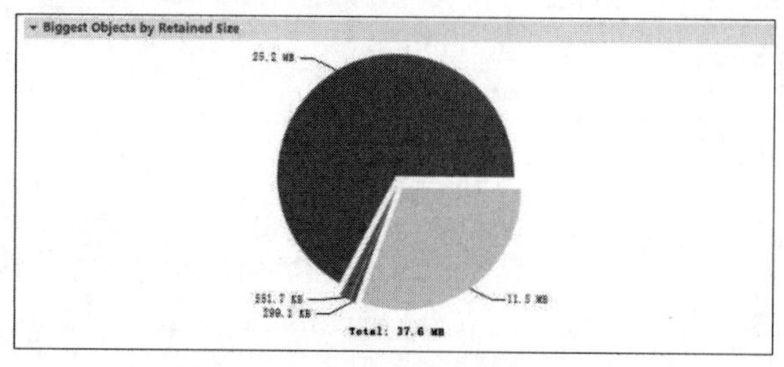

图9.23　MAT内存主页数据信息

在首页的下方有相关的数据分析选项卡Actions，供开发者选择不同的分析视图，如图9.24所示。

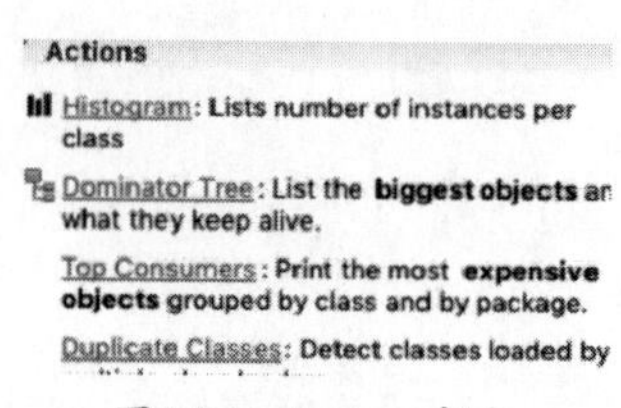

图9.24　Actions部分

（1）Histogram：列举当前内存中对象的数量和占用内存的大小。

（2）Dominator Tree：详细列举对象占总可用内存的百分比，并详细列出每个内存实例中的对象，以及线程下的对象占用的空间。

（3）Top consumer：通过图形列出最大对象（显示可能的内存泄漏点）。

（4）Leak Suspects（图中未显示）：自动分析泄漏的原因。

（5）Duplicate Classes：显示重复的类等信息。

Histogram：单击Actions下的Histogram超链接，进入图9.25所示页面。

byte[]	4,432,357	244,024,456	>= 244,024,456
com.mysql.jdbc.JDBC42PreparedStatement	342,383	90,389,112	>= 391,446,896
byte[][]	684,771	30,051,440	>= 172,081,928

图9.25　Histogram分析机制

Dominator Tree：会以占用总内存的百分比列举所有实例对象，可以看出相关对象的引用关系链及内存占用大小，如图9.26所示。

Class Name	Shallow Heap	Retained Heap
com.mysql.jdbc.JDBC42PreparedStatement @ 0xfff9bd60	264	1,696
<class> class com.mysql.jdbc.JDBC42PreparedStatement @ 0xc76f7b58	0	0
connection com.mysql.jdbc.JDBC4Connection @ 0xc8abcfb8	1,224	393,702,096
<class> class com.mysql.jdbc.JDBC4Connection @ 0xc76f9d08	8	8
pointOfOrigin java.lang.String @ 0xc0000fd0	24	24
errorMessageEncoding, characterSetMetadata java.lang.String @ 0xc001ca08 UTF-8	24	56
utcCalendar java.util.GregorianCalendar @ 0xc8aa83b8	112	504
myURL java.lang.String @ 0xc8aae030 jdbc:mysql://mysql-m-wr-bigdata-saas-db.01zhuanche.	24	264
user java.lang.String @ 0xc8aae138 BD_realtime_wr	24	72

图9.26　Dominator Tree分析机制

Shallow Heap（浅堆）：对象占用的内存。

Retained Heap（深堆）：指对象和对象引用的类占用的内存、GC回收时释放的内存。Retained Heap大于等于Shallow Heap。

9.3　JVM在线性能分析服务

9.3.1　FastThread

除了前面讲述的本地化JVM分析工具外，目前也有很多在线SAAS服务可以支持JVM内存分析，目前主要分为线程堆栈分析工具（jstack）、Heap堆的分析工具（jmap）和JVM参数调优工具这三大类。

介绍一个线程堆栈相关的分析服务FastThread，其访问地址为https://fastthread.io。它类似于jstack服务（Java Thread Dump Analyzer），并且图形化界面效果很不错。其主要解析压缩格式（zip、gz、xz等）的文件，页面如图9.27所示。

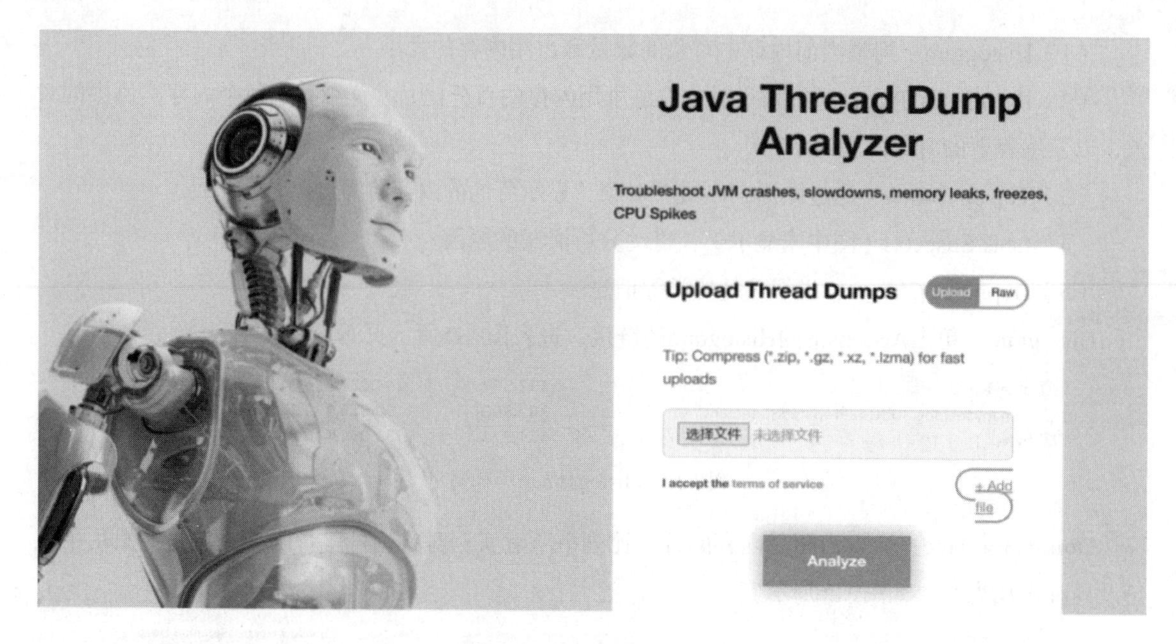

图9.27　FastThread首页

下面介绍一下FastThread主要的分析统计的维度。

Thread Count Summary：线程数量统计汇总图，主要分析系统内部所占用的线程总数，以及阻塞线程数量和活跃线程的数量信息，如图9.28所示。

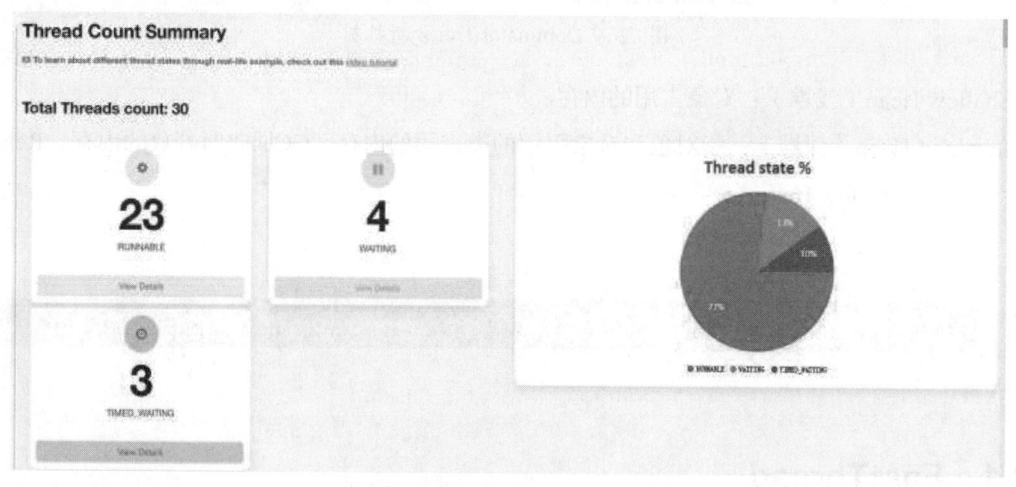

图9.28　Thread Count Summary图

（1）左边的部分两个数值分别代表阻塞（Blocked）的线程数量和本地（IN_NATIVE）的线程数量。

（2）右边是采用一个饼状图展示了上面两种线程的数量占比。

Identical Stack Trace：标识性的线程堆栈图，主要分析每个相关线程的堆栈信息，包含对应的执行路径等信息，如图9.29所示。

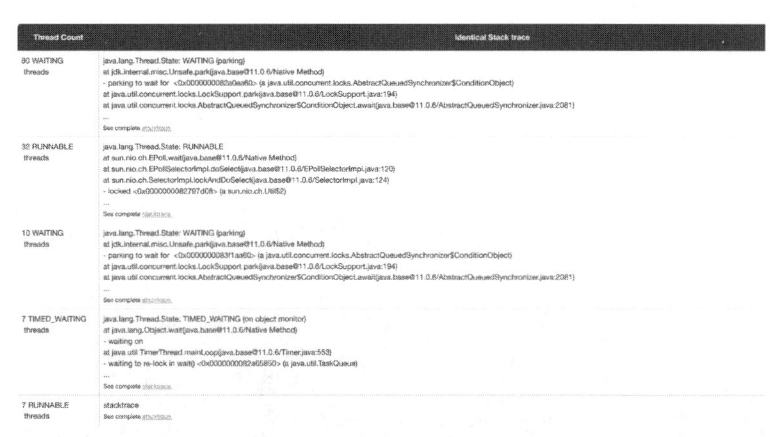

Thread Count	Identical Stack trace
80 WAITING threads	java.lang.Thread.State: WAITING (parking) at jdk.internal.misc.Unsafe.park(java.base@11.0.6/Native Method) - parking to wait for <0x0000000082a0aa60> (a java.util.concurrent.locks.AbstractQueuedSynchronizer$ConditionObject) at java.util.concurrent.locks.LockSupport.park(java.base@11.0.6/LockSupport.java:194) at java.util.concurrent.locks.AbstractQueuedSynchronizer$ConditionObject.await(java.base@11.0.6/AbstractQueuedSynchronizer.java:2081) ... See complete stacktrace.
32 RUNNABLE threads	java.lang.Thread.State: RUNNABLE at sun.nio.ch.EPoll.wait(java.base@11.0.6/Native Method) at sun.nio.ch.EPollSelectorImpl.doSelect(java.base@11.0.6/EPollSelectorImpl.java:120) at sun.nio.ch.SelectorImpl.lockAndDoSelect(java.base@11.0.6/SelectorImpl.java:124) - locked <0x0000000082797d08> (a sun.nio.ch.Util$2) ... See complete stacktrace.
10 WAITING threads	java.lang.Thread.State: WAITING (parking) at jdk.internal.misc.Unsafe.park(java.base@11.0.6/Native Method) - parking to wait for <0x0000000083f1aa60> (a java.util.concurrent.locks.AbstractQueuedSynchronizer$ConditionObject) at java.util.concurrent.locks.LockSupport.park(java.base@11.0.6/LockSupport.java:194) at java.util.concurrent.locks.AbstractQueuedSynchronizer$ConditionObject.await(java.base@11.0.6/AbstractQueuedSynchronizer.java:2081) ... See complete stacktrace.
7 TIMED_WAITING threads	java.lang.Thread.State: TIMED_WAITING (on object monitor) at java.lang.Object.wait(java.base@11.0.6/Native Method) - waiting on at java.util.TimerThread.mainLoop(java.base@11.0.6/Timer.java:553) - waiting to re-lock in wait() <0x0000000082a65850> (a java.util.TaskQueue) ... See complete stacktrace.
7 RUNNABLE threads	stacktrace See complete stacktrace.

图9.29　Identical Stack Trace图

上图第一列代表线程的状态，第二列代表该线程的堆栈信息，此外还有关于线程堆栈长度的排布柱状图，如图9.30所示。

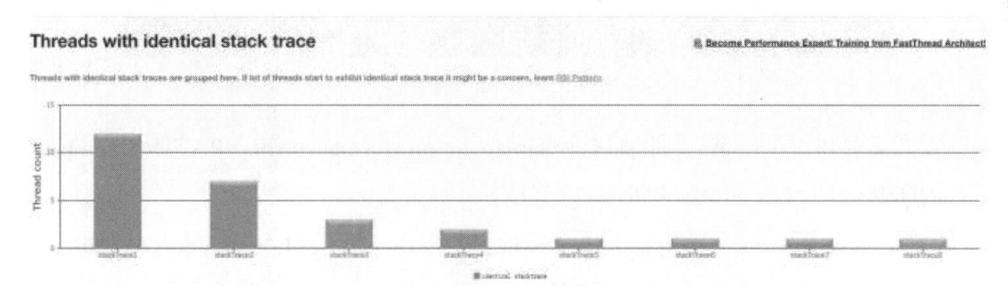

图9.30　Identical Stack Trace图（柱状图形式）

只是单纯采用柱状图的形式展示了线程的方法堆栈的长度分布。

Most Used Method：方法使用率统计，主要分析了线程执行某些热点方法的频次，如图9.31所示。

Thread Count	Method	Percentage
111 threads	jdk.internal.misc.Unsafe.park(java.base@11.0.6/Native Method). To see stack trace click here.	58%
36 threads	sun.nio.ch.EPoll.wait(java.base@11.0.6/Native Method). To see stack trace click here.	19%
24 threads	java.lang.Object.wait(java.base@11.0.6/Native Method). To see stack trace click here.	12%
6 threads	java.lang.Thread.sleep(java.base@11.0.6/Native Method). To see stack trace click here.	3%
1 threads	java.lang.ref.Reference.waitForReferencePendingList(java.base@11.0.6/Native Method). To see stack trace click here.	1%

图9.31　Most Used Method图

（1）第一列代表执行这个方法的线程数量。

（2）第二列代表执行的方法名称。

（3）第三列代表执行方法的比例。

此外还有很多其他的指标性提供给开发者进行分析，如Exception（异常问题的线程问题）、Dead Lock（死锁线程分析统计）、Finializer Thread（回收收集线程）等，感兴趣的读者可以亲自尝试下，此处就不做过多介绍了。

9.3.2 GCEasy

介绍一个针对分析垃圾回收和内存使用相关的SAAS服务（Gceasy），该服务访问地址是https://gceasy.io。类似jmap服务，上传解析的文件也是压缩格式的，具体如图9.32所示。

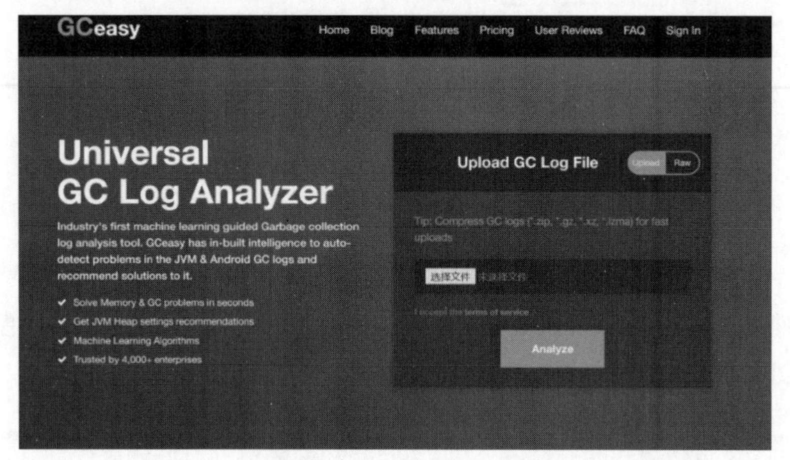

图9.32　Gceasy首页

首先开发者需要将堆的dump文件通过命令jmap -dump:format=b,file=/PATH/heap.hprof　PID导出，从首页的Upload GC Log File导入进去进行分析。

（1）JVM Heap Size（JVM堆内存大小）模块：主要用于展示和分析堆区内存大小，展示新生代的堆内存分配的空间大小（Allocated）和新生代的堆内存空间大小的最大值 (Peek)，然后依次是在老年代、元数据区、堆区，以及非堆区的总内存大小，如图9.33所示。

JVM Heap Size

Generation	Allocated	Peak
Young Generation	1200 mb	510 mb
Old Generation	1600 mb	331 mb
Total	3000 mb	576 mb

图9.33　JVM Heap Size

（2）Key Performance Indicators模块（计算应该服务的吞吐数据）如图9.34所示。

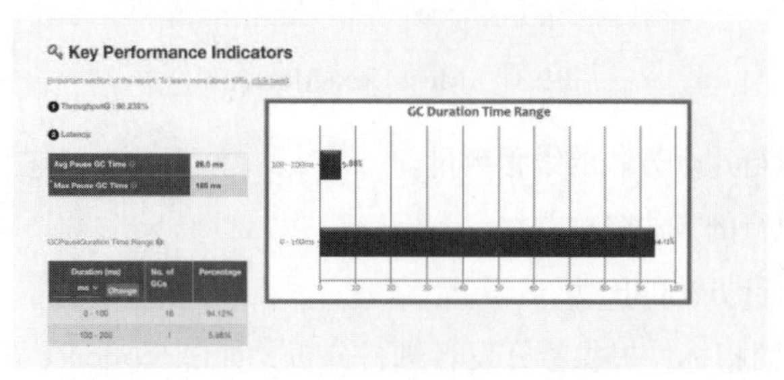

图9.34　Key Performance Indicators

我们主要关注以下几个指标选项。

- Throughput（吞吐量）。
- Latency（响应时间）。
- Avg Pause GC Time（平均GC时间）。
- Max Pause GC Time（最大GC时间）。

Interactive Graphs（GC流程的节点图），涉及几个板块，如图9.35所示。

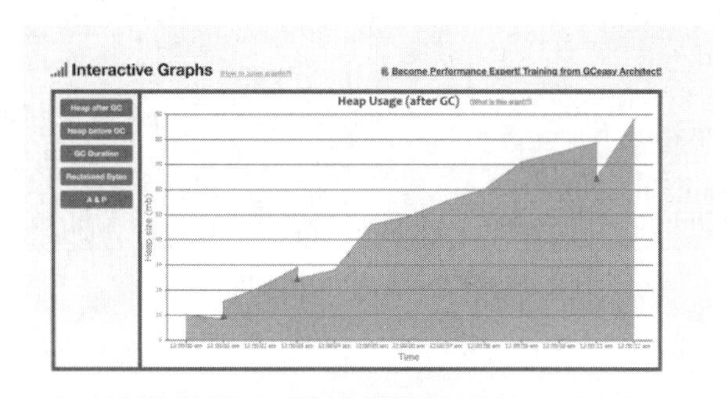

图9.35　Interactive Graphs

我们重点关注以下四个指标选项。

- Heap after GC（GC后堆的内存使用率）。
- Heap before GC（GC前堆的内存使用率）。
- GC Duration Time（GC持续时间）。
- GC回收掉的垃圾对象的内存大小。

（3）GC Statistics模块（GC的统计机制部分-类似于jstat）。

- 堆内存空间中发生的Minor GC和Full GC分别回收的垃圾对象的内存数据。
- 总计GC回收时间，分为Minor GC和Full GC，时间单位以ms为单位。
- GC的平均工作时间，包含了Minor GC和Full GC。

9.3.3　PerfMa

针对JVM调优和性能分析的SAAS服务（PerfMa），它是目前最专业的JVM调优工具。堆栈的分析也可以上传到 https://console.perfma.com/ 查看分析结果，需要注意的是dump文件中的线程号是以16进制表示的，所以我们定位线程的时候，也要把Linux系统线程号（10进制）转化为16进制格式。

它的设计主旨就是帮助大家更加清晰地认识JVM内的每个参数，并且还能对目前正在运行的JVM参数提供优化建议，针对不同环境或者不同发行版本的JVM参数也有着良好的适配能力，并且可以促进大家互相学习，交流相关的调优经验，使JVM参数变得不再那么高深莫测。

我们可以访问PerfMa的控制台，通过账号登录进入服务之后，首页内容如图9.36所示。

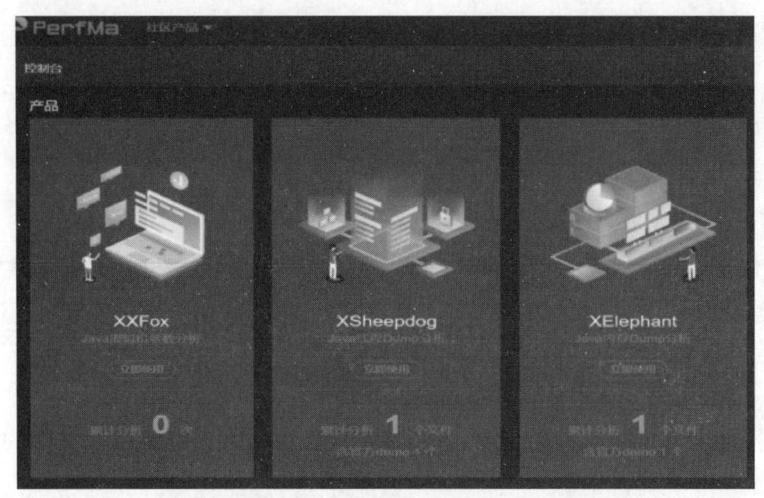

图9.36　PerfMa首页图

随着版本的更新可能会有着不同展示模式，具体页面展示以实际为准。

针对JVM参数的调优分析页面如图9.37所示。

图9.37　参数优化分析图

（1）参数查询，可以帮助我们非常方便地搜索想要使用的参数及用法信息。

（2）参数检查，可以帮助我们进行参数检查，防止出现参数错误影响服务启动。

（3）参数变迁，可以帮助我们学习参数变迁，将一些过期或者废弃的参数更新为最新且可用的参数。

（4）参数优化，可以针对已有的JVM参数，帮助我们优化对应的JVM配置及提供相关建议。

（5）参数生产，可以帮助我们直接生产相关的JVM参数，从而避免很多的认为错误。

分析线程Dump文件的功能，主要有本地文件上传、HTTP下载和FTP下载3种方式，我们一般通过本地上传的方式导出线程dump文件，从而分析内存问题，如图9.38所示。

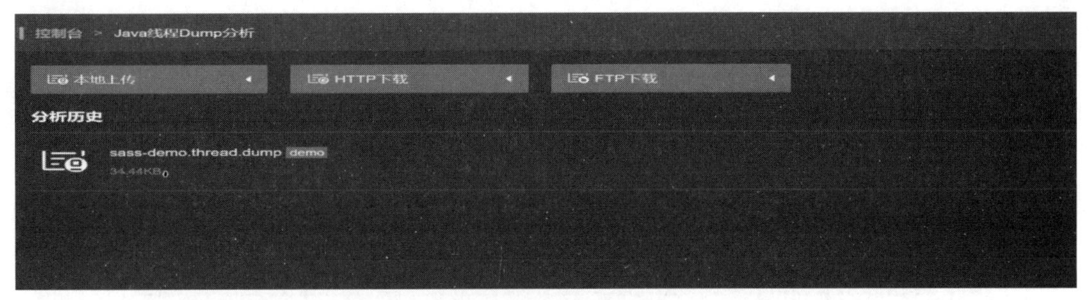

图9.38　线程dump分析图

分析内存dump文件的功能，与线程dump文件类似，也是有本地文件上传、HTTP下载和FTP下载3种方式，我们一般通过本地上传的方式导出dump文件，从而分析内存问题，如图9.39所示。

图9.39　内存dump分析图

最后，感兴趣的同学可以尝试一下该分析工具，JVM优化效果还是不错的，比较推荐。

9.4 小结

学完本章后，必须了解和掌握的知识点如下：

1. JVM分析工具常用指令。
2. JVM图形化分析工具。
3. JVM分析在线SAAS服务。

第 10 章

Arthas 分析 JVM 问题定位

本章内容偏向于对问题的解决方案进行分析，使用的工具为 Arthas。

Arthas 是 Alibaba 开源的 JVM 问题及错误诊断工具，经过长时间的发展和改进后，它已经成为备受专业开发人员喜爱的问题排查组件。

注意：针对 JVM 分析问题，在使用上未来会更加倾向于简易化，针对 JVM 分析工具的使用方法在前面章节已经有所涉猎，本章重点介绍 Arthas 的使用，便于更加高效地进行开发工作。

本章涉及的主要知识点如下：

- Arthas 学习入门：包含安装过程和指令。
- Arthas 实际案例分析：分析 OOM 问题定位。
- Arthas 实际案例分析：分析 FullGC 场景定位。
- Arthas 实际案例分析：分析线程假死问题定位。
- Arthas 实际案例分析：分析栈内存出现问题定位。

10.1 Arthas学习指南

本节内容主要介绍Arthas的使用，包含Arthas的特性介绍、能够解决问题的范围、其无法解决的问题等，详尽阐述如何进行安装并简单地操作Arthas，最后会简单介绍一些常用的Arthas分析指令，并附有实际案例。如果读者希望更深入了解，可以参考官方网站的详细介绍。

10.1.1 Arthas 的快速入门

使用Arthas诊断工具在线排查问题时，无须再次重启，可以实现实时调试Java代码和动态监控当前JVM的运行状态。

Arthas可以支持JDK 6+，也可以支持Linux/Mac/Windows，其使用命令行交互处理模式，并且提供了完善的Tab自动判断+补全处理功能，从而可以更加快捷和方便地让用户对问题进行准确定位与分析判断。

Arthas可以帮助我们解决如下问题。

（1）查询和分析类存在于哪些jar包。

（2）Java代码报出Exception异常或Error错误原因。

（3）代码未按照预期执行，如何通过jad反编译查看源码。

（4）无法在生产环境上远程debug代码或无法查看实时的运行日志，可通过热加载重新调整代码。

（5）解决线上遇到某应用数据处理逻辑问题。

（6）通过Dashboard统计全局视图，监控整个系统的运行状况。

（7）监控JVM实时运行状态，包括线程和内存的运行状态。

（8）快速定位应用程序热点代码，生成热力图，便于分析调用频率和热度。

（9）直接通过JVM查找某个类实例及相关方法说明等。

操作Arthas服务步骤如下。

（1）下载arthas-boot.jar文件。

```
curl -O https://arthas.aliyun.com/arthas-boot.jar // 阿里云的地址资源
wget https://alibaba.github.io/arthas/arthas-boot.jar // github 的地址资源
```

（2）用java -jar方式启动，执行命令java -jar arthas-boot.jar，输出帮助信息。

```
java -jar arthas-boot.jar -h
```

如果下载速度较慢，也可以用aliyun的镜像。

```
java -jar arthas-boot.jar --repo-mirror aliyun --use-http
```

当然除了arthas-boot.jar之外，也有另外一个方式可以使用，就是as.sh，它可以支持Arthas在Linux/Unix/Mac等多种操作系统平台上进行一键自动安装。

```
curl -L https://arthas.aliyun.com/install.sh | sh
```

在当前目录下下载安装（启动）脚本as.sh，当然你也可以把as.sh文件移动到其他目录下并把路径添加到 $PATH中，当执行./as.sh命令后，将会进入指令交互窗口。如果还有参数不清楚的地方，你也可以执行./as.sh -h来得到更多参数信息。

10.1.2 Arthas 的指令大全

本节介绍Arthas常用指令，如果想了解更多信息，可以参考官方文档（https://arthas.aliyun.com/doc/）。

dashboard指令会实时显示当前JVM中应用服务的多线程状态、各内存区域的GC情况等信息，如图10.1和图10.2所示。

```
ID  NAME                     GROUP     PRIORIT STATE    %CPU    DELTA_T TIME     INTERRUP DAEMON
-1  C2 CompilerThread0       -         -1      -        0.0     0.000   0:0.859  false    true
-1  C1 CompilerThread0       -         -1      -        0.0     0.000   0:0.779  false    true
-1  VM Thread                -         -1      -        0.0     0.000   0:0.141  false    true
23  arthas-NettyHttpTelnetBo system    5       RUNNABL  0.0     0.000   0:0.102  false    true
1   main                     main      5       TIMED_W  0.0     0.000   0:0.082  false    false
11  Attach Listener          system    9       RUNNABL  0.0     0.000   0:0.044  false    true
16  arthas-NettyHttpTelnetBo system    5       RUNNABL  0.0     0.000   0:0.040  false    true
-1  VM Periodic Task Thread  -         -1      -        0.0     0.000   0:0.019  false    true
24  arthas-command-execute   system    5       TIMED_W  0.0     0.000   0:0.010  false    true
-1  Sweeper thread           -         -1      -        0.0     0.000   0:0.009  false    true
21  arthas-UserStat          system    9       WAITING  0.0     0.000   0:0.008  false    true
Memory              used   total  max    usage  GC
heap                17M    37M    177M   9.97%  gc.copy.count              15
tenured_gen         15M    25M    122M   12.65% gc.copy.time(ms)           84
eden_space          2M     10M    49M    4.49%                             2
survivor_space      0K     1280K  6272K  0.00%  gc.marksweepcompact.time   44
nonheap             25M    29M    -1     87.04% (ms)
codeheap_'non-nmetho 1M    2M     5M     21.80%
ds'
```

图10.1　Arthas的dashboard页面1

```
ID  NAME                     GROUP     PRIORIT STATE    %CPU    DELTA_T TIME     INTERRUP DAEMON
-1  C2 CompilerThread0       -         -1      -        0.0     0.000   0:0.859  false    true
-1  C1 CompilerThread0       -         -1      -        0.0     0.000   0:0.779  false    true
-1  VM Thread                -         -1      -        0.0     0.000   0:0.141  false    true
23  arthas-NettyHttpTelnetBo system    5       RUNNABL  0.0     0.000   0:0.102  false    true
1   main                     main      5       TIMED_W  0.0     0.000   0:0.082  false    false
11  Attach Listener          system    9       RUNNABL  0.0     0.000   0:0.044  false    true
16  arthas-NettyHttpTelnetBo system    5       RUNNABL  0.0     0.000   0:0.040  false    true
-1  VM Periodic Task Thread  -         -1      -        0.0     0.000   0:0.019  false    true
24  arthas-command-execute   system    5       TIMED_W  0.0     0.000   0:0.010  false    true
-1  Sweeper thread           -         -1      -        0.0     0.000   0:0.009  false    true
21  arthas-UserStat          system    9       WAITING  0.0     0.000   0:0.008  false    true
Memory              used   total  max    usage  GC
heap                17M    37M    177M   9.97%  gc.copy.count              15
tenured_gen         15M    25M    122M   12.65% gc.copy.time(ms)           84
eden_space          2M     10M    49M    4.49%                             2
survivor_space      0K     1280K  6272K  0.00%  gc.marksweepcompact.time   44
nonheap             25M    29M    -1     87.04% (ms)
codeheap_'non-nmetho 1M    2M     5M     21.80%
ds'
```

图10.2　Arthas的dashboard页面2

dashboard参数信息如表10.1所示。

表10.1 dashboard参数

参数	说明
-i	刷新实时数据的时间间隔（ms），默认为5000ms
-n	刷新实时数据的次数

JDK 8支持获取JVM线程对应的CPU占用时间，但这些线程只有名称和CPU占用时间，没有线程ID及状态等信息（显示ID为 -1）。可观测到JVM活动轨迹和信息，如GC、JIT编译等占用CPU时间等，便于了解JVM整体运行状况。例如，JVM堆（heap）或元数据（Metaspace）空间不足、GC线程的CPU使用时间明显高于其他的线程等。显示信息如表10.2所示。

表10.2 dashboard结果

参数	说明
ID	Java中的Thread ID，整个内核中的线程ID是1：1的关系
NAME	线程名
GROUP	线程组名
PRIORITY	线程优先级，取值范围为1~10，值越大表示优先级越高
STATE	线程的状态
%CPU	线程的CPU使用率。例如，采样间隔为1000ms，某个线程的增量CPU时间为100ms，则CPU使用率=100/1000×100%=10%
DELTA_TIME	上次采样后线程运行增量CPU时间，数据格式为秒
TIME	线程运行总CPU时间，数据格式为分:秒
INTERRUPTED	线程当前的中断位状态
DAEMON	是否是daemon线程

JVM内部线程包括如下几种。

（1）JIT编译线程：如C1 CompilerThread0、C2 CompilerThread0。

（2）GC线程：如GC Thread0、G1 Young RemSet Sampling。

（3）其他内部线程：如VM Periodic Task Thread、VM Thread、Service Thread。

thread指令，查看当前线程信息，查看线程的堆栈。它具有很多相关的操作指令，指令参数说明如表10.3所示。

表10.3 thread指令参数

参数	说明
id	线程ID
-n	指定最忙的前*n*个线程
-b	阻塞状态的线程
-i	指定CPU的频率，默认为200ms
-all	所有相关的线程

thread -n：通常会输出当前最忙的n个线程，可以被用于自动排查相关线程CPU消耗情况，如图10.3所示。

```
arthas@51]$ thread -n 1
"arthas-command-execute" Id=24 cpuUsage=0.25% deltaTime=0ms time=24ms RUNNABLE
    at java.management@15-ea/sun.management.ThreadImpl.dumpThreads0(Native Method)
    at java.management@15-ea/sun.management.ThreadImpl.getThreadInfo(ThreadImpl.java:485)
    at com.taobao.arthas.core.command.monitor200.ThreadCommand.processTopBusyThreads(ThreadCommand.java:206)
    at com.taobao.arthas.core.command.monitor200.ThreadCommand.process(ThreadCommand.java:122)
    at com.taobao.arthas.core.shell.command.impl.AnnotatedCommandImpl.process(AnnotatedCommandImpl.java:82)
    at com.taobao.arthas.core.shell.command.impl.AnnotatedCommandImpl.access$100(AnnotatedCommandImpl.java:18)
    at com.taobao.arthas.core.shell.command.impl.AnnotatedCommandImpl$ProcessHandler.handle(AnnotatedCommandImpl.java:111)
    at com.taobao.arthas.core.shell.command.impl.AnnotatedCommandImpl$ProcessHandler.handle(AnnotatedCommandImpl.java:108)
    at com.taobao.arthas.core.shell.system.impl.ProcessImpl$CommandProcessTask.run(ProcessImpl.java:385)
    at java.base@15-ea/java.util.concurrent.Executors$RunnableAdapter.call(Executors.java:515)
    at java.base@15-ea/java.util.concurrent.FutureTask.run(FutureTask.java:264)
    at java.base@15-ea/java.util.concurrent.ScheduledThreadPoolExecutor$ScheduledFutureTask.run(ScheduledThreadPoolExecutor.java:304)
    at java.base@15-ea/java.util.concurrent.ThreadPoolExecutor.runWorker(ThreadPoolExecutor.java:1130)
    at java.base@15-ea/java.util.concurrent.ThreadPoolExecutor$Worker.run(ThreadPoolExecutor.java:630)
    at java.base@15-ea/java.lang.Thread.run(Thread.java:832)
```

图10.3　线程最忙的线程

- cpuUsage：采样间隔时间内线程的CPU使用率。
- deltaTime：采样间隔时间内线程占用CPU的时间，当小于1ms时会被取整为0ms。
- time：线程运行总CPU时间。

thread -all：系统会自动显示每个线程的运行状态等信息，如图10.4所示。

```
Threads Total: 22, NEW: 0, RUNNABLE: 9, BLOCKED: 0, WAITING: 3, TIMED_WAITING: 4, TERMINATED: 0, In
ernal threads: 6
ID  NAME                     GROUP          PRIORIT STATE   %CPU    DELTA_T TIME    INTERRUP DAEMON
24  arthas-command-execute   system         5       RUNNABL 0.15    0.000   0:0.045 false    true
-1  VM Thread                -              -1      -       0.09    0.000   0:0.251 false    true
-1  VM Periodic Task Thread  -              -1      -       0.07    0.000   0:1.130 false    true
-1  Service Thread           -              -1      -       0.02    0.000   0:0.005 false    true
2   Reference Handler        system         10      RUNNABL 0.0     0.000   0:0.002 false    true
3   Finalizer                system         8       WAITING 0.0     0.000   0:0.000 false    true
4   Signal Dispatcher        system         9       RUNNABL 0.0     0.000   0:0.000 false    true
9   Notification Thread      system         9       RUNNABL 0.0     0.000   0:0.000 false    true
11  Attach Listener          system         9       RUNNABL 0.0     0.000   0:0.044 false    true
13  arthas-timer             system         9       WAITING 0.0     0.000   0:0.000 false    true
16  arthas-NettyHttpTelnetBo system         5       RUNNABL 0.0     0.000   0:0.040 false    true
17  arthas-NettyWebsocketTty system         5       RUNNABL 0.0     0.000   0:0.002 false    true
18  arthas-NettyWebsocketTty system         5       RUNNABL 0.0     0.000   0:0.003 false    true
19  arthas-shell-server      system         9       TIMED_W 0.0     0.000   0:0.009 false    true
20  arthas-session-manager   system         9       TIMED_W 0.0     0.000   0:0.006 false    true
21  arthas-UserStat          system         9       WAITING 0.0     0.000   0:0.009 false    true
23  arthas-NettyHttpTelnetBo system         5       RUNNABL 0.0     0.000   0:0.817 false    true
1   main                     main           5       TIMED_W 0.0     0.000   0:0.550 false    false
10  Common-Cleaner           InnocuousThr   8       TIMED_W 0.0     0.000   0:0.004 false    true
-1  Sweeper thread           -              -1      -       0.0     0.000   0:0.021 false    true
-1  C1 CompilerThread0       -              -1      -       0.0     0.000   0:1.788 false    true
-1  C2 CompilerThread0       -              -1      -       0.0     0.000   0:3.734 false    true
```

图10.4　所有线程状态

thread -b：通常会输出当前被阻塞状态下的线程，有利于排查死锁问题。

thread 线程ID：主要输出线程的堆栈信息，如图10.5所示。

```
"arthas-UserStat" Id=21 WAITING on java.util.concurrent.locks.AbstractQueuedSynchronizer$ConditionObject@64286326
    at java.base@15-ea/jdk.internal.misc.Unsafe.park(Native Method)
    -  waiting on java.util.concurrent.locks.AbstractQueuedSynchronizer$ConditionObject@64286326
    at java.base@15-ea/java.util.concurrent.locks.LockSupport.park(LockSupport.java:341)
    at java.base@15-ea/java.util.concurrent.locks.AbstractQueuedSynchronizer$ConditionNode.block(AbstractQueuedSynchronizer.java:505)
    at java.base@15-ea/java.util.concurrent.ForkJoinPool.managedBlock(ForkJoinPool.java:3137)
    at java.base@15-ea/java.util.concurrent.locks.AbstractQueuedSynchronizer$ConditionObject.await(AbstractQueuedSynchronizer.java:1
)
    at java.base@15-ea/java.util.concurrent.LinkedBlockingQueue.take(LinkedBlockingQueue.java:435)
    at java.base@15-ea/java.util.concurrent.ThreadPoolExecutor.getTask(ThreadPoolExecutor.java:1056)
    at java.base@15-ea/java.util.concurrent.ThreadPoolExecutor.runWorker(ThreadPoolExecutor.java:1116)
    at java.base@15-ea/java.util.concurrent.ThreadPoolExecutor$Worker.run(ThreadPoolExecutor.java:630)
    at java.base@15-ea/java.lang.Thread.run(Thread.java:832)
```

图10.5　线程ID堆栈信息

thread –state <thread state>：查看指定状态的线程，如图10.6所示。

```
Threads Total: 16, NEW: 0, RUNNABLE: 9, BLOCKED: 0, WAITING: 3, TIMED_WAITING: 4, TERMINATED: 0
ID  NAME                     GROUP         PRIORIT STATE   %CPU     DELTA_T TIME     INTERRUP DAEMON
3   Finalizer                system        8       WAITING 0.0      0.000   0:0.000  false    true
13  arthas-timer             system        9       WAITING 0.0      0.000   0:0.000  false    true
21  arthas-UserStat          system        9       WAITING 0.0      0.000   0:0.010  false    true
```

图10.6　线程状态分析

JVM指令，查看JVM相关的性能数据，包含运行时的数据和内存相关的参数信息、线程和操作系统等配置信息，如图10.7和图10.8所示。

```
RUNTIME
--------------------------------------------------------------------------------
MACHINE-NAME                   51@6bdd27535f78
JVM-START-TIME                 2021-07-18 04:43:04
MANAGEMENT-SPEC-VERSION        3.0
SPEC-NAME                      Java Virtual Machine Specification
SPEC-VENDOR                    Oracle Corporation
SPEC-VERSION                   15
VM-NAME                        OpenJDK 64-Bit Server VM
VM-VENDOR                      Oracle Corporation
VM-VERSION                     15-ea+8-219
INPUT-ARGUMENTS                []
CLASS-PATH                     math-game.jar
BOOT-CLASS-PATH
LIBRARY-PATH                   /usr/java/packages/lib:/usr/lib64:/lib64:/lib:/usr/lib
--------------------------------------------------------------------------------
```

图10.7　Runtime运行时参数信息

```
--------------------------------------------------------------------------------
MEMORY
--------------------------------------------------------------------------------
HEAP-MEMORY-USAGE              init : 12582912(12.0 MiB)
[memory in bytes]              used : 22487824(21.4 MiB)
                               committed : 39456768(37.6 MiB)
                               max : 186515456(177.9 MiB)

NO-HEAP-MEMORY-USAGE           init : 7667712(7.3 MiB)
[memory in bytes]              used : 32422976(30.9 MiB)
                               committed : 35454976(33.8 MiB)
                               max : -1(-1 B)

PENDING-FINALIZE-COUNT         0
--------------------------------------------------------------------------------
OPERATING-SYSTEM
--------------------------------------------------------------------------------
OS                             Linux
ARCH                           amd64
PROCESSORS-COUNT               3
LOAD-AVERAGE                   3.96
VERSION                        4.15.0-142-generic
--------------------------------------------------------------------------------
THREAD
--------------------------------------------------------------------------------
COUNT                          16
DAEMON-COUNT                   15
PEAK-COUNT                     18
STARTED-COUNT                  20
DEADLOCK-COUNT                 0
```

图10.8　Memory和OperationSystem及Thread数据

jad工具对字节码进行反编译，针对某些代码是否生效或者是否变更成功，都可以通过jad工具非常清晰地观察到。jad指令针对Map的源码反编译后的效果，如图10.9所示。

sc搜索指令查找在JVM内已经被加载的类，是Search-Class的英文缩写。通过该查询命令，可以快速查询和输出所有已经被添加到JVM中的Class类信息。

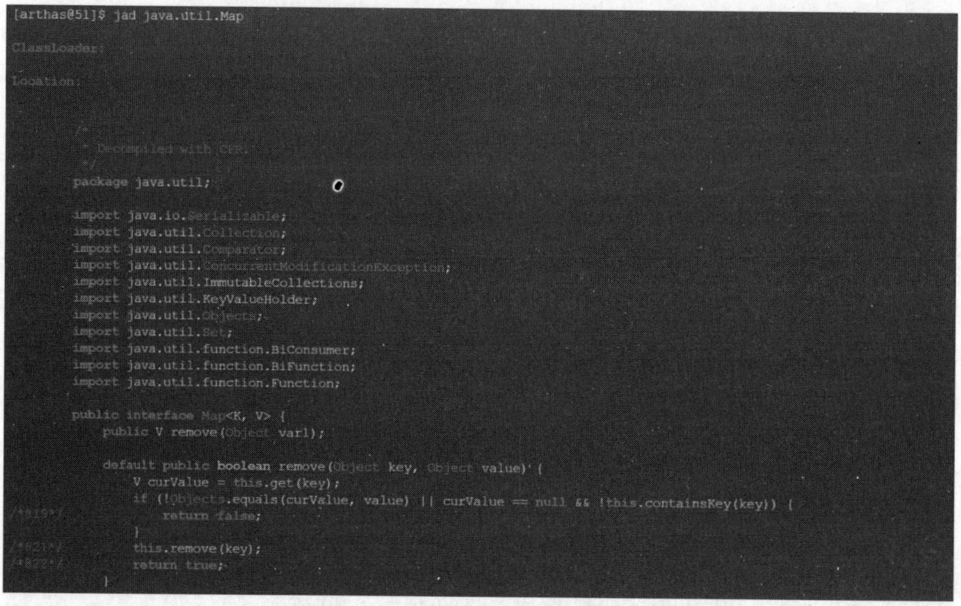

```
[arthas@51]$ jad java.util.Map

ClassLoader:

Location:

        /*
         * Decompiled with CFR.
         */
        package java.util;

        import java.io.Serializable;
        import java.util.Collection;
        import java.util.Comparator;
        import java.util.ConcurrentModificationException;
        import java.util.ImmutableCollections;
        import java.util.KeyValueHolder;
        import java.util.Objects;
        import java.util.Set;
        import java.util.function.BiConsumer;
        import java.util.function.BiFunction;
        import java.util.function.Function;

        public interface Map<K, V> {
            public V remove(Object var1);

            default public boolean remove(Object key, Object value) {
                V curValue = this.get(key);
                if (!Objects.equals(curValue, value) || curValue == null && !this.containsKey(key)) {
/*819*/               return false;
                }
/*821*/           this.remove(key);
/*822*/           return true;
            }
```

图10.9　jad指令针对Map的源码反编译后的效果

sc参数如表10.4所示。

表10.4　sc参数

参数	说明
Class-pattern	类名表达式匹配
method-pattern	方法名表达式匹配
-d	输出当前Class类对象的详细信息，包含当前类被加载的原始文件来源、类版本的声明、加载类的ClassLoader等
-E	标识采用正则表达式进行字符匹配
-f	输出当前类的成员变量信息（需要配合参数-d一起使用）
-x	输出静态变量对属性的最大遍历深度值，大多数情况下是0，直接采用toString方法输出数据
-c	指定Class的ClassLoader的hashcode
-n	具有详细信息的匹配类的最大数量（默认为100）
-ClassLoaderClass	指定执行表达式的 ClassLoader的Class name

sc指令与sm同理，它是“Search-Method”的简写，通过这个命令可以查询出任何加载在JVM中的Class所对应的Method方法。

mc指令是“Memory Compiler”的英文缩写，它主要负责编译java源文件生成Class字节码。例如：mc /test/TestSample.java。

可以通过-c或者--ClassLoaderClass参数指定Classloader：

```
mc -c org.springframework.boot.loader.LaunchedURLClassLoader  /tmp/
```

```
TestSample.java
```

通过参数-d命令指定输出目录：

```
mc -d /tmp/output /test/ClassA.java /test/ClassB.java
```

编译生成Class文件之后，可以结合retransform命令实现热更新代码。

retransform指令主要负责加载外部的Class文件，可以实现热加载Class类到JVM内。

```
$ retransform /tmp/TestSample.Class
retransform success, size: 1, Classes:
com.TestSample
```

加载指定的Class文件，解析出Class name，执行retransform对应的Class类。而每加载一个Class文件，就会记录一个retransform entry。如果多次执行retransform，加载同一个Class文件，则会有多条retransform entry。

查看retransform entry可以执行指令retransform -l。

此外TransformCount的统计功能主要是通过调用ClassFileTransformer的transform方法，返回entry对应的Class文件的次数。

删除retransform entry，需要指定ID，指令为retransform -d id，而如果要删除所有retransform entry，则指令为retransform --deleteAll。对于同一个类，当存在多个 retransform entry时，如果显式触发retransform，则最后添加的entry生效（ID最大的）。

综上所述，可将指令归纳为两种类型，分别是基础指令和应用指令，基础指令如表10.5所示。

表10.5　基础指令

指令名称	说明
help	查看帮助信息。可以查看当前arthas版本支持的指令，也可以查看具体指令的使用说明
cls	清空当前屏幕区域
session	查看当前会话信息，显示当前绑定的pid及会话ID
reset	重设强化类，把被Arthas强化过的类型全部恢复。当Arthas服务器进行stop时，会重置所有强化过的类
history	输出命令历史
quit	等同于exit、logout、q这3个指令。
stop	关闭服务。一旦关闭后，则所有连接的客户端也会自动退出
keymap	输出当前的快捷键映射表

应用指令主要用于对应用进行监控分析，如表10.6所示。

表10.6 应用指令

指令名称	说明
dashboard	当前系统的实时数据面板
thread	查看当前线程信息、线程堆栈
jvm	查看当前JVM的信息
sysprop	查看当前JVM的系统级别的属性
sysenv	查看当前JVM的环境属性
vmoption	查看当前JVM的诊断参数选项
perfcounter	查看当前JVM的 Perf Counter信息
logger	查看logger信息，更新logger level
mbean	查看或监控 Mbean 的属性信息。
getstatic	查看所有类的静态属性
ognl	执行ognl表达式
sc	查看JVM已加载的类信息
sm	查看已加载类的方法信息
dump	导出已经加载的类到此选项指定的目录
heapdump	类似jmap命令的heap dump功能
vmtool	利用JVMTI接口，实现查询内存对象、强制GC等功能
jad	反编译指定已加载类的源码
Classloader	查看所有类加载器的继承关系树及类加载信息
mc	使用内存文件编译器，编译.java格式的文件并生成.Class
retransform	加载外部的.Class文件，retransform jvm已加载的类
monitor	方法执行监控
watch	方法执行数据观测
trace	方法内部调用路径，并输出方法路径上的每个节点耗时
stack	输出当前方法被调用的路径
tt	方法执行数据的时间链路，记录下指定方法每次调用的入参和返回信息，并能对这些不同时间下的调用进行观测
profiler	方法执行数据的时间链路，记录下指定方法每次调用的入参和返回信息，并能对这些不同时间下的调用进行观测
cat	输出文件名，与Linux中的cat命令类似
echo	输出命令参数，与Linux中的echo命令类似
grep	类似传统的grep命令
base64	base64编码转换，和Linux中的 base64 命令类似
tee	类似传统的tee命令,用于读出标准输入的数据,并将其内容输出成文本
pwd	返回当前的工作目录，和Linux中的命令类似
auth	验证当前会话
options	全局开关

指令的具体内容可以参考：https://arthas.aliyun.com/doc。

10.1.3 Arthas 的 Http API

Http API是使用Arthas对外提供服务且采用RESTful接口协议的功能服务组件，请求与服务应答中的内容都应该是采用JSON协议格式的接口结构体。Http API相比Telnet/WebConsole的数据输出类型来说是更加非结构化的数据格式，能够为开发者提供更加复杂的结构化数据类型，并支持更加复杂的交互处理功能，如特定应用场景的一系列诊断操作。

接口地址：http://ip:port/api，必须为POST请求类型，由用户自身创建及管理Arthas会话，对于交互过程，主要为以下几个方面。

（1）创建会话：主要为创建会话ID。

（2）加入会话：指定要加入的会话ID，服务端将分配一个新的消费者ID。多个消费者可以接收到同一个会话的命令结果。

（3）拉取命令结果：拉取数据结果。

（4）执行命令：异步命令执行和中断命令执行。

（5）关闭会话：结束会话机制。

响应状态信息，主要是响应结果中的state属性值，它表示请求处理的状态，取值如下。

（1）SCHEDULED：异步执行命令时表示已经创建job并已提交到命令执行队列，命令可能还没有开始执行或者正在执行中。

（2）SUCCEEDED：请求处理成功（完成状态）。

（3）FAILED：请求处理失败（完成状态），通常附带message说明原因。

（4）REFUSED：请求被拒绝（完成状态），通常附带message说明原因。

注意：Telnet服务的3658端口与Chrome浏览器有兼容性问题，建议使用http端口8563访问http接口，具体可以参考官方API介绍：https://arthas.aliyun.com/doc/http-api.html。

10.2 Arthas分析OOM问题定位

OOM主要发生在堆和方法区中，是JVM内存中发生的最普遍问题。当FGC（Full Garbage Collection）无法回收内存时，就会出现OOM，如果不分析和排查引起OOM的具体原因，JVM可能很快又会发生OOM，并且也很可能频繁FGC，而FGC的STW会比较久，所以在极端的情况下可能引起微服务调用链路上出现超时、熔断或者阻塞现象。

10.2.1 分析应用服务的内存泄漏

当Heap区被塞满对象且JVM已无法再次创建新的对象的时候，OOM就会产生。

故此我们写一个无限循环，让它不停去创建新对象并让其被引用，使其不会被GC回收，这样我们就可以看到对象从Eden区到Survivor区再到Old/Tenure区的过程了，最后导致“java.lang.OutOfMemoryError:Java heap space”。

在执行循环的过程中（还未发生OOM之前），我们可以使用Arthas服务的heapdump指令（等同JDK原生的jmap组件的heap/dump命令的功能），将堆内存数据dump下来，使用工具分析。这个命令也会暂停程序（STW），可以内测使用，推荐在开发环境或者测试环境、准生产环境等使用，不推荐在生产环境使用。如何使用可以参考官方文档手册：https://arthas.aliyun.com/doc/heapdump.html。

使用heapdump指令将生成当前JVM内存快照数据，并且dump到指定文件中。

```
[arthas@32423]$ heapdump /tmp/dump.hprof
Dumping heap to /tmp/dump.hprof...
Heap dump file created
```

使用heapdump指令将生成当前JVM内存快照数据，并且dump到指定文件中。

```
[arthas@32423]$ heapdump --live /tmp/dump.hprof
Dumping heap to /tmp/dump.hprof...
Heap dump file created
```

之后可以使用第三方的工具（MAT、VisualVM）或者JDK内存分析工具（jmap）、在线的内存分析服务进行内存分析。在这里我们使用MAT工具进行分析，如图10.10所示。

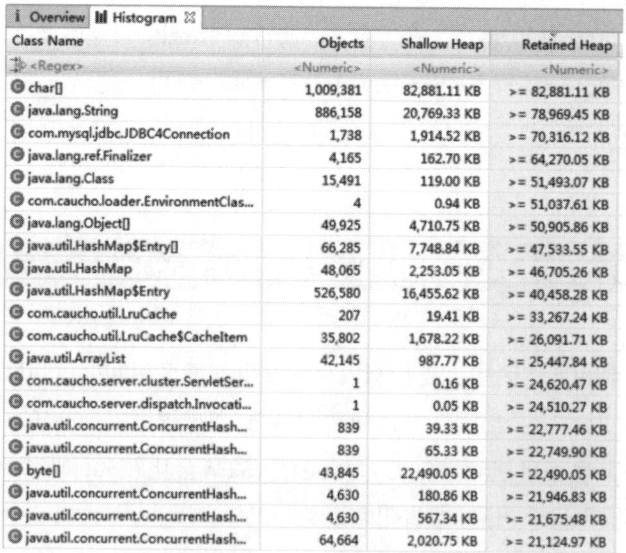

i Overview | Histogram

Class Name	Objects	Shallow Heap	Retained Heap
<Regex>	<Numeric>	<Numeric>	<Numeric>
char[]	1,009,381	82,881.11 KB	>= 82,881.11 KB
java.lang.String	886,158	20,769.33 KB	>= 78,969.45 KB
com.mysql.jdbc.JDBC4Connection	1,738	1,914.52 KB	>= 70,316.12 KB
java.lang.ref.Finalizer	4,165	162.70 KB	>= 64,270.05 KB
java.lang.Class	15,491	119.00 KB	>= 51,493.07 KB
com.caucho.loader.EnvironmentClas...	4	0.94 KB	>= 51,037.61 KB
java.lang.Object[]	49,925	4,710.75 KB	>= 50,905.86 KB
java.util.HashMap$Entry[]	66,285	7,748.84 KB	>= 47,533.55 KB
java.util.HashMap	48,065	2,253.05 KB	>= 46,705.26 KB
java.util.HashMap$Entry	526,580	16,455.62 KB	>= 40,458.28 KB
com.caucho.util.LruCache	207	19.41 KB	>= 33,267.24 KB
com.caucho.util.LruCache$CacheItem	35,802	1,678.22 KB	>= 26,091.71 KB
java.util.ArrayList	42,145	987.77 KB	>= 25,447.84 KB
com.caucho.server.cluster.ServletSer...	1	0.16 KB	>= 24,620.47 KB
com.caucho.server.dispatch.Invocati...	1	0.05 KB	>= 24,510.27 KB
java.util.concurrent.ConcurrentHash...	839	39.33 KB	>= 22,777.46 KB
java.util.concurrent.ConcurrentHash...	839	65.33 KB	>= 22,749.90 KB
byte[]	43,845	22,490.05 KB	>= 22,490.05 KB
java.util.concurrent.ConcurrentHash...	4,630	180.86 KB	>= 21,946.83 KB
java.util.concurrent.ConcurrentHash...	4,630	567.34 KB	>= 21,675.48 KB
java.util.concurrent.ConcurrentHash...	64,664	2,020.75 KB	>= 21,124.97 KB

图10.10 Histogram直方图视图1

首先，单击视图工具栏上方的Histogram图标，即可启动Histogram直方视图功能，并实时显示所有类产生的实例数量和其所有独占的实例内存大小及内存百分比。

参考选项中Shallow Heap和Retained Heap分别代表对象本身不包含引用的大小和对象本身包含引用的大小，默认的大小单位是Bytes（字节），可以在Window-Preferences菜单中设置单位，图中设置的是KB。

利用直方图视图，能够非常方便地找出占据内存空间最大的几个类（通过Shallow Heap或Retained Heap排序），并且假设存在内存泄漏，随着时间增加泄漏类的实例数量和内存占用比也会越多，类排序也就越靠前。

图10.11所示为其他时间节点的直方图。

Class Name	Objects	Shallow Heap
<Regex>	<Numeric>	<Numeric>
char[]	+394,314	+24,512.46 KB
java.util.HashMap$Entry	+432,590	+13,518.44 KB
com.mysql.jdbc.ConnectionPropertiesImpl$Bo...	+178,080	+11,130.00 KB
java.lang.String	+366,765	+8,596.05 KB
java.util.Hashtable$Entry	+263,348	+8,229.62 KB
com.mysql.jdbc.ConnectionPropertiesImpl$Str...	+58,830	+3,676.88 KB
com.mysql.jdbc.ConnectionPropertiesImpl$Int...	+44,520	+3,130.31 KB
java.lang.Integer	+199,512	+3,117.38 KB
java.util.HashMap$Entry[]	+11,430	+2,971.09 KB
java.util.Hashtable$Entry[]	+5,113	+2,637.67 KB
int[]	+20,054	+2,468.73 KB
com.caucho.server.dispatch.Invocation	+25,193	+2,361.84 KB
com.mysql.jdbc.JDBC4Connection	+1,590	+1,751.48 KB
net.sf.cglib.asm.Edge	+46,380	+1,087.03 KB
net.sf.cglib.asm.Item	+19,714	+1,078.11 KB
java.lang.reflect.Method	+13,092	+1,022.81 KB

图10.11　Histogram直方图视图2

可以通过单击各个工具项和类上的各个图标进行比较，经过多次比较各个不同时间点下的直方曲线图，还有各个不同时间点下的dump文件的数据，可以非常容易地将内存溢出的对象及类找出来，也能很方便地定位到具体代码，然后分析是什么原因导致无法回收该对象。

10.2.2　分析应用内存大对象问题

基于Arthas工具的heapdump指令导出dump文件，将文件通过MAT进行解析。

通过Dominator Tree这个视图可以详细分析系统中大对象的分布状况，单击工具栏上方的按钮图标，可以直接启动一个Dominator Tree（支配树）视图，可以展示出每个对象（Object Instance）或与其他引用关系对象形成的树状结构，此外还包括这些对象所占用的系统内存大小和空间百分比，如图10.12所示。

通过Shallow Heap及Retained Heap的百分比指标进行排序，可以非常直观地了解系统大对象的数据趋势和比重。

Class Name	Shallow Heap	Retained Heap	Percentage
<Regex>	<Numeric>	<Numeric>	<Numeric>
com.caucho.loader.EnvironmentClassLoader @ 0x713d133e8	0.23 KB	50,805.77 KB	17.70%
com.caucho.server.cluster.ServletService @ 0x71082cea0	0.16 KB	24,620.37 KB	8.58%
com.caucho.network.listen.TcpPort @ 0x71076cbf8	0.23 KB	12,314.47 KB	4.29%
lsf.dao.simplejdbc.builder.impl.VelocitySqlBuilder @ 0x71baf6d20	0.04 KB	9,611.70 KB	3.35%
org.springframework.beans.factory.support.DefaultListableBeanFactory @ 0x7:	0.19 KB	8,991.92 KB	3.13%
org.springframework.beans.factory.support.DefaultListableBeanFactory @ 0x7:	0.19 KB	7,088.35 KB	2.47%
com.caucho.db.block.BlockManager @ 0x710978830	0.05 KB	6,832.12 KB	2.38%
com.caucho.loader.SystemClassLoader @ 0x7103d4970	0.25 KB	6,017.91 KB	2.10%
org.springframework.web.servlet.view.velocity.VelocityViewResolver @ 0x71f4c	0.09 KB	3,735.16 KB	1.30%
org.springframework.web.servlet.mvc.method.annotation.RequestMappingHan	0.07 KB	3,692.53 KB	1.29%

图10.12　Dominator Tree视图

10.2.3 分析应用内存中不同引用对象

可以从Dominator Tree或者Histogram视图中找出疑似内存泄漏的对象或者类，使用Retained Heap进行排序，并且可以在ClassName中输入正则表达式的关键词（显示指定的类名），然后右键选择Path To GC Roots（Histogram中没有此项）或Merge Shortest Paths to GC Roots，选择不同的引用类型进行过滤。

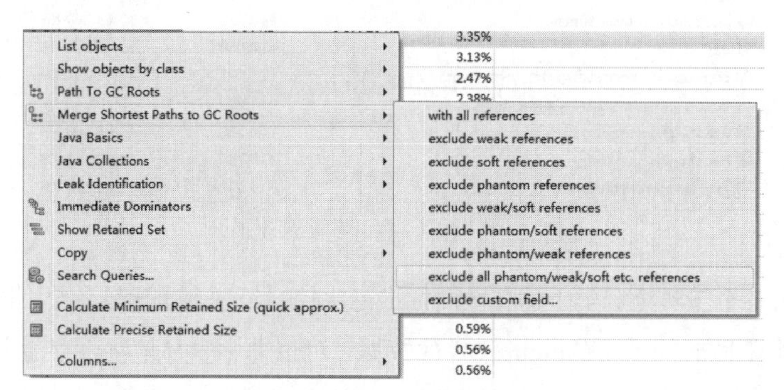

图10.13　过滤不同引用类型对象

GC Roots意为GC根节点，它的含义可以参考上面章节介绍的GC Roots的内容，针对exclude all phantom/weak/soft etc.reference代表（排除虚引用、弱引用和软引用）的对象数据，可以等价于只分析强引用的对象。因为除了强引用之外，其他的引用都可以被回收掉，如果一个对象始终无法被回收，则说明它一直存在强引用，导致无法再给GC回收器进行回收。

10.3 Arthas分析FullGC问题定位

作为一个Java开发者，相信你对FullGC一定不会陌生，一般而言我们会采用横切FullGC的方式分析FullGC，采用前置拦截（-XX:+HeapDumpBeforeFullGC）和后置拦截（-XX:+HeapDumpAfter-FullGC）的方式导出FullGC发生前后的heap dump文件，以便进行FullGC问题的分析和定位。

10.3.1　推测分析问题之 FullGC 频率过高

观测GC回收次数及时间，除Java原生的jstat指令外，还可通过dashboard看板中的GC子面板（整体部分的右下角）部分，如图10.14所示。

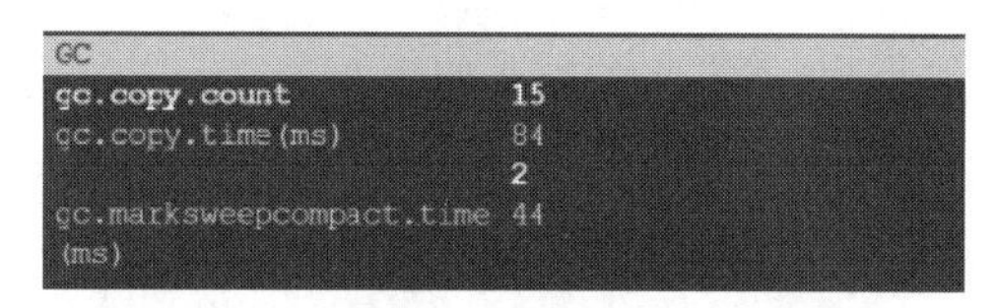

图10.14　dashboard看板中的GC部分

通过分析及观察发现，当FullGC的频率过高时，可以有针对性地获取FullGC前后*n*（3~5）组的heap dump文件。解析每次FullGC前后的对象数量和内存数据，分析指标较为靠前的对象，从而找出FullGC频繁原因，侧重分析以下5个要点。

（1）分析其创建的数量为什么过多，以及占用内存剧增的原因。

（2）分析其创建的对象生命周期为什么过长，导致会直接迁移到老年代。

（3）存在担保分配机制导致直接在老年代分配，即对象大小是否过大，导致动态年龄跃升。

（4）进入老年代的阈值过低（XX:PretentureSizeThreshold 的值过低），导致跃升。

（5）内存分配不符合业务场景，对于老年代及新生代的内存值不合理。

10.3.2　推测分析问题之 FullGC 时间过长

当JVM出现FullGC且耗时超过1s时，即可认为FullGC时间过长，对该问题的分析如下。

（1）新生代内存空间分配过小：如果新生代过小，对象会过早地晋升至Old区，而Old区的垃圾回收工作一般较新生代耗费更多的时间，因此可增大新生区空间来有效地减少GC的停顿时间。

（2）最优的GC回收器：GC回收器是影响GC停止时间的一个十分关键的原因。笔者个人建议选择G1收集器，由于G1回收器是自动调优的，因此只需设定一个停止时间的目标即可，如-XX:MaxGCPauseMillis=200。

（3）当发生热交换内存（Swap）时，如系统内存不足，那么操作系统就会将应用中的内存交换出去。内存的热交换机制相当耗时，而且由于必须访问硬盘，因此相对于直接访问物理内存而言速度要慢得多。

（4）磁盘的IO负载重：如果硬盘存在大量的文件读写操作，则会造成GC停顿时间变长。

（5）堆中的内存过大：如果堆内存过大，则整个堆内存空间中就会积累过多的内存垃圾。一旦发生FullGC时，需要回收并且处理所有内存垃圾时，将需要耗费更多的时间。（当运行JVM的堆内存总数为12G时，可以考虑将其分成3个4GB的小型JVM实例，这样会大大地降低GC的停顿时间。）

（6）发生特殊情况：如CMS中出现concurrent mode failure后，此时GC回收器降级成串行回收器进行GC处理，因此导致GC回收时间整体变得更长。

（7）显式调用System.gc：当调用System.gc或者Runtime.getRuntime().gc之后，就会发生FullGC，从而引起GC时间过长，可能会存在以下场景。

①应用程序定制化/业务化调用了System.gc方法。

②引用的第三方库或者框架，甚至是应用服务器都调用了System.gc方法。

③外部使用JMX/JVMTI技术进行触发，如jmap指令或者JVisualVM工具。

注意：对于内存空间不足，除处理Swap之外，还可以给机器增加内存、减少机器上运行的进程数，以释放更多的内存或减少应用分配的内存（不推荐，可能会引起其他问题）。

10.4 Arthas分析线程方面问题定位

10.4.1 推测分析问题之线程死锁问题

死锁问题非常常见，为了排查这类问题，Arthas提供了相关命令，协助开发人员快速定位。使用thread命令输出线程统计信息，其中BLOCKED表示目前阻塞的线程数，是需要重点观察的保护对象。执行“thread -b”命令相当于“jstack–l <pid> | grep -i–E ‘BLOCKED | deadlock’”，找出阻塞其他线程运行的死锁线程。

执行“thread -b”命令，结果如下：

```
"Thread-34" Id=93 BLOCKED on java.lang.Object@1820d623  owned by
"Thread-36" Id=92
at cn.lhy.test.controller.TestController.lambda$hb$1(TestController.
java:65)
- blocked on java.lang.Object@1820d623
- locked java.lang.Object@29064ce5 <---- but blocks 3 other threads!
at cn.lhy.test.controller.TestController$$Lambda$1407/395258860.
run(Unknown Source)
at java.lang.Thread.run(Thread.java:748)
```

注意：已直接输出了造成死锁的线程ID和具体的代码位置，以及当前线程一共阻塞的线程数量“<----but blocks 3 other threads!”，非常清晰和便利。

10.4.2 推测分析问题之 CPU 负载过高

在日常开发过程中，可能会发生CPU负载过高的情况，此时一般会考虑是线程引起的，可以采用thread命令查看当前线程信息及线程的堆栈。

CPU使用率是衡量系统繁忙程度的重要指标，一般情况下单纯的CPU使用率高并没有问题，它代表系统正在不断地处理任务；但是，如果CPU使用率过高，导致任务处理不完，从而引起负载过高，需要特别关注。CPU使用率的安全值没有一个标准值，取决于系统是计算密集型还是IO密集型，一般计算密集型应用CPU使用率偏高、load偏低，IO密集型则相反。

如果需要定位CPU负载过高的问题，那么首先需要知道的是哪些线程存在着高负载问题，比如GC线程或者应用程序线程等，这时最简单的方法就是通过dashboard看板查询整个进程中所有线程、内存、GC的运作情况，如图10.15所示。

```
ID  NAME                   GROUP       PRIORIT STATE    %CPU    DELTA_T TIME     INTERRUP DAEMON
-1  C1 CompilerThread0     -           -1      -        0.45    0.022   0:0.974  false    true
25  Timer-for-arthas-dashboa system    5       RUNNABL  0.39    0.019   0:0.097  false    true
23  arthas-NettyHttpTelnetBo system    5       RUNNABL  0.14    0.007   0:0.144  false    true
-1  C2 CompilerThread0     -           -1      -        0.13    0.006   0:0.944  false    true
-1  VM Periodic Task Thread -          -1      -        0.06    0.003   0:0.033  false    true
1   main                   main        5       TIMED_W  0.03    0.001   0:0.099  false
-1  VM Thread              -           -1      -        0.0     0.000   0:0.125  false    true
-1  Sweeper thread         -           -1      -        0.0     0.000   0:0.012  false    true
-1  Service Thread         -           -1      -        0.0     0.000   0:0.000  false    true
2   Reference Handler      system      10      RUNNABL  0.0     0.000   0:0.002  false    true
3   Finalizer              system      8       WAITING  0.0     0.000   0:0.000  false    true
Memory                used   total  max    usage   GC
heap                  19M    37M    177M   11.24%  gc.copy.count               15
tenured_gen           15M    25M    122M   12.66%  gc.copy.time(ms)            70
eden_space            4M     10M    49M    9.10%                               2
survivor_space        0K     1280K  6272K  0.00%   gc.marksweepcompact.time    40
nonheap               26M    30M    -1     86.65%  (ms)
codeheap_'non-nmetho  1M     2M     5M     21.88%
ds'
Runtime
```

图10.15　dashboard视图展示

其中查看CPU使用率的效果与Linux的命令top -H -p <pid> 中对应的%CPU类似，统计当前JVM内各个线程占用CPU的时间。

通过以上数据可以分析哪些线程占用CPU的时间较长，如果是GC线程占用CPU时间过多，则需要考虑如何优化GC，如降低FullGC的频率和时长及调整对象内存的分配机制等，具体内容可以参考上一节FullGG的相关内容。如果有相关的业务代码过多创建线程或者任务的时候，那么需要多考虑对线程池及相关代码进行优化。

针对具体代码的定位，则可以采用thread指令导出相关的线程dump信息进行分析，下面是thread的参数选项，借鉴了官方文档的内容，如图10.16所示。

参数名称	参数说明
id	线程id
[n:]	指定最忙的前N个线程并打印堆栈
[b]	找出当前阻塞其他线程的线程
[i]	指定CPU占比统计的采样间隔，单位为毫秒
[--all]	显示所有匹配的线程

图10.16　thread指令参数选项

再次采样，获取所有线程的CPU时间。对比两次采样数据，计算每个线程的增量CPU运行时间。

线程负载的CPU使用率 = 线程增量CPU运行时间/采样线程间隔时间 × 100%。

```
[arthas@35]$ thread -n 3
"arthas-command-execute" Id=24 cpuUsage=70.32% deltaTime=0ms time=36ms
RUNNABLE
at java.management@15-ea/sun.management.ThreadImpl.dumpThreads0(Native
Method)
at java.management@15-ea/sun.management.ThreadImpl.
getThreadInfo(ThreadImpl. java:485)
at com.taobao.arthas.core.command.monitor200.ThreadCommand.
processTopBusy Threads(
ThreadCommand.java:206)
at com.taobao.arthas.core.command.monitor200.ThreadCommand.
process(Thread Command.
java:122)
at com.taobao.arthas.core.shell.command.impl.AnnotatedCommandImpl.
process(AnnotatedCommandImpl.java:82)
at com.taobao.arthas.core.shell.command.impl.AnnotatedCommandImpl.
access $100
(AnnotatedCommandImpl.java:18)
at com.taobao.arthas.core.shell.command.impl.AnnotatedCommandImpl$
ProcessHandler.handle(AnnotatedCommandImpl.java:111)
at com.taobao.arthas.core.shell.command.impl.AnnotatedCommandImpl$Process
Handler.
handle(AnnotatedCommandImpl.java:108)
at com.taobao.arthas.core.shell.system.impl.
ProcessImpl$CommandProcess Task.
run(ProcessImpl.java:385)
at java.base@15-ea/java.util.concurrent.ScheduledThreadPoolExecutor$Sch
eduledFutureTask
.run(ScheduledThreadPoolExecutor.java:304)
at java.base@15-ea/java.util.concurrent.ThreadPoolExecutor.
runWorker(Thread PoolExecutor.
java:1130)
at java.base@15-ea/java.lang.Thread.run(Thread.java:832)
"C1 CompilerThread0" [Internal] cpuUsage=0.28% deltaTime=0ms time=1032ms
"VM Periodic Task Thread" [Internal] cpuUsage=0.07% deltaTime=0ms
time =982ms
"C2 CompilerThread0" [Internal] cpuUsage=0.01% deltaTime=0ms time=1021ms
"Reference Handler" Id=2 cpuUsage=0.0% deltaTime=0ms time=2ms RUNNABLE
    at java.base@15-ea/java.lang.ref.Reference.waitForReferencePendingList
(Native Method)
    at java.base@15-ea/java.lang.ref.Reference.processPendingReferences
(Reference.java:241)
    at java.base@15-ea/java.lang.ref.Reference$ReferenceHandler.
run (Reference.java:213)
```

由以上内容可以分析出CPU负载过高的线程堆栈，以及代码问题和原因。

注意：由于计算统计线程自身就会产生开销，因此会看到统计线程占了一定的比例。为减少对统计自身开销产生的影响，应尽量将采样间隔延长一点。

10.5 小结

学完本章后，必须了解和掌握的知识点如下：

1. Arthas的概念及其作用。
2. 如何安装Arthas。
3. 使用Arthas监控JVM进程，以及分析相关内存状态。
4. 使用Arthas导出heap dump文件，以及分析dump文件。
5. 使用Arthas分析相关的thread问题和状态。
6. Arthas的Http API的使用方式
7. 使用Arthas分析经常发生的问题。

第 11 章

程序的编译和代码优化

本章介绍字节码的编译器和代码编译优化。对于 Java 体系而言，可以做到“一次编译，到处运行”的关键是字节码。字节码转换为应用程序的机器码的方式对应用程序的运行速度有很大的影响。在最开始的 JVM 中，只存在解释执行，之后进行了优化，从而产生了编译器，所以合理地选择 Java 编译器是优化应用程序的必然选择，这里的“应用程序”不局限于 Java语言编写的，其他JVM平台化的语言同样也可以使用编译器优化技术。

注意：了解编译原理和机制非常有利于分析整个 Java 运行流程，不仅可以指导开发人员开发出更优秀的程序，而且还可以在 JVM 调优过程中开阔思路并给出更优方案。

本章涉及的主要知识点如下：

- Java 体系中的 3 种编译器和编译方式。
- JIT 编译器的概念、特性和原理。
- AOT 编译器的概念、特性和原理。
- 逃逸分析技术的概念及其相关应用。
- 编译技术方案：方法内联机制、同步消除机制、标量替换机制和栈上分配机制。
- 公共子表达式消除和数组边界检查消除的概念和实现。

11.1 Java体系的3种编译器

Java源码必须通过编译器编译成为字节码后才能在JVM中运行，其中编译技术会涉及非常多的知识点，如编译原理、语言规范、虚拟机规范、本地机器码优化等。

Java系统中主要有3个编译器，分别为前端编译器、即时编译器（JIT编译器）和静态预先编译器（AOT编译器）。

（1）前端编译器是Java编译体系中的“先头兵”，负责把Java源码文件（.java）编译成Class字节码文件（.Class），读者可以理解为它就是把人类可以理解识别的Java语言代码转化为JVM可以识别的字节码指令。此外针对前端编译器的优化范畴属于Java源码层面的，例如，JDK8以后的新特性（语法糖、泛型、内部类、钻石语法等），这些都是依靠前端编译器实现的，与JVM无关。

在开发过程中常用的前端编译器主要有Oracle/Sun javac、Eclipse JDT中的增量式编译器（ECJ，Eclipse Compile for Java）、IDEA的相关编译器等。由前端编译器编译的Class字节码可直接由JVM执行引擎进行解释执行，这样可以节省编译时间，并提高启动速率。但是对代码的运行效率和性能几乎没有任何优化，因此解释执行的效率较低，一般都要结合JIT编译器。

有前端编译器自然也有后端编译器，目前后端编译器主要是由JVM的JIT编译器（Just In Time Compiler，即时编译器）和AOT编译器（Ahead of Time Compiler，静态预先编译器）组成，它们的目的都是在程序运行时将Class字节码编译成本地机器码。

通过在任务执行时获取监控数据，将热点代码（Hot Spot Code）编译成和本地平台相应的机器码，并且加以不同级别的优化，能够极大地提高任务实施效果。同时，收集监控信息不会影响程序运行。不过后端编译器也会出现某些缺陷，如在编译过程中会浪费大量程序执行时间（使启动速度变慢），以及为了生成编译机器码而耗费大量内存空间。

（2）JIT编译器包括HotSpot虚拟机的C1、C2编译器等。由于JIT编译器的速率和编译结果的好坏是评价JVM性能的关键指标，因此对程序执行时性能优化主要集中在这一阶段，即可以对该阶段进行JVM调优。

（3）AOT编译器，在程序运行之前，AOT编译器会直接将Class字节码编译成本地机器码。AOT编译器的特性包括：编译器不占程序时间，可做某些更耗时的优化，能加速程序启动；能够直接将编译器的本地机器码存入硬盘而不会浪费大量内存空间，并且可反复利用。

AOT编译器的缺点主要在于Java语言的动态性（如反射）带来了额外的复杂性，影响了静态编译代码的质量。常用的AOT编译器有JAOTC、GCJ、Excelsior JET、ART （Android Runtime）等。总体来说，AOT编译器比JIT编译器的编译质量稍差，因此这种编译方式使用得较少。

据笔者了解，目前整个Java技术生态中，绝大部分使用的是前端编译器+JIT编译器的运作方式，如在HotSpot虚拟机中使用的就是这种方式。前端编译器+JIT编译器的实际运作流程如图11.1所示。

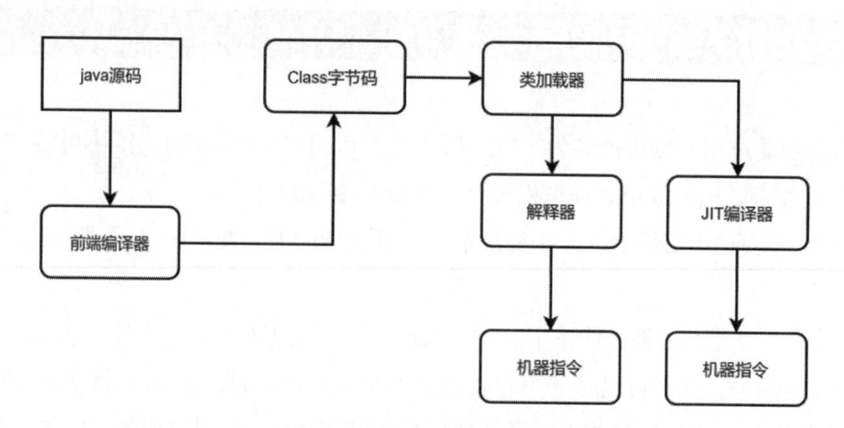

图11.1　前端编译器+JIT编译器的实际运作流程

（1）前端编译器将所有满足Java语言标准的应用程序代码转换成满足JVM规范标准可能需要的Class字节码格式。

（2）当程序启动时，主要是通过Class字节码进行解释执行，从而大大节省启动+执行编译消耗的时间，提高程序启动速度。

（3）当启动之后，字节码解释执行性能差的问题就会慢慢暴露出来，在系统运行中JVM可以获取到性能监控器信息，从而快速得到热点代码。

（4）JIT编译器逐渐将更大量的热点代码编译优化为本地机器代码，以大大提升代码执行时的性能。

综上所述，目前大多数的JVM都是采用解释器和即时编译器共存的技术架构，并且实现二者相辅相成，因为解释器和编译器两者都各自具有自身的优点：解释器能够直接发挥作用，从而省去编译代码所损耗的时间，当应用程序运行后，随着运行时间的不断增长，编译器将会发挥作用，将大量的热点代码编译为本地机器码，从而可以得到更高的运行效率，两者之间的关系如图11.2所示。

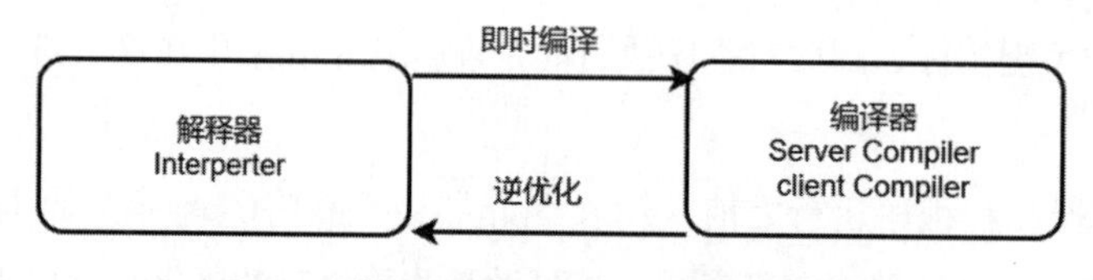

图11.2　解释器和编译器之间的转换关系

大家理解以上内容即可，如果想了解更多相关内容，可以查看官方文档。默认情况下，JVM是混合模式（Mixed Mode），当然也可以使用JVM参数指定某一种运行模式。

解释模式（Interpreted Mode）：使用参数“-Xint”，在此模式下全部代码解释执行。

编译模式（Compiled Mode）：使用参数“-Xcomp”，此模式优先采用编译，当无法编译时也会解释（在最新的HotSpot中此参数被取消）。

11.2 JIT编译器

Java程序最初是使用解释器对代码进行解释执行的，当在JVM中检测到某些代码块执行的频率很高时，便会将这种代码认定为热点代码。为了提升热点代码的执行效果和性能，当任务执行时，JVM会将所有热点代码编译成本地机器码，而且还会对语义和语法等各个层面进行优化，而完成这种任务的编译器就称为JIT编译器。

JIT编译器是一个能够提升应用程序运行速度的工具。一般来说，Java程序主要有两种实现方案：静态编译与动态编译。静态编译方案是程序在开始运行之前会被全部编译成为机器码；动态编译方案需要先不断解释执行，然后动态编译为机器码执行。

注意：JIT编译器虽然不是JVM的必要组成部分，但其性能的优劣、对代码优化能力的影响是评价JVM性能的重要指标之一，通常应该是JVM中最核心且最能体现技术水平的部分，这一点从Hotspot虚拟机中的Hotspot的命名就可以非常清楚地看出。

11.2.1 JIT 编译器概述

在Java编程语言和技术领域中，JIT编译器指的是一个可以把对应的Class字节码转换成能够直接由系统处理器执行的机器指令的工具组件。

从狭义上来讲，JIT编译器能够让用户真正执行程序代码的时候进行实时编译，它又称为“即时编译”。其实JIT编译本来是动态编译的特例，在后面的时间里被高度泛化，一般情况下可以理解为与动态编译等价。

自适应动态编译（Adaptive Dynamic Compilation）是一种动态编译技术，但其执行的时间比JIT编译器更晚，必须先使程序进行预热，在获取一定信息以后才进行动态编译处理，这样的编译过程可以更加灵活和强大。

JIT编译器在默认运行状况下一直保持自动启用状态，只有当调用方法达到其要求标准时才被激活。JIT编译器将该方法对应的每一行字节码编译为可执行的机器码，当完成对该方法的编译之后，JVM就可以直接调用该可执行的机器码，无须再进行解释执行。

从理论层面来说，假设编译器几乎不占用CPU的处理时间且使用极少的内存空间，通过快速编译各种程序代码就能够让Java应用程序的运行速度无限接近本机底层程序的运行速度。

11.2.2 JIT 编译器特性

JVM中一般内置有两种JIT编译器，分别为Client Compiler（客户端编译器）和Server Compiler（服务器端编译器），或者简称为C1编译器和C2编译器。

C1编译器（Client Compiler）是利用参数-client启动所需要使用的编译器，也称为“面向客户端服务的编译器"。C1编译器主要是为开发客户端级别的应用程序而设计的，因此大多数基于客户端类型的Java应用程序不会消耗太多系统资源，而且相对于服务端类型的应用程序启动时间特别短，C1编译器采用性能计数器对其执行的代码进行性能分析，以实现简单、相对无干扰的优化。

C2编译器主要面向长时间运行的应用程序（如服务器端企业级Java应用程序）。由于C1编译器可能无法支持这种程度的编译及优化，因此可以考虑采用C2这种基于服务端级的编译器。在JVM的启动项中添加-server的JVM参数，可以启用C2编译器。因为大多数服务端应用程序运行时间比较久，所以启用C2编译器意味着能够比运行时间较短的客户端应用程序收集到更多与系统性能相关的分析数据，这样就可以继续使用更先进的代码处理技术和优化算法。

如果程序需要立即启动并且快速运行，那么可以让所有的编译器都暂时不运作。而随着使用时间的不断增长，编译器也会将大量的程序代码编译为本地机器指令，这样就实现了程序运行速度更快。

综上所述，如何将以上二者完美的结合，实现程序运行和存储的最佳化才是JVM的最大课题。在运行环境中，如果资源环境限制很大（如部分嵌入式操作系统），可以采用解释执行有效地节省内存资源；相反，也可通过编译执行大大提高系统运行性能。

JIT编译过程中需要重点关注CPU的负载率与内存使用率，当应用程序刚刚启动时，会自动调用数千种编译方法。尽管应用程序已经达到了相当好的运行性能，但进行编译的这些应用方法仍将严重影响程序启动时间。

在Java 7以后，虚拟机就不再采用"解释器和编译器"相互结合的工作方式，而直接使用分层编译模式，在分层编译模式下实现了C1编译器和C2编译器共存的运作机制。

在某种特殊场景下，解释器很可能成为在只有C2编译器的情况下的"逃生门"，一旦C2编译器无法执行完整的优化时，则使得该编译器根据执行效率选取几个在大多数情况下都适用的优化方案。例如，当加载某些新类后，如果类的继承关系发生了重大改变，出现了"罕见陷阱（Uncommon Trap）"问题时，那么可以直接通过逆优化（Deoptimization）的方式回退到解释执行的状态并继续运行。

但是还有一部分没有解释器的JVM，它会采用不激进优化的C1编译器担任"逃生门"的混合模式（Mixed Mode）。

注意：客户端编译器是一个简单快速的编译器，主要关注点在于局部优化，而放弃许多耗时较长的全局优化手段；服务端编译器是专门为服务端的性能配置特别调整过的编译器，是一个充分优化过的高级编译器。

11.2.3 JIT 编译器的原理

上面的内容主要描述JVM可以选择解释器与编译器进行搭配的运行模式，但对于选择哪种的编译器，也需要按照自身的硬件配置和物理机自身运行情况进行选择。

JIT编译器在编译本地代码时需要耗费大量的时间，除此之外编译器优化热点代码也会非常的耗时，解释器同时会为编译器收集一些性能监控的信息，那么这些因素也会对解释器执行代码的性能造成一定的影响。

为了在程序启动响应速度与运行效率之间达到最佳平衡，HotSpot虚拟机会逐渐启动分层编译策略。根据编译器编译、优化的规模与耗时，可以划分出多个编译层次，具体如下。

第0层：应用程序以解释方式执行，但解释器不会开启性能监控功能（Profiling）。

第1层：又称C1编译模式，把每个字节码编译为可执行机器码，以此实现最为简单、安全且可靠的性能优化。若有必要，将加入性能监控的逻辑。

第2层：又称C2编译模式，同C1编译器一样，也是将字节码编译为可执行机器码，但会启用耗时较长的优化手段，甚至会基于某些性能监控信息而做出某些不可靠、不安全的编译优化。

实施分层编译后，C1编译器和C2编译器将一起进行工作，使用C1编译器可以获得较高的代码编译速度。

C1编译器在整个应用程序启动前后短暂时间内非常活跃，并同时进行因为更低的应用性能优化计数器而引发的优化操作。另外，它还可能自动插入一些性能计数器，将它们作为更高级别的优化阶段的数据资料，而C2编译器将在稍后阶段复用这些数据。

C2编译器可以获得更佳的代码编译质量和更高的性能提升幅度。至此程序在解释执行代码时也无须再担负实时获取性能监控数据的责任。另外，这种方法还可以产生更多的性能分析数据。

当选择一种方法进行编译时，JVM会将其字节码提供给JIT编译器。JIT编译器必须先了解字节码的语义和语法，然后才能正确编译该方法。

为了帮助JIT编译器分析该方法，首先将其字节码重新格式化为AST（Abstarct SyuntaTree，抽象语法树），与字节码相比，其更类似于机器代码；然后对方法的树进行分析和优化；最后，将树转换为本地代码。JIT编译器也可以通过多个编译线程执行JIT编译任务，使用多个线程可以潜在地帮助Java应用程序更快启动。

编译线程的默认数量由JVM标识，并且取决于系统自动化配置。如果生成的线程数不是最佳的，则可以使用-XcompilationThreads启动参数设置并发编译的线程数。编译对象即为会被编译优化的热点代码，这种编译机制也属于JVM中标准的JIT编译方式，目前编译的方式主要有下面两种。

（1）被多次调用的方法：方法被多次调用，会被判定为热点代码。

（2）被多次运行的循环体：以循环体执行频次为标准，但仍以整个方法为对象。如果编译发生在方法执行过程中，则可以直接进行JVM的栈上替换（On Stack Replacement，OSR），即方法栈帧还在栈上，而对应方法已被替换。

综上所述，对于以上这两种情况，编译器都以整个方法作为编译对象，这种编译也是虚拟机中标准的编译方式。要知道一段代码或方法是不是热点代码，以及是否需要触发即时编译，需要进行Hotspot Detection（热点探测）。

目前热点探测方式主要有以下两种。

（1）基于采样的热点探测。采用这种方法的虚拟机会周期性地检查各个线程的栈顶，如果发现某些方法经常出现在栈顶，那么这段方法代码就是热点代码。

①优点：实现简单高效，还能非常方便地获取方法的调用关系。

②缺点：总是难以精准直观地确定一个探测方法中的热度，并且容易受到线程阻塞及个别外部环境因素的影响，阻碍相关热点的探测。

（2）基于计数器的热点探测。采用这种方法的虚拟机会为每个方法，甚至是代码块建立计数器，统计方法的执行次数，如果执行频率超过阈值，就认为它是热点方法。

①优点：统计信息和数据比较准确和严谨。

②缺点：实现烦琐，因为必须先将各种方法都设置好并操作计数器，并且无法直观获取方法的调用关系。

HotSpot虚拟机中使用的是基于计数器的热点探测方法。此外它为每个方法准备了两个计数器：方法调用计数器（Invocation Counter）和回边计数器（Back Edge Counter）。

方法调用计数器可以直接统计方法被调用的次数，默认设置下，方法调用计数器统计的不是绝对运行次数，而是相对运行次数，即在特定一段时间内统计方法被调用的总运行次数。其默认阈值如下：Client模式是1500次，Server模式是10000次，通过JVM参数“-XX:CompileThreshold”进行设置。另外，热度统计状态是会衰减的，即不是只有加，相对的也会减，热度衰减动作是在虚拟机的GC执行时同步进行的。

热度衰减：上面所说的方法调用次数并不是该方法被调用的绝对总次数，而是相对的运行频率，即一段时间内方法被调用的次数，当超过一定时间限度后，如果方法的调用次数仍然不足以让它提交给即时编译器进行编译，那这个方法的调用计数值会降低一半，这个过程被称为方法调用计数器的热度衰减。

可以通过“-XX:+/-UseCounterDecay”开启或关闭热度衰减，通过“-XX:CounterHalfLifeTime”设置半衰周期（s），总体流程如图 11.3 所示。

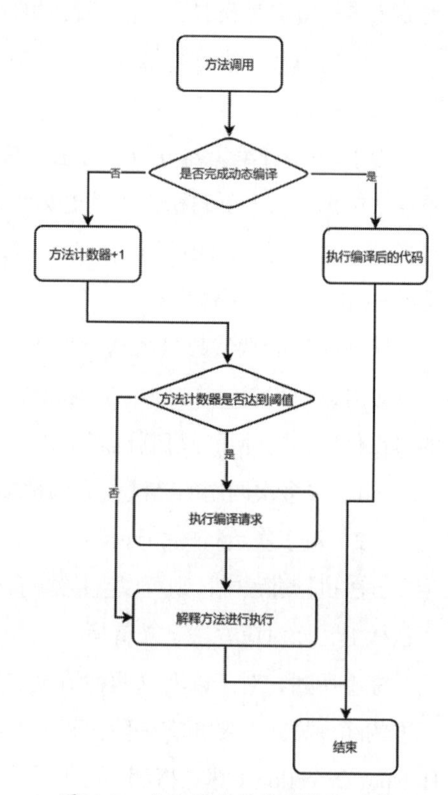

图11.3　方法调用计数器执行流程

回边计数器用于统计一个方法中循环体代码执行的次数（准确地说，应该是回边的次数，因为并非所有的循环都是回边）。在字节码中遇到控制流向后跳转的指令就称为回边指令。

回边计数器的阈值通过参数“-XX：OnStackReplace-

Percentage”调整。

在Client模式下，OnSlackReplacePercentage默认值为933，对应默认阈值为13995次，其计算公式如下。

```
方法调用计数器阈值（CompileThreshold）* OSR 比率（OnStackReplacePercentage）/ 100。
```

Server模式下，OnStackReplacePercentage默认值为140，InterpreterProffePercentage默认值为33，对应默认阈值为10700次，其计算公式为。

```
方法调用计数器阈值（CompileThreshold）*【(OSR 比率（OnStackReplacePercentage）- 解释器监控比率（InterpreterProffePercentage）/100】
```

它的指令调用逻辑与方法计数器大同小异，只不过当遇到回边执行指令时+1，超过热度阈值时会提交OSR编译请求，如图11.4所示。

在确定虚拟机运行参数的前提下，这两个计数器都有一个确定的阈值，当计数器的值超过阈值，就会触发JIT编译。触发了JIT编译后，在默认设置下，执行引擎并不会同步等待编译请求完成，而是继续进入解释器按照解释方式执行字节码，直到提交的请求被编译器编译完成为止（编译工作在后台线程中进行）。当编译工作完成后，下一次调用该方法或代码时，就会使用已编译的版本。

当一个方法被调用时，会首先检查是否存在被JIT编译过的版本，如果存在，则使用此本地代码执行；如果不存在，则将方法计数器加一，然后判断“方法计数器和回边计数器之和”是否超过阈值，如果是则向编译器提交一个方法编译请求

默认情况下，执行引擎并不会同步等待上面的编译完成，而是会继续解释执行。当编译完成后，此方法的调用入口地址会被系统自动改写为新的本地代码地址。

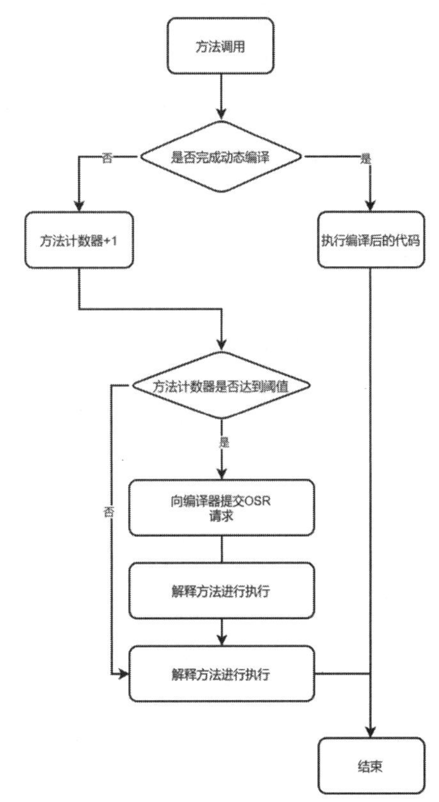

图11.4　回边调用计数器执行流程

编译优化技术主要流程如下：

（1）内联将较小方法合并到调用的方法中，这样可以加速频繁执行的方法调用。

（2）局部分析优化一般只是分析和调优少部分代码，而大多数代码的优化还是要依靠静态编译器来实现，毕竟静态编译器拥有久经实战的大量经验。

（3）控制流优化分析方法（或方法的特定部分）内部的控制流，或因重新排列代码路径以增

加系统的性能。

（4）全局优化可一次对整个方法起作用。它们更加“昂贵”，需要大量的编译时间，但可以大大提高性能。

（5）本机平台代码的操作生成，其过程因平台架构而异。通常，在编译的此阶段，将方法树转换为机器代码指令；针对架构特征进行了一些小优化。

编译过程是在后台线程（daemon）中完成的，可以通过参数“-XX:-BackgroundCompilation”禁止后台编译，但此时执行线程就会同步等待编译完成才会执行程序，使用参数“-XX:+Print Compilation”会让虚拟机在JIT时把方法名称输出。

11.3 AOT编译器

Java程序自身的一些动态执行特征也造成了额外的程序计算量和复杂度，影响了Java应用程序静态编译代码的工作。因为AOT编译器在整个程序运行之前就开始编译，所以无法获得运行时候的性能数据，因此可能会导致一些复杂问题的产生，这里不再详细举例。

总而言之，从编译质量上来说，AOT编译器肯定不及JIT编译器。AOT编译器存在的主要目的就是减少JIT编译器执行时的性能损耗或内存耗费，或减少解释程序的早期性能开销。从执行速度上来讲，AOT编译器编译的机器码要比JIT编译器编译的机器码执行速度要慢，但是比解释器的解释执行速度要快。

11.3.1 AOT 编译器概述

AOT编译器的设计思路：在程序实现之前先自动产生包含Java方法的本地执行代码，从而在程序开始执行时直接使用本地执行代码。但由于Java语言自身的一些动态特征，导致产生了额外的程序计算量和复杂度，因此影响了Java程序使用静态编译的代码质量。

在编译时间上，AOT编译器的速度也是较为稳定的，所以AOT编译器的存在只是JVM牺牲高质量来换取高性能的一个重要策略。

11.3.2 AOT 编译器的特性

静态编译的程序在执行前全部被翻译为机器码，通常将这种操作称为AOT。它把高级语言源程序作为输入，进行翻译转换，产生出机器语言的目标程序，然后让计算机执行该目标程序，得到计算结果。

AOT编译器在程序运行前就把代码编译好了，不过这也算是它的缺点之一，因为这会导致很多无用的代码也给编译了，同时也牺牲了平台无关性，因为它们不能利用程序的动态化能力，也不会有相关类或类层次结构的信息了。

但是它也带来了一些好处，如避免JIT编译器在运行时的性能消耗，同时相比而言也提升了解释执行在早期的运行性能，极大地缩短了程序的启动时间。

11.3.3　AOT 编译器、JIT 编译器与前端编译器的比较

最常见的前端编译器是javac编译器，其将Java源代码编译为Java字节码文件；最常见的JIT编译器是HotSpot虚拟机中的Client Compiler和Server Compiler，其将Java字节码编译为本地机器代码；AOT编译器则能将源代码直接编译为本地机器码。这3种编译器的编译速度和编译质量如下：

（1）编译速度上，前端编译器> AOT 编译器> JIT编译器。

（2）编译质量上，JIT编译器 > AOT 编译器 > 前端编译器。

11.4　编译技术的优化

本节是介绍编译器优化的常见技术原则和技术方案，如消除公共子表达式、消除数组边界检查、方法内联机制、消除对象空值校验、常量传播机制等技术，通过认识和分析这些技术要点，读者可以对动态编译技术有进一步的学习和认识。

11.4.1　消除公共子表达式

公共子表达式消除方法是一种广泛被运用在各种代码编译器中的代码优化技术。

假设一个程序中的表达式A已经计算过，而且从先前的计算结果一直执行到现在，表达式A中每个变量的值都不改变，则表达式A就称为公共子表达式。

对于公共子表达式，没有必要对它进行二次计算，只需要直接用前面计算过的表达式结果代替A即可。如果这种优化仅限于程序的基本块内，则称为局部公共子表达式消除（Local Common Subexpression Elimination）；如果这种优化范围涵盖多个基本块，则称为全局公共子表达式消除（Global Common Subexpression Elimination）。

可以将公共子表达式理解为等式的结果等量替换，下面举例说明。

```
int a = b*c+b*c+b*c; // 针对多个相同的表达式 b*c
```

这时可以进行等式替换或者表达式消除，用Q代表b*c，那么就可以减少重复的结果计算。例如，可以转换为：

```
int a = b*c+Q+Q; // 表达式消除， 转换为 Q
```

但也不是所有情况都会实现这种效果，如b或者c的值变化时就无法进行复用。例如：

```
int a = (b=b*c)+b*c // b 的值发生变化
```

上面这种情况不符合消除公共子表达式的条件，因为b的结果有变化。

此外，JIT编译器有可能进行另外一种优化：代数简化。例如，对计算公式进行优化或者简化计算，并且保持结果不变。

```
int a = (3*c)+(4*b)+(a+c)+b; // c 和 b 的计算公式可以进行相关优化
```

将代数公式简化或者优化后，可以将3*c和4*b与后面的+c和+b进行合并，简化计算。例如：

```
int a = (4*c)+(5*b)+a; // 简化了后面的加法计算公式， 合并到了之前的乘法公式中
```

11.4.2 消除数组边界检查

消除数组边界检查是JIT编译器中的一项在语言及语义层面上的优化技术。

因为Java是一门动态化且安全机制很强的编程语言，当程序指令对于数组对象进行读写访问操作时，JVM会对数组对象上下边界范围进行检查。

如果初始化一个数组，当Java程序访问数组元素时，JVM将会校验访问数据是否在可访问的边界范围内，当索引下标小于0或者超过数组最大长度代表的下标范围时，将抛出运行时异常ArrayIndexOutfBoundsExcepion（数组索引越界异常）。

这种保护及管理机制对于Java程序的自身运行而言是很安全的，即使开发者没有专门编写检验及检查的代码，也可以避免绝大多数的内存访问溢出的攻击。但同时，对于JVM的执行系统来说，每次数组元素的读写都带有一次隐含的条件检查操作，对于高并发场景并且拥有大量数组访问的Java程序和业务场景会造成很大的性能影响。

但是，为了保证程序的安全性和可用性，虚拟机内部对数组对象的边界检查不会被禁用，否则会导致程序内存崩溃。但是，在运行期间对于数组边界的检查操作也不一定每次都执行，虚拟机会针对具体场景选择是否检测。

如果代码中访问数组下标值是一个常量，如array[2]，只要在编译阶段根据数据流分析确定array的长度和数组边界范围，并判断下标“2”没有越界，在真正运行阶段就无须再做数组边界检查，这就属于消除数组边界检查。

再者，如果对数组访问发生在循环之中，并且还使用循环变量访问数组。编译器通过数据流分析判定循环变量的取值范围在区间[0，array.length)范围内，那么在循环中就可以把整个数组的上下界检查消除掉，这样可以节省很多次的条件判断操作。

11.4.3　方法内联机制

方法内联机制也是JIT编译器在方法及方法块级层面上的优化技术，主要出现在方法调用点处，是一种非常强大的优化技术。

下面分析Java程序中方法之间的调用流程。

（1）为当前调用方法的线程建立一个对应的虚拟机执行栈，建立栈帧模型，存储方法的局部变量、返回地址、操作数栈、动态链接、其他栈帧属性等。

（2）当调用另一个方法时，一个新的栈帧会被Push到栈顶，进行分配的局部变量和参数会存储在这个栈帧中。

（3）通过PC计数器跳转到目标方法指令执行。

（4）执行完成后，方法返回，栈顶数据被清除且栈帧被移除。

（5）借助返回地址和PC计数器跳转到上一个栈帧的指令地址进行执行。

方法内联是把被调用方程序代码复制到调用点的方法内部并且进行组合整理，从而减少因方法调用所带来的性能开销和资源开销。JIT编译器可以内联final方法，但其也会根据运行时统计信息内联一些非final修饰的方法。

```
// 拼接字符串
private final void concatStr(String str1,String str2){
   return str1+str2; // 拼接字符串
}
// 总体拼接字符串
private final void testSampleStr(String str1,String str2,String
str3,String str4){
   return concatStr(concatStr(str1,str2),concatStr(str3,str4)); // 拼接
字符串重复执行
}
```

当触发JIT编译器之后，代码会被内联机制化，如下所示：

```
// 总体拼接字符串
private final void testSampleStr(String str1,String str2,String
str3,String str4){
// 拼接字符串
   return str1+str2+ str3+str4;
}
```

默认情况下（前提是属于热点方法），方法所占内存空间小于325字节的都会进行内联，可以通过“-XX:MaxFreqInlineSize=N”设置该参数。

非热点方法的前提下，默认情况下，方法所占内存空间小于35字节才会进行内联，可以通过“-XX:MaxInlineSize=N”设置该参数。

增大该参数，可使更多的方法进行内联，但除非可以显著改善系统性能，否则并不建议调整该参数。因为越大的方法体会导致代码内存占用越多，而较少的热点方法会被缓存，所以最后的执行效率也不一定更好。

如果想要知道方法被内联的情况，可以使用下面的JVM参数进行配置。

（1）-XX:+PrintCompilation：从程序控制台输出编译程序的信息。

（2）-XX:+UnlockDiagnosticVMOptions：解锁对JVM进行诊断的选项参数。其默认是关闭的，开启后支持一些特定参数对JVM进行诊断。

（3）-XX:+PrintInlining：将使用内联方法输出。

虽然JIT编译器可以针对代码全局的运行情况进行优化，但其对一个方法内联之后，可能会因为方法被继承导致需要进行类型检查，从而不能达到想要的效果。

总结一下，如果要想对热点方法使用内联的优化机制，那么最好的办法就是使用final、private、static这些修饰符进行修饰，并且也避免了方法因继承关系所带来的额外检查。

注意：通常说的方法的调用会伴随着虚拟机栈栈帧的入栈和出栈操作。因此，方法的调用需要有一定的时间开销和空间开销，如果方法体不大，但又频繁被调用，那么时间和空间开销会相对变得很大，也会降低程序的性能。

11.4.4 消除对象空值检查

消除对象空值检查机制与消除数组边界检查技术大同小异，同时也是考虑安全检查对象本身内存访问的安全性，主要针对空指针异常（NullPointException）的访问问题。

举个例子，Java程序中访问一个对象（假设对象叫object）的某个属性value，那么在访问object.value的过程中，从安全角度出发，便会存在隐式的空值检查机制，但是当编译器中检测到对象已经完成了初始化和实例化后，那么会酌情去除相关的空值检测，从而提升一些执行效率，因案例比较简单且较为容易理解，所以此处不进行相关的代码解释。

11.4.5 基本块重排序

基本块重排序是一种使用非常广泛的编译优化技术，它通过重新组织基本块在存储映像中的排列顺序，使得基本块按照最经常执行的控制流序列排列，从而减少转移指令的开销和指令Cache的失效损失。

基本块重排序优化通常在编译器中实现，不需要对硬件进行修改，具有适用性广、实现代价小的特点。

11.4.6 循环表达式外提

循环表达式（不会变化的属性变量）外提（在英文中又被称为hoisting或scalar promotion），在计算机编程中是指将循环不变的语句或表达式移到循环体之外，而不改变程序的语义。循环不变代码外提，是编译器中常见的优化方法。

循环不变量是指在循环开始和循环中每一次迭代时永远不会变化的数值，这意味着在循环中和循环结束时循环不变量和循环终止条件必须同时成立。

11.4.7 分支预测

计算机程序建立相关指令集合形成流水线后，就需要一种高效的调度机制来保证硬件层面并发或者并行的效果。其最佳情况是每条流水线里的十几个指令都是正确的，这样完全不浪费时钟周期，而分支预测（Branch Prediction）就负责指令的执行预测。

分支预测的方法有静态预测和动态预测两类。

（1）静态预测：预测永远不转移、预测永远转移（jmp）、预测后向转移等。其并不根据执行时的条件和历史信息进行预测，因此预测的准确性不高。

（2）动态预测：根据同一条转移指令过去的转移情况来预测未来的转移情况。

无论是静态预测还是动态预测都是需要依靠分支预测器来进行条件判定，而分支预测器会判定条件表达式所对应的多个分支中哪条支路最可能发生，然后执行这条路径的指令，从而避免流水线停顿所造成的时间浪费。但是，如果发现分支预测出现错误，那么流水线中执行的那些中间结果将全部丢弃，并重新执行正确分支的指令，这可能会带来十几个时钟周期的延迟，这个时候CPU完全就是在浪费时间。

下面是几种常见的优化策略。

（1）避免在循环中嵌套条件分支，如果可能，将分支移到外部，使用多个子循环。

```
do
{
        if (case_1){
            // 分支 1
        } else if (case_2){
            // 分支 2
        } else {
            // 分支 3
        }
} while (true);
```

改进版本，如下：

```
if (condition_1) {
```

```
do {
        // 分支1
    } while (true);
} else if (condition_2) {
    do {
        //分支2
    } while (true);
} else {
    do {
        //分支3
    } while (true);
}
```

（2）合并分支条件，此举在某种情况下可以大大降低产生错误分支预测的概率。

```
if (case_1 == 0 || case_2 == 0 || case_3 == 0) {
    //分支
}
```

改进版本，如下：

```
if ((case_1 | case_2 | case_3) == 0) {
    //分支
}
```

移除明显的条件分支，将执行概率大的条件分支前移。这一举措不仅有助于规避错误分支带来的性能惩罚，而且减少了不必要的检测分支条件消耗的CPU时钟周期。

注意：分支预测是现代处理器用来提高CPU执行速度的一种手段，其对程序的分支流程进行预测，预先读取其中一个分支的指令并解码，减少等待译码器的时间。

11.4.8 常量传播机制

常量传播是指将程序计算的结果值直接替换为常量的方法，它是JIT编译器的核心优化技术之一，同时也是众多编译器中非常广泛的优化方法之一，它通常应用于中间表示（IR，Intermediate Representation），解决了在运行时表达式所得出的结果总是同一个常量的问题，如果在调用过程中知道哪些变量将具有常量值，以及这些值是什么，则编译器可以在编译时期简化常数。

常量传播在优化中的几种用途如下。

（1）在编译时求值的表达式不需要在执行时才求值。如果这样的表达式在循环内，则只在编译时进行一次求值，从而提高执行效率。

（2）用常量值替换常量变量来修改源程序，这样可以识别并消除程序的无效代码部分，如始终为假的表达式所关联的无效代码，从而提高程序的整体效率。

（3）执行过程的部分参数是常量，减少相关的变量取值范围可以避免变量数量过于膨胀。对于控制状态，只需要存储非常量的值。常量值不需要存储，可以始终通过查看控制状态来检索。

（4）对从未到达的执行路径的检测，减少/简化程序的执行流程，可以帮助将程序转换为适合向量化处理的形式或并行处理的形式。

相关常量传播的案例代码如下。

```
public void test(){
final int a = 1; // 常量值 a
System.out.printf("%d",a); // 输出数据信息
}
```

编译器在进行编译时，由1直接代替a，优化后如下所示：

```
public void test(){
final int a = 1; // 常量值 a
System.out.printf("%d",1); // 输出数据信息
}
```

常量折叠指的是当存在多个变量进行计算时，并且能够直接计算出结果，那么变量将由常量直接替换，从而减少很多不必要的操作数的分配和处理过程，具体代码如下：

```
public void test(){
final int a = 3+1-1*5; // 常量值 a
System.out.printf("%d",a); // 输出数据信息
}
```

代码优化如下：

```
public void test(){
final int a = 3+1-1*5; // 常量值 a
System.out.printf("%d",-1); // 输出数据信息
}
```

当然还有一种场景的常量优化技术，它属于将常量的预先加载到非初始化常量池中的常量优化技术，如下所示：

```
public Class ConstTransportClass{
  public static final String CONSANT_TEST_STR = "ConstTransportClass ";
// 常量测试
  static {
    System.out.println("ConstTransportClass init!");
  }
}
// 测试输出结果
public Class ConstTransportClassTest{
```

```
public static void main(String[] args){
// 执行输出
    System.out.println(ConstClass.HELLOWORLD);
}
}
```

上述代码运行后，没有输出“ConstTransportClass init！”，这是因为虽然在Java源码中引用了ConstTransportClass类中的常量CONSANT_TEST_STR，但在编译阶段通过常量传播优化，已经将此常量的值“ConstTransportClass”存储到了ConstTransportClassTest类的常量池中。

注意：常量传播算法通常有4种，第1种算法由Kildall最早设计出，称为简单常量传播（Simple Constant Propagation）；第2种算法由Reif和Lewis提出，称为稀疏简单常量传播（Sparse Simple Constant Propagation），该算法基于SSA图，由于与SSA图的大小呈线性变化，因此一直未得到广泛使用；第3种算法是Wegbreit算法的一种变体，称为条件常量传播（Conditional Constant Propagation）；第4种算法可以更精确地传播常数及移除无用代码，称为稀疏条件常量传播（Sparse Conditional Constant Propagation）。

11.5 逃逸分析技术

创建的Java对象默认都分配到堆上，在虚拟机栈中只保存了对象的引用句柄（引用指针）。一旦对象不再使用，就需要依靠GC遍历所有GCRoots建立引用树并进行内存回收。但如果堆中对象数量过多，就会消耗大量时间及性能，这会给垃圾回收机制带来很大的压力。所以，如何优化堆栈的开销是一个非常重要的课题，而逃逸分析（Escape Anagly）技术就是解决该问题的方法之一。

11.5.1 逃逸分析概述

在计算机语言的编译程序优化理论中，逃逸分析是分析指针动态范围的方法，并且还可以分析在程序的哪些地方可以访问到指针，与前面介绍的编译器优化技术相关联和协同。当变量或者对象在方法中分配后，其对象引用指针有可能被返回或者被全局引用，这样就会被其他方法或者线程所引用，这种现象称为指针或者引用的逃逸（Escape）。通俗地说，如果一个Java对象的指针被多个方法或者线程引用，那么就称该对象的引用指针或对象逃逸（Escape）。

通过逃逸分析，Hotspot编译器能够分析出一个Java对象的引用的使用范围，从而决定是否要将该对象分配到堆上。逃逸分析是目前JVM中比较前沿的优化技术。

下面介绍逃逸分析的原理。如果是在方法体内定义的局部变量，按照JVM内存分配机制，首先会在堆内存创建类的实例，然后将此对象的引用压入调用栈，执行对应的指令，这是JVM优化前的方式；而采用逃逸分析对JVM进行优化后，首先会找出未逃逸的变量，将该变量直接存到栈中，无须进入堆，分配完成后，继续调用栈内执行，最后线程执行结束，栈空间被回收，局部变量也被回收。如此操作，是优化前在堆中，优化后在栈中，减少了堆中对象的分配和销毁，从而优化了性能，该方法称为栈上分配机制。

常见的逃逸场景有全局变量赋值、方法返回值、实例引用传递等。

（1）全局变量发生任何赋值操作，则说明会发生变量属性的逃逸，如以下代码所示。

```
public Class EscapeAnalysisTest{
    //全局变量数据属性
    public static String globalVariableStr;
    //给全局变量赋值属性方法
public void globalVariableEscape(){
//给全局变量赋值，发生逃逸
        globalVariableStr = new String();
}
}
```

（2）方法返回值传递到方法作用域之外，则说明发生方法逃逸，如以下代码所示。

```
public Class EscapeAnalysisTest{
    //方法变量返回值，实现返回值传递，造成逃逸
public String methodPointerEscape(){
    //返回一个字符串对象
return new String();
}
}
```

（3）实例对象的引用进行传递，则说明发生对象实例逃逸，如以下代码所示。

```
public Class EscapeAnalysisTest{
  // 校验实例引用传递
  public static void test(String str){
        //方法变量返回值，实现返回值传递，造成逃逸
methodPointerEscape().valueOf(str);
// 发现 str 字符串变量，逃逸了两个方法分别是 valueOf 和 indexOf
methodPointerEscape().indexOf(Str);
}
}
```

注意：逃逸分析确定某个指针可以存储的所有地方，以及确定能否保证指针的生命周期只在当前进程或在其他线程中，所以它是一种可以有效减少Java 程序中同步负载和内存堆分配压力的跨函数全局数据流分析算法。

11.5.2 方法逃逸和线程逃逸

方法逃逸：在一个方法体内定义一个局部变量，而它可能被外部方法引用，如作为调用参数传递给方法或者作为对象直接返回，可以理解成对象的生命周期延长，跳出了方法的作用域。

线程逃逸：这个对象被其他线程访问到，如赋值给了共享的实例变量，这样该对象就逃出了当前线程。逃逸分析由JVM启动参数进行配置。

（1）-XX:+DoEscapeAnalysis：表示开启JVM逃逸分析机制。

（2）-XX:-DoEscapeAnalysis：表示关闭JVM逃逸分析机制。从JDK 1.7开始就已经默认开启逃逸分析，如需关闭，需要手动指定“-XX:-DoEscapeAnalysis”。

例如，开启逃逸分析：

```
-server -XX:+DoEscapeAnalysis -XX:+PrintGCDetail -Xmx1024m -Xms1024m
```

关闭逃逸分析：

```
-server -XX:-DoEscapeAnalysis -XX:+PrintGCDetail -Xmx1024m -Xms1024m
```

11.5.3 标量替换机制

逃逸分析带来的第一个好处是标量替换。Java语言中的原始数据类型（int、long等类型及reference类型等）都不能再分解成更小的数据类型或者单元，我们称为标量；相对地，如果数据类型能够再进一步的分解，则称为聚合量，我们定义的对象就是典型的聚合量。

逃逸分析发生的场景：当逃逸分析检测到一个Java对象不会被外部线程或者方法所访问且这个对象属于聚合量时，那么Java程序在真正执行时很可能不会创建该对象，而直接转换为该对象的若干个标量属性并进行替换。这些标量数据可以被单独分析与优化，甚至可以分别在栈帧或寄存器上分配空间，以上所有步骤就称为标量替换。

综上，标量替换主要由以下3要素组成。

（1）标量是指不可分割的数据变量类，如基本数据类型和reference类型；相对地，如一个数据可以继续分解，则称为聚合量；

（2）如果把对象进行拆分，并将其成员变量转换为基本类型就称为标量替换；

（3）如果逃逸分析发现一个对象不会被外部访问，并且该对象可以被拆分，那么经过优化之后，并不直接生成该对象，而是在栈上创建若干个成员变量。

通过JVM参数“-XX:+EliminateAllocations”开启标量替换，通过“-XX:+PrintEliminateAllocations”查看标量替换情况。

```
// 执行初始化方法
```

```
public static void main(String[] args) {
   init();
}
//初始化一个表
private static void init() {
   Table table= new Table (1,2) ;
   System.out.println("table.col="+table.col+"; table.row="+table.row);
}
// 定义一个 Table 表数据模型类
Class Table{
    private int col ;
private int row;
public Table(int col,int row){
  this.col = col;
  this.row = row;
}
}
```

经过标量替换之后，会被优化为：

```
private static void init() {
   int col = 1;
   int row = 2;
   System.out.println("table.col="+col +"; table.row="+row);
}
```

从上面优化的代码可以看出来是优化了整个Table类对象。

11.5.4　同步消除机制

逃逸分析带来的第二个好处是同步消除机制，其适用于类的方法上有定义同步锁的时候，方法在实际执行的过程中，同一个时刻只会允许一个线程进行资源访问或锁定，这样会大大降低多线程场景下的性能。而如果是逃逸分析后进行优化后的机器码，则会去掉同步锁的运行机制，大大提高程序运行的性能和吞吐量。接下来分析什么时候可以实现同步消除机制。

如果一个同步方法中不存在被多个线程之间共享的对象，那么JVM可以消除该共享对象的同步锁。这主要是因为线程同步本身比较耗费资源和时间，所以如果确定一个对象不会逃逸出线程，无法被其他线程访问到，那么该对象的读写就不会存在竞争，则可以消除该对象的同步锁。

通过JVM参数“-XX:+EliminateLocks”开启同步消除机制，通过“-XX:-EliminateLocks”关闭同步消除机制。

你可能会有疑问，既然有些对象不可能被多线程访问，那为什么要加锁呢？写代码时直接不加锁不就可以了吗？有时这些锁并不是程序员写的，有的是JDK实现中就有锁，如Vector和StringBuffer、Hashtable这些类，它们中的很多方法都有同步锁。当处于不会出现线程安全的情况下使用这些方法并且达到某些条件时，编译器会将锁进行消除，以提高性能，这就是同步锁消除机制。

```
public Class IngoreSyncSample{
// 执行 main 方法
public static void main(String[] args){
        long start = System.currentTimeMillis();
        // 创建对象
        for (int i = 0; i < 10000000; i ++){
            createStringBuffer("JVM", "EscapeAnalysis",true);
        }
        //统计时间
        long end = System.currentTimeMillis();
        System.out.println("it takes " + (end - start) + " ms");
start = System.currentTimeMillis();
        for (int i = 0; i < 10000000; i ++){
            createStringBuffer("JVM", "EscapeAnalysis",false);
        }
        end = System.currentTimeMillis();
        System.out.println("it takes " + (end - start) + " ms");
}
// 创建字符串 StringBuffer 对象机制
    public static Object createStringBuffer(String s1, String s2,boolean
syncIgnore){
        StringBuffer sb = new StringBuffer();
synchronized(IngoreSyncSample.class){
                sb.append(s1);
                sb.append(s2);
      // 是否进行逃逸分析。 true： 作用域没有逃出； false： 作用域逃出了方法层
            return syncIgnore?sb.toString():sb;
}
}
}
```

基于逃逸分析，JVM可以判断局部变量StringBuffer并没有逃出其作用域，可以确定StringBuffer并不会被多线程所访问，那么就可以把这些多余的锁清除，以提高性能。

最后得到的结果是同步锁消除的性能远比原来的方法高很多，而且也可以说明逃逸分析把锁消除后性能得到了很大的提升。从上面案例可以看出来逃逸分析主要是方法级的，而即时编译也是面向方法级别的，所以逃逸分析基本都是JIT编译器优化的。

11.5.5 栈上分配机制

栈上分配就是在栈上分配对象。一般情况下，该机制可以减少内存使用，因为不用生成对象头；另外，程序内存回收效率高，GC频率降低。

逃逸分析优化，栈上分配，找到未逃逸的变量，将该变量的内存直接在栈上分配（无须进入

堆），分配完成后，继续在调用栈内执行，最后线程结束，栈空间被回收，局部变量对象被回收。对比可以看出，主要区别是将栈空间直接作为临时对象的存储介质，从而减少了临时对象在堆内的分配次数。

但目前LTS版的Hotspot虚拟机在此方面的技术实现还不成熟，所以所谓的“栈上分配”主要还是以“标量替换”为主。

注意：虽然经过逃逸分析可以进行标量替换、栈上分配和锁消除，但是逃逸分析自身也需要进行一系列复杂的分析，这其实也是一个相对耗时的过程。

11.6 小结

学完本章后，必须了解和掌握的知识点如下：

1. Java体系中的3种编译器之间的联系和区别、作用。
2. JIT编译器的概念、特性和原理。
3. AOT编译器的概念、特性和原理。
4. 编译器优化的技术核心点：消除公共子表达式、消除数组边界检查。
5. 方法内联机制、消除空值检查、常量传播机制的技术原理。
6. 基本块重排序、循环表达式外提、分支预测等技术原理。

第 12 章

Java 内存模型和线程运作原理

本章介绍 Java 技术体系中非常重要的内容：JMM（Java Memory Model，Java 内存模型）及并发场景下指令执行的特性，如主内存与工作内存的交互、Happen-Before 原则、As-If-Serial 语义及线程相关的特点和运作机制等。学习好本章内容，会为读者学习并发编程思路奠定基础。

注意：Java 内存模型是一个高级且抽象的规范协议，其定义了一组规则，即一个线程的写操作何时会对另一个线程可见。通俗地说，读操作通常能看到任何写操作写入的值，意味着读操作一定在写操作之后发生，但最终的操作会以内存模型的规则进行重新排序。

本章涉及的主要知识点如下：

- Java 内存模型及对应的场景。
- Java 内存模型的运行指令。
- volatile 关键字实现与 MESI 协议。
- Happen-Before 原则和 As-If-Serial 语义机制的原理。
- 线程的实现原理和状态转换的实现。
- 多线程情况下的原子性、可见性及有序性的实现原理和机制。
- 线程的锁优化手段和实现方式。

12.1　Java内存模型

Java内存模型描绘了一个程序的所有可能行为，而JVM的实现能够很自由地产生想要的代码，因此程序最终执行所产生的结果都可以使用内存模型进行分析。这给大量的代码转换工作带来了足够的自由度，包括执行指令之间的重排序和非必要的同步消除机制。

12.1.1　Java 内存模型的介绍

JMM遵循不同内存模型设计标准，并屏蔽在不同内存模型和不同操作系统之间的数据访问实现差异，以确保在不同的软件平台上对数据访问均正常运行。它实现了共享内存环境下的并发处理机制，线程之间主要通过读、写共享变量来完成隐式数据共享或通信。图12.1是计算机体系中高速缓存和内存之间数据一致性的关系结构。

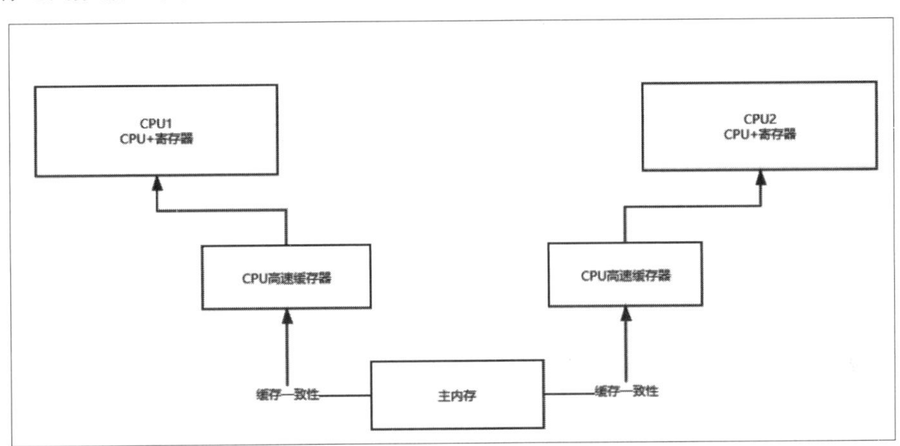

图12.1　计算机高速缓存和缓存一致性关系结构

Java内存模型通过监控和管理线程内部的通信与数据共享，判断某个Java线程对于共享变量的写入时机，以及对于另外一些线程的可见时机。

Java内存模型使用各种执行动作来定义，包含对变量的读、写动作，对监视器的加锁和解锁动作，以及对线程的启动和合并动作。Java内存模型对程序的内部操作定义了偏序关系和偏序规范。例如，现在有操作A和操作B，如果想保证操作B能够发现并使用操作A的所有执行结果（无论操作A和操作B是否从属于同一个执行线程内），那么只需要符合Java内存模型的规定即可。

而以上的这种规范就是我们众所周知的“Happen-Before”原则，此外还有其他方面，如处理器重排序机制、As-If-Serial语义、volatile关键字实现和MESI协议的介绍等，这些技术要点都会在后文进行介绍。

注意：针对Java应用程序的执行路径和轨迹，Java内存模型会按照一定的规则和约定分析和校验该程序的执行轨迹是否合法，其中包含每个读操作或是每个写操作。

12.1.2 主内存与工作内存的交互

不同线程间无法直接存取对方工作时内存空间中的本地数据变量，因此线程间的数据通信一般需要通过两种方法进行实现，一种就是通过发送消息进行通信，另一种则是通过共享内存。Java线程之间的数据通信最常使用的方式就是线程间共享内存的方式，线程、主内存与线程工作内存之间的相互关系，如图12.2所示：

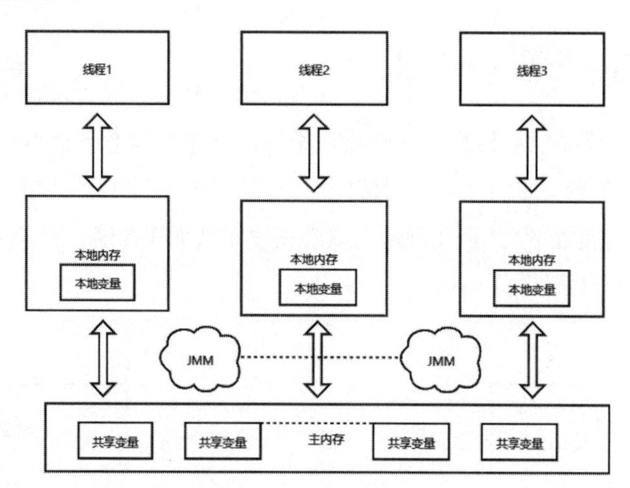

图12.2　线程、主内存与线程工作内存之间的关系

Java内存模型的首要任务就是明确定义一个程序中对所有内存变量的自动存取操作规则，如从一个JVM上的内存变量（线程之间共享的变量）写入内存或者从内存中读取等操作，Java内存模型保证了其访问数据的原子性、可见性和有序性。

Java内存模型中明确规定了将全部线程变量直接存放在主工作内存中，而任务线程的运算操作都只能在当前所在的工作内存中完成，并不能直接读取存在主内存中的所有数据变量。这里的本地工作内存只是Java内存模型的一种基本抽象概念，又可以称为局部内存，它只是保存该线程的所有可读/可写的共享存储变量的一个副本。如同每个内核处理器上的内核都必须拥有一个私有高速缓存，在Java内存模型中的线程也都必须拥有一个私有本地内存。

Java多线程之间通常也需要采用一个共享内存进行数据通信，但这样一来在整个通信过程中必然会产生许多复杂的问题，如可见性、原子性、顺序性问题等。Java共享内存模型正是一种围绕着多线程之间通信所产生的标准规范。Java内存模型体系定义了若干个语法集，这些语法集直接映射到Java语言中的volatile、synchronized等关键字。

12.1.3 Java 内存模型的运行指令

Java内存模型的共享内存模式规定了线程间通信必须经过主内存。假如有两个线程进行数据通信或者交换，那至少要通过如下两个阶段的运作流程。

第一阶段：由线程1将存储在自身工作内存中已经更改过的共享变量X刷新到公共主内存中。

第二阶段：由线程2主动从公共主内存中读取线程1之前就已经更改了的共享变量X。

将主内存、线程执行（CPU执行引擎层级）及线程本地内存三者之间的数据传输及通信总结归纳，如表12.1所示。

表12.1　内存模型运行指令

指令	指令名称	指令描述
lock	锁定	作用于主内存变量，把一个变量标识为一条线程独占状态
unlock	解锁	作用于主内存变量，把一个处于锁定状态的变量释放出来，释放后的变量可以被其他线程锁定
read	读取	作用于主内存变量，把一个变量值从主内存传输到线程的工作内存中，以便随后的load动作使用
load	载入	作用于工作内存变量，把read操作从主内存中得到的变量值放入工作内存的变量副本中
use	使用	作用每个工作区和内存上的变量，将每个工作区内存中的每个变量值都自动传送到执行引擎。当虚拟机中出现了一条使用这个变量的字节码指令，就会进行这种操作
assign	赋值	作用每个工作内存上的每个变量，即将执行引擎中接受的变量数值赋值到每个工作管理内存的变量。当虚拟机中遇到变量赋值的字节码指令时会自动进行这种操作
store	存储	作用于工作内存变量，将工作内存中的某个变量的值传递至主内存中，以方便随后的write运算
write	写入	作用于主存储器变量，将store操作的工作内存的变量赋值给主内存变量

上面这8种指令在执行数据通信时的流转过程如图12.3所示，结合图示会更容易理解指令的含义和作用。

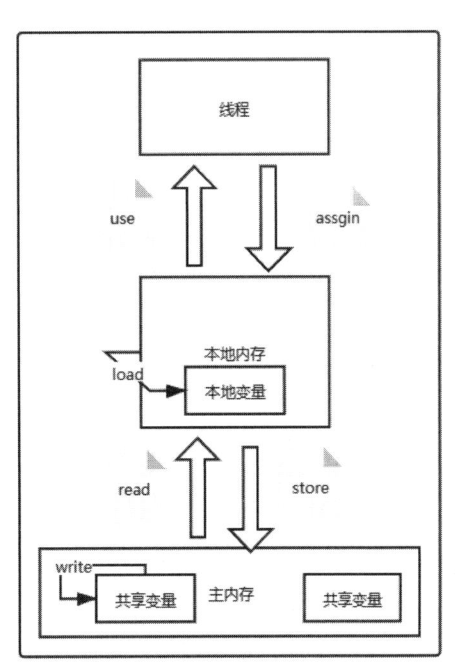

图12.3　JMM内存传输指令介绍

12.1.4　MESI 协议概述

根据Java内存模型的标准（共享内存模型），在多处理器体系中，虽然各个处理器均拥有自身的高速缓存，但其也共用一个主存储器，正因如此虽然通过与高速缓存之间的存储交互，非常好地解决了处理器和内存之间的速度问题，但其也引入了新的问题：缓存一致性。

缓存一致性问题主要集中于多个处理器的运算任务运行在同一个主内存区，那么就会存在各自缓存数据不一致的场景，但要真的出现了此问题，那在返回主内存时最终以哪个的缓存数据为准呢？如果要解决缓存一致性的问题，就必须让所有处理器在访问主内存区时均遵守一个标准协议，并且使用时也必须按照该标准完成运算，这类协议主要有MSI、MESI、MOSI、Synapse、Firefly和Dragon Protocol等，而我们主要学习

MESI协议。

MESI（Modified Exclusive Shared or Invalid）协议又称作美国伊利诺伊协议，因为此协议前身是美国伊利诺伊州立大学于1994年提出的一个支持缓存写回策略的数据缓存一致性协议，此后该协议被广泛应用于Intel奔腾系列的CPU当中。从图12.4可以看出，MESI协议是作用在主存、缓存之间的桥梁。

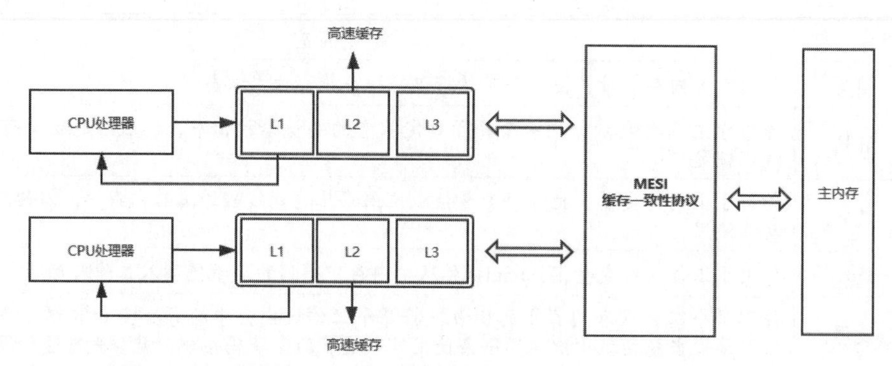

图12.4　主存和高速缓存、MESI协议之间的关系图

MESI协议架构中的有效状态数据类型有序分布，主要由M（Modified，被修改状态）、E（Exclusive，独享状态）、S（Shared，共享状态）、I（Invalid，无效/失效状态）组成，这4种有效状态分别对应存在CPU每个缓存行中的4种有效状态（可以使用额外的两位表示），如表12.2所示。

表12.2　MESI状态

状态	含义	描述
M	修改	该内存缓存行只被缓存在该CPU的缓存中，它本身未被任何操作修改过（Clean），与它在主存中存储的数据值相同。任何时刻当有其他CPU读取该内存对应的数值时，都将会变成Shared状态。类似地，当在CPU中修改该缓存行中的内容时，该协议状态也同样可以被改变为Modified
E	独享	该缓存行只被缓存在该CPU的缓存中，并且是被修改过的（Dirty），即与主存中的数据不一致。该缓存行中的内存需要在未来的某个时间点（其他CPU读取主存中相应数据）写回（Write Back）主存。当被写回主存之后，该缓存行的状态会变成Exclusive
S	共享	该状态意味着该缓存行可能被多个CPU缓存，并且各个缓存中的数据与主存数据一致（Clean)，当其中一个CPU修改该缓存的数据后，其他CPU中的缓存行可以被作废（变成Invalid状态）
I	无效/失效	该缓存是无效的（可能有其他CPU修改了该缓存行）

（1）MESI协议的各状态之间的简单流转过程如图12.5所示。

（2）CPU-A从缓存中读取缓存行A，其他CPU都没有读，这时缓存行的状态为E。

（3）CPU-B从缓存中读取缓存行A，这时该缓存行的状态为S。

CPU-A修改缓存行A，并回写到自身内部缓存中，这时缓存行的状态为M，然后会回写到主存中。

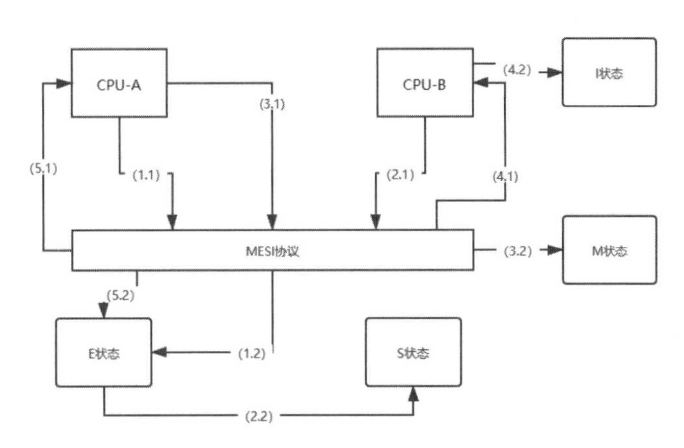

图12.5　MESI协议各状态之间的简单流转过程

（4）每个CPU读取完缓存行之后都在内存中监听已读缓存行的状态，这时CPU-B就会监听到缓存行A已被修改，那么CPU-B就会把它设置为I。处于I状态的数据会被丢弃，如果想继续操作，还需要到主存中重新获取。

（5）缓存行A在CPU-A中的状态又会改为E。

除MESI协议中规范状态流转的基本机制以外，Java内存模型中还详细规定了在读写操作之前的8种内存控制指令，操作时需要满足如下基本规则。

（1）变量从主内存中复制到本地工作内存， read和load操作必须按顺序执行，但不需要一定是连续执行。

（2）变量从工作内存同步回主内存，store和write操作必须按顺序执行，但不需要一定是连续执行。

（3）不允许read和load两者任意之一单独操作或者不允许store和write两者任意之一单独操作。

（4）不允许线程忽略或丢弃assign操作，即变量在工作内存中发生了修改，那么必须同步到主内存中。

（5）不允许线程没有执行assign操作就把数据从工作内存同步回主内存中。

（6）变量实施use和store操作之前，必须先执行assign和load操作。

（7）变量在同一时刻只允许一条线程对其进行lock操作，但lock操作可以被同一条线程重复执行多次。多次执行lock后，只有执行相同次数的unlock操作，变量才会被解锁。

（8）变量执行lock操作，将会清空工作内存中此变量的值，在执行引擎使用该变量前需要重新执行load及assign操作以初始化变量的值。

（9）变量事先没有被lock操作锁定，则不允许对其执行unlock操作，同时也不允许直接unlock被其他线程锁定的变量。

（10）变量执行unlock操作之前，必须把此变量同步到主内存（执行store和write操作）。

注意：CPU中的高速缓存内部结构是采用拉链法的哈希散列表，与Java内部的HashMap底层结构及原理十分相似。它分为若干桶（Bucket），每个桶是一个链表，包含若干缓存条目，每个缓存条目就是一个Cache Line。

12.1.5 volatile 关键字实现

volatile是由JVM提供的最轻量级的动态同步转换机制。将一个同步变量定义成volatile变量之后，它将同时具有以下两种同步特征。

（1）保持此变量对所有线程间的可见性，但由于普通变量无法实现这一点，因此普通变量的数值在线程间传输时必须通过主内存。

（2）禁止指令重排序优化，因为普通变量仅仅会确保在某方法的运行过程中，任何依赖于赋值结果的地方均能获取得到合理的结果，但却无法确保对变量赋值时操作的次序和在程序代码中的执行次序保持一致。

用volatile来修饰一个共享的变量，那么对该共享变量的底层读或写操作会进行特殊化处理，因为volatile实现了一种动态化轻量级锁的同步机制。

可以参考下面的案例代码：

```
public Class volatileSample{
  volatile long v1 = 0L; // long类型的volatile变量
  //赋值操作机制
public void set(long param){
    this.vl = param;
}
//volatile变量的自增操作
public void getAndIncrement(){
    this.v1++;
}
//获取
public void get(){
    this.v1;
}
}
```

为了方便读者进一步认识volatile的特性，以上程序指令可以理解或者等价为以下指令：

```
public Class volatileSample2{
  volatile long v1 = 0L; // long类型的volatile变量
  //赋值操作机制
public synchronized void set(long param){
    this.vl = param;
}
//volatile变量的自增操作
```

```
public void getAndIncrement(){
    long temp = this.get();
      temp= temp+1;
      set(temp);
}
//获取
public synchronized void get(){
    this.v1;
}
}
```

正如上述两段程序代码所示，对于采用volatile修饰的变量的读或者写操作，以及对于普通变量的读或者写执行操作，通过一个“动态锁”来实现同步，两者之间的运行结果一致。所以volatile保证了一般情况下操作的原子性和可见性，但针对上面的复合操作volatile++，则无法保证原子性。

此外，有序性的基本实现原理是利用内存屏障，内存屏障类型分为如下四类。

（1）LoadLoadBarriers。

指令示例：LoadA- Loadload-LoadB。

此屏障可用于确保LoadB及其之后的指令均能读到LoadA指令所加载的数据，即在指令操作中的LoadA肯定较LoadB先执行。

（2）StoreStoreBarriers。

指令示例：StoreA-StoreStore-StoreB。

此屏障可用于确保StoreB指令及后续写指令均可以操作StoreA指令执行后的数据结果，即写操作StoreA一定会比StoreB先执行。

（3）LoadStoreBarriers。

指令示例： LoadA-LoadStore-StoreB。

此屏障能够有效确保它的StoreB及在它后面的指令都能读到LoadA操作所读取到的数据，即读取的操作LoadA肯定比后续的写操作StoreB先执行。

（4）StoreLoadBarriers。

指令示例：StoreA-StoreLoad-LoadB。

此屏障能够确保LoadB及其后续读指令都能读到StoreA操作后的数据，即写操作StoreA必然比读操作的LoadB先执行。

如果变量被volatile修饰，那么编译的时候会将在这些变量前面或后面插入以上描述的4种内存屏障以防止指令重排，包括：

①在volatile写操作的前面插入StoreStoreBarriers，保证volatile写操作之前的读写操作执行完后再执行该 volatile变量的写操作。

②将volatile写操作的后面插入StoreLoadBarriers，保证volatile写操作之后的读写操作同步到主内存，并可以确保后面的volatile操作均可以读到最新的数据（存在主内存）。

③将volatile读操作的后面分别插入LoadLoadBarriers和LoadStoreBarriers，保证volatile 读写操作之后的读写操作均会先把线程本地的变量置为无效，再把主内存的共享变量更新到本地内存，并且使用最终的本地内存变量。

综上，volatile的特性如下。

（1）可见性：对于volatile变量，任何线程都可以看到该变量最终的结果。

（2）原子性：对单个volatile变量的读或写都具有原子性，如赋值操作volatile=1。

（3）有序性：内存屏障，阻止或者禁用相关的指令优化进行重排序。

注意：volatile虽然大大提高了变量可见性能力，但因为它在Java里的变量运算并不是一个原子计算操作，这会导致volatile变量在高并发下是不可靠的。因此需要synchronized这个关键字，它采用以“一个变量在同一个时刻只允许一个线程对其进行lock操作”这条安全规则确保了线程安全性。

12.1.6 Happen-Before 原则

Happen-Before原则是Java内存模型体系中重要的概念之一，可以通过Happen-Before关系模型保证跨线程之间的数据内存可见性。如果线程A的写操作与线程B的读操作之间存在Happen-Before关联，那么虽然线程A的写操作和线程B的读操作在不同线程中独立进行，但Java内存管理模型仍然能够确保它们之间的写操作对读操作完全可见。

由于JVM拥有的重排序机制可能会造成线程安全问题，一个非常典型的解决案例就是DCL重排序。相对于Java编译器的重排序，还有处理器重排序（会造成线程安全问题），通过将内存屏障命令插入程序的指令序列中，防止对一些特定的处理器重新排序规则。

（1）假设一个动作发生先行于另一个动作，则前一个动作操作的执行结果将对第二个动作可见，并且将第一个动作的执行顺序列于第二个动作前面。

（2）两种操作之间都具有Happen-Before关系，但并不代表Java平台的具体实现就一定要根据Happen-Before关系确定的顺序来运行。只要经过重排序后的执行结果和按照Happen-Before关系锁产生的结果相同，则该重排序就不非法（Java内存模型允许这种重排序）。

以下是Java内存模型定义的8种Happen-Before原则。

（1）应用程序顺序规则：线程中每个操作，Happen-Before该线程任意后续操作。

（2）对象监视器锁规则：对锁的解锁，Happen-Before随后对这个锁的加锁。

（3）volatile变量规则：对volatile域的写，Happen-Before任意后续对这个volatile域的读/写。

对于一个volatile变量的单次写，处理Happen-Before对此变量的任意操作：

```
volatile int a;
a = 1;
b = a;
```

如果线程A执行“a = 1”，线程B执行“b = a”，并且“线程A”执行后“线程2”再执行，符合volatile的Happen-Before原则，所以线程B中变量a的值一定是1。

（4）Happen-Before的传递性，如果A Happen-Before B，且B Happen-Before C，那么A Happen-Before C。

（5）线程执行操作Thread.start()（启动线程），则该线程start方法操作一定Happen-Before于该线程中的其他任意操作。

（6）如果线程A执行操作线程B的join()并且成功返回，那么线程B中的任意操作一定会Happen-Before（先于）线程A调用线程B的join方法。

（7）程序的中断规则：对线程调用interrupted方法进行中断的操作一定会Happen-Before中断状态被检测。

（8）对象finalize规则：一个对象的初始化完成（构造函数执行结束）先行于发生它的finalize()方法的开始。

12.1.7　As-If-Serial 语义

在执行Java程序时，为了提升程序性能，编译器或者处理器往往会对每个指令行在执行时重新排序。一般的重排序可以划分成3个阶段，如图12.6所示。

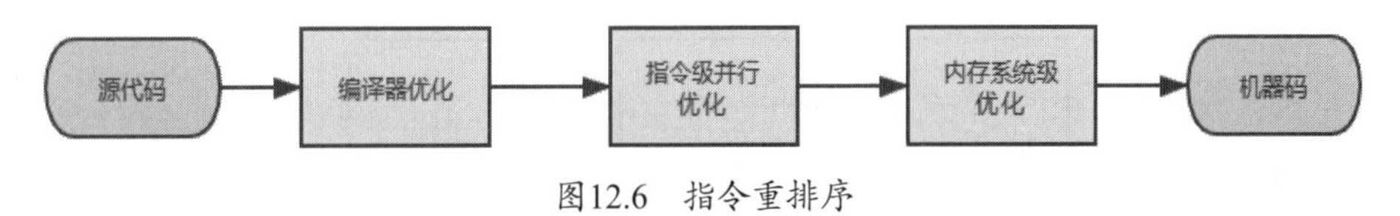

图12.6　指令重排序

（1）编译器优化：有些编译器在不需要修改单线程执行语义的情况下，可能会对程序代码进行重排序。

（2）指令级并行优化：一些现代化的处理器通过利用指令级并行技术，可使多条指令重叠交叉执行。如果它们之间不产生对数据结果的依赖性，则处理器可能会修改指令语句中对应机器指令的运行次序。

（3）内存系统级优化：处理器通常需要使用读/写数据缓存，这样会导致内存加载数据出现不一致的场景及对应的读写操作处于乱序状态。

而As-If-Serial语义主要是指：无论编译器还是处理器为了提升并行度所实现的重排序优化，在单线程运行场景下该程序的实际运行结果都不会发生改变。

为确保程序执行结果的一致性，按照As-If-Serial语义原则，编译器与处理器之间不能直接就具有数据依赖关系的操作进行重新排序，因为这种重排序会改变运行结果，但是，如果操作之间并不具有数据依赖关系，那么就可以让编译器与处理器之间重新排序。具体案例如下：

```
int x = 1;  // 参数x ， 指令A
```

```
int y = 2 ;  // 参数 y ， 指令 B
int z = x*y; // 乘积， 指令 C
```

指令流程如图12.7所示。

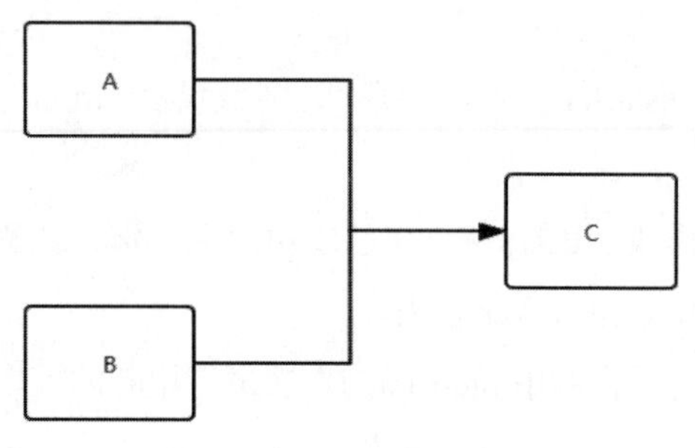

图12.7　指令流程

由图12.7可以得出如下结论。

（1）A和C之间存在数据依赖关系。

（2）B和C之间存在数据依赖关系。

（3）A和B均不可以重排交互在C之后。

（4）A和B之间没有依赖关系，所以可以进行交换。

指令重排流程如图12.8所示。

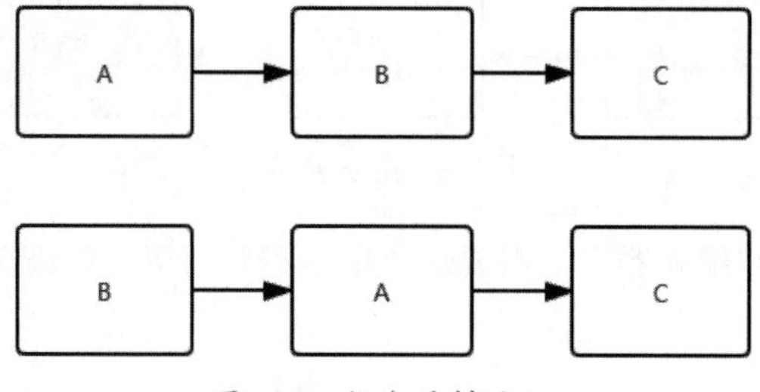

图12.8　指令重排流程

As-If-Serial语义是将单线程的程序直接保护起来，遵循这种语义的编译器和处理器经常给程序开发者带来一种错觉，即认为程序执行的整个过程始终是按顺序运行的，其实并不是这样。但正因为有了As-If-Serial语义，才保证了内存之间数据的可见性和结果的一致性。

12.2 线程实现

本节主要是线程体系的学习和介绍，包含线程的实现原理及线程内部各个状态的流转操作及其调度原理。

12.2.1　线程的实现原理

Linux中最开始没有线程概念，而单纯依靠多个进程进行上下文切换，其效率是非常低的，于是出现了Linux Threads。它定义线程和进程之间的映射关系为一比一。

Linux Threads最初的考虑是认为多个线程间的上下文切换速度极快，所以每个内核线程都可以处理多个相关的用户级线程。这样，就产生了“1V1”的线程模式，一个用户线程都对应着一个轻量级进程（LWP，Light Weight Process），一个轻量级进程就对应着一个特定的内核线程，但仍有明显缺点，所以有了改进版本也就是NPTL（Native POSIX Thread Library，本地POSIX线程库）。

NPTL属于POSIX的标准线程库，属于Linux线程的一个新实现，它克服了Linux Threads的缺点，同时也遵循POSIX的标准要求。与Linux Threads相比，NPTL在性能和稳定性方面都有了重大的改进。与Linux Threads一样，NPTL也实现了一对一模型，即一个用户线程对应一个轻量级进程，而一个轻量级进程对应一个特定的内核线程。

多线程内核技术有3个非常关键的线程：系统态内核线程、轻量级用户线程和用户线程。

（1）系统态内核线程：一个内核线程通常是一个内核分身，一个内核分身通常能够同时处理一个特定的任务。内核线程同样可以被内核管理，就像普通内核进程那样被内核调度。内核线程的实际使用通常来说是很廉价的，唯一可以利用的资源通常是在内核栈和每个上下文的切换时保存的寄存器存储空间。支持多线程的内核称为多线程内核（Multi-Threads Kernel）。

（2）轻量级用户线程：一个由内核提供支持的户线程，它是对所有内核线程的一种高度抽象。每个轻量级用户线程都和特定的内核线程密切相关。所以每个LWP都必须是一个单独的线程数据调度控制单元。一个LWP在整个系统进程调用中发生了阻塞，不会直接影响整个系统进程的正常运行。轻量级用户线程由clone系统调用创建，参数是CLONE_VM。

轻量级用户线程的局限性如下。

（1）大多数轻量级进程的操作，如建立、析构及同步，都需要由系统内核进行调用。系统调用的代价相对较高：需要在User Model（用户态）和Kernel Model（系统态）之间进行切换。

（2）每个轻量级用户线程都需要有一个内核线程支持，因此轻量级用户线程会消耗内核资源（内核线程的栈空间），故一个系统不能支持大量的轻量级用户线程。

（3）用户线程：是完全建立在用户空间的线程库，用户线程的建立、同步、销毁、调度完全在用户空间完成，不需要内核的帮助。因此，这种线程的操作极其快速且消耗低。

12.2.2　线程的调度机制

调用一个线程，实际上调用的是用户空间的线程库，线程库中的每个线程（用户线程）对应一个轻量级进程，而一个轻量级进程对应一个内核线程，所有的内核线程经内核线程调度器调度后，再交由CPU完成相应操作。在使用Java线程时，JVM内部是转而调用当前操作系统的内核线程来完成当前任务。

内核线程是由操作系统内核支持的线程，操作系统内核通过操作调度器对线程执行调度，并将线程的任务映射到各个处理器上。每个内核线程可以视为内核的一个分身，这也是操作系统可以同时处理多任务的原因。

12.2.3 线程状态的转换

线程的生命周期及状态之间的切换是并发编程技术中一个非常重要的理论。Java中的线程状态总体分为6种，定义在java.lang.Thread.State枚举类中，可以调用线程Thread中的getState方法获取当前线程的状态。

```
/**
* 当线程被创建且没有执行 start 方法时的状态
*/
NEW,

/**
* Thread state for a runnable thread and state
*/
RUNNABLE,

/**
* Thread to enter a synchronized block/method or
* reenter a synchronized block/method after calling
* {@link Object#wait() Object.wait}.
*/
BLOCKED,

/**
* Thread state for a waiting thread.
* <ul>
*   <li>{@link Object#wait() Object.wait} with no timeout</li>
*   <li>{@link #join() Thread.join} with no timeout</li>
*   <li>{@link LockSupport#park() LockSupport.park}</li>
* </ul>
*
* an object is waiting for another thread to call
* <tt>Object.notify()</tt> or <tt>Object.notifyAll()</tt> on
* is waiting for a specified thread to terminate.
*/
WAITING,
/**
* <ul>
*   <li>{@link #sleep Thread.sleep}</li>
*   <li>{@link Object#wait(long) Object.wait} with timeout</li>
*   <li>{@link #join(long) Thread.join} with timeout</li>
```

```
*   <li>{@link LockSupport#parkNanos LockSupport.parkNanos}</li>
*   <li>{@link LockSupport#parkUntil LockSupport.parkUntil}</li>
* </ul>
*/
TIMED_WAITING,

/**
* Thread state for a terminated thread.
* The thread has completed execution.
*/
TERMINATED;
```

线程状态之间的流转如图12.9所示。

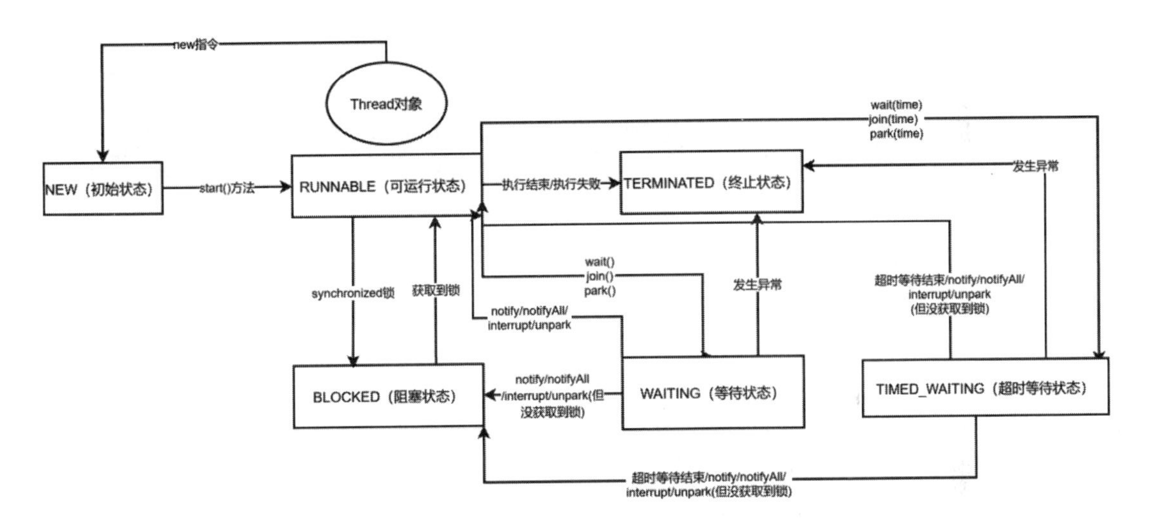

图12.9　线程状态之间的流转

（1）NEW：实现Runnable接口或继承Thread可以直接得到一个线程类，使用new关键字创建Thread（线程）的实例对象，但没有调用Thread的start方法，此时Thread便处于该状态。

（2）RUNNABLE：在NEW状态下，调用Thread的start方法后，线程将进入就绪状态，并将等待操作系统为其分配CPU资源，需要注意的是进入此状态说明该线程有资格运行，但如果操作系统没有可分配的资源，那么也就只能一直停留在将执行还未执行的状态。这种状态称为Ready子状态。

（3）RUNNING：此状态属于RUNNABLE状态的一种，不属于Java定义的线程状态，当操作系统通过线程调度器在一个可执行池里选定某个线程运行时，该线程才会真正执行，而这也是线程进入运行状态的唯一方法。这种状态称为RUNNING（运行中）子状态。

（4）BLOCKED：此状态是指线程进入synchronized关键字修饰的方法或代码块且不能及时恢复到正常运行/等待运行的状态。

（5）WAITING：当线程没有被分配到CPU时间片时，就要等待被显式地唤醒，否则会处于无限期等待的状态，进入该状态的线程需要等待其他线程做出一些特定动作（通知或中断）才会进入

RUNNABLE状态。

（6）TIMED_WAITING：当处在等待状态下的线程没有被分配到CPU时间片，该状态不同于WAITING，它无须经过无限期的等待，当超过线程设置的等待时限后，会自行唤醒。

（7）TERMINATED：当线程已经停止运行或结束，如线程的run方法执行完成或主线程的main方法已经结束，便可认定该线程已经结束了，线程一旦结束了，就无法进行其他任何状态的转换了。

注意：Java线程中将就绪（ready）和运行中（running）两种状态笼统地称为“Runnable”，就绪状态的线程在获得CPU使用权后便会转换为运行中状态（running）。当sleep或join方法结束后或自动拿到了对象锁后，就会进入就绪状态。而调用正在运行线程的yield方法，也可能会让当前线程进入就绪状态。

12.3 线程安全控制

12.3.1 原子性、可见性及有序性

原子性：Java有两种高级字节码指令monitorenter与monitorexit，其对应的关键字是synchronized，通过该关键字可以实现方法及代码块内操作的原子性。即保证在操作过程中，CPU不能够让该操作中断或者切换时间片去做其他事情，故此保证了执行的原子性。

可见性：Java的volatile关键字所提供了一项功能，当线程内部变量在被修改之后能够立刻同步到主内存中，每次读取对应变量的操作也都会使用主内存中最新的值。所以，一般都会使用volatile关键字来实现在多线程情况下变量的可见性。

有序性：在很多场景下程序执行的顺序与代码的顺序未必一致，因为在多线程中为了提高性能，编译器和处理器常常会对指令进行重排（编译器优化重排、指令并行重排、内存系统重排）。使用volatile关键字禁止指令重排，使用synchronized关键字对程序加锁，都可以实现有序性。

注意：除了volatile关键字外，Java中的synchronized和final这两个关键字及CAS机制也能实现可见性（数据安全性），只不过它们的实现原理有所不同。

12.3.2 线程安全的实现方案

最常见的实现线程安全的方案便是互斥同步（Mutex And Synchronized）机制，对应的就是Java中的synchronized锁。

synchronized重量级同步锁：当synchronized经过编译以后，系统将在synchronized的同步代码块

前后添加两个Mutex指令，分别是“monitorenter”和“monitorexit”。这两个字节码都需要一个reference类型的参数来声明锁对象，如果是实例方法或者静态方法，则分别是对象的实例（this）或者类的Class对象。

根据规范要求，在执行“monitorenter”指令时，首先尝试去获取对象的锁，如果这个对象没有被锁定或者当前线程已经获取到锁，则锁的计数器+1，执行“monitorexit ”指令，锁计数器-1，锁释放了。

规范描述有两点：

（1）synchronized同步块对同一个线程来说是可重入的，因此不会出现被自己锁死的异常情况，但是该同步块在每个线程任务执行结束前，都会阻塞其他线程的进入。

（2）synchronized关键字是一项重量级锁的线程操作，由于一个Java线程是直接映射在一个操作系统的原生线程上的，所以无论是阻塞还是唤醒线程，均需要操作系统的协助才能完成，如果要将线程的用户态直接转换成内核状态，转换状态的过程中需要耗费不少的资源和时间，甚至可能比用户代码所需要执行的时间还长。JVM对此作了优化，比如，采用自旋锁从而避免频繁切换到核心态。

ReentrantLock重入锁机制：ReentrantLock 和 Synchronized类似，分别属于API层面上的互斥（lock和unlock方法）和原生语法层面上的互斥。ReentrantLock比 Synchronized增加了一些高级功能。

（1）等待中断：持有锁的线程长期不释放锁（执行时间长的同步块）的时候，正在等待的线程可以选择放弃等待，做其他事情。

（2）实现公平锁：ReentrantLock默认模式是非公平的，但是可以通过一个参数来设置成为公平锁，相对应的synchronized是非公平锁。

此外还有一种常用的无锁方案：线程隔离机制ThreadLocal（本地变量）。

12.4 线程的锁优化

12.4.1 自旋锁和适应性自旋锁

自旋锁（Spin Lock）是指当一个线程将获取资源锁时，却被其他线程抢先一步获取到，那么该线程将进行循环等待，并且不断地检测锁是否可以被获取，直至获取到锁后才会退出循环。在没有获取锁的过程中，该线程一直处于活跃状态，但它并不能进行一个有效的任务，因为使用这种锁时会产生“busy-waiting”。

自旋锁是Linux内核中使用最多的锁，其他很多锁均依赖自旋锁实现。自旋锁在概念上很简单，本身就是一种互斥模式的加解锁机制，我们常常采用一个布尔类型或者整数类型的数值来表示“上锁”和“解锁”这两种状态。当成功加锁后，那么这个“上锁”参数值将会设置到状态位，之后临界区的代码还会继续执行；反之，这个锁（状态位）已被别的线程所成功修改，则该程序会进入连续的加锁循环内，并且不断重新检查这个状态值，直至其他线程将其变为可用（解锁）状态。而这个循环过程通常被称为“自旋”。

选择自旋锁的要求就是自旋等待的代价要小于操作系统对线程调度的代价。所以使用自旋锁的一个重要规则就是它是尽可能短时间的持有资源。这个很好理解，因为持有的时间越长，其他线程就不得不长时间自旋等待。同时持有资源的线程不能被抢占或睡眠，如果出现这种场景，那其他等待的线程就浪费了。

12.4.2 锁消除

锁消除是根据加锁的对象与实际执行情况是否一致来进行甄别的。如果两者不一致，那么对该对象就没有必要进行加锁或解锁。例如，开发者采用的StringBuffer的append方法，因为append本身就会判别该对象有没有被其他线程所占用，此场景不具有对象锁的竞争条件，那么这部分的性能消耗是无意义的。于是，Java虚拟机在即时编译的时候便会将上面的同步代码进行剔除，这就是锁消除，如逃逸分析技术。

12.4.3 锁粗化

为了提高多线程间的有效并发能力，最直接的方案就是让线程持有锁的时间尽量减少，但在某些场景下，如果一个程序中对于同一个锁不间断且高频地请求、同步和释放，那么会消耗掉较多的时间和资源，而由于锁的请求、同步和释放本身就会造成系统性能损失，所以如此高频的锁请求也就不利于整个系统性能的优化了，尽管单次同步操作的持续时间是非常短暂的。而锁粗化的本意也是告诉人们万事都有一个度，在某些场景下计算机反而希望将多个锁的请求合成一个请求，以减少锁请求、同步和释放所造成的性能损失。

举两个实际案例。

```
public static StringBuffer buildString(String str1, String str2) {
    StringBuffer sBuf = new StringBuffer();
    sBuf.append(str1);// append 方法是同步操作
    sBuf.append(str2);
    sBuf.append("abc");
    return sBuf;
}
```

针对以上典型案例，如果频繁地对StringBuffer等进行资源加锁、解锁，那么久而久之就可能导致系统性能的巨大损失。如果对象监视器检测到的多次加锁操作都是针对同一个对象时，则会把整个加锁过程的操作范围直接扩展至整个操作过程的外部，通常是在第一次append之前和最后一个append的操作之后。

针对循环内部加锁，可以提到循环外面，从而减少加锁和解锁的次数。

```
for(int i=0;i<100;i++){
    synchronized(this){
   execute();
}
}
// 锁粗化操作， 如下代码
synchronized(this){
for(int i=0;i<100;i++){
        execute();
    }
}
```

12.4.4　轻量级锁

自旋锁的主要目的是减少单线程切换成本。如果锁的争夺太激烈，那么就不得不依赖于重量级锁，让竞争失败的线程阻塞；如果完全不存在实际的锁竞争，那么申请重量级锁通常是很浪费的。轻量级锁的主要目的在于减少无实际竞争状况下的重量级锁产生的系统性能损耗，以及系统调用造成的内核状态和用户态转换、线程阻塞导致的多个线程之间的切换等。

轻量级锁是相对于重量级锁而言的，使用轻量级锁时，不需要申请互斥量，仅仅将Mark Word中的部分字节CAS更新指向线程栈中的锁记录，如果执行更新成功，则轻量级锁获取成功，记录锁状态为轻量级锁；否则，说明已经有线程获得了轻量级锁，目前发生了锁竞争（不适合继续使用轻量级锁），接下来膨胀为重量级锁。

当然，因为轻量级锁在锁争抢并不激烈的场景下会失效，甚至更加浪费和影响性能资源，所以倘若存在锁争抢但不激烈，也可采用自旋锁进行优化，只有等自旋失败后才会膨胀为重量级锁。

12.4.5　偏向锁

在没有实际激烈竞争的情形下，还可以针对部分应用场景继续进行优化。若仅对于锁而言没有任何竞争或自始至终使用锁的线程只有一个，那么即使是建立轻量级锁也是很浪费资源的，此时引入了偏向锁。它会大大减少在几乎只有单线程占用资源的情况下，频繁使用轻量级锁而产生的性能损耗。轻量级锁在每次锁的申请、释放锁时都最少需要一次CAS计算，而偏向锁则只会在初始化的时候进行一次CAS计算。

偏向锁中偏向的目标是第一个占用该资源的线程，该线程在首次访问资源时在对象头的Mark Word中以CAS方式记录（本质上也是更新，但初始值为空）owner（代表线程），如果记录成功，则偏向锁获取成功，记录锁状态为偏向锁，以后当前线程等于owner就可以零成本地直接获得锁；否则，说明有其他线程竞争，膨胀为轻量级锁。

偏向锁通常无法通过自旋锁进行优化，因为如果由其他线程直接申请自旋锁，则会完全打破线程偏向自旋锁的基本假定。

12.5 小结

学完本章后，必须了解和掌握的知识点如下：

1．Java内存模型的结构和相关各个部分的功能。

2．As-If-Serial语义的原理和场景。

3．Happen-Before原则和场景。

4．线程的实现原理及状态之间的转换方式。

5．多线程情况下的原子性、可见性及有序性的实现原理和机制。

6．volatile关键字的实现与MESI协议。

7．线程的锁优化手段和实现方式。